PHP 錦囊妙計

專業開發人員的
PHP 最新程式碼解決方案

PHP Cookbook
Modern Code Solutions for
Professional PHP Developers

Eric A. Mann　著

楊俊哲　譯

O'REILLY®

目錄

前言

幾乎每一位建構現代 Web 應用程式的開發人員都對 PHP 有自己的觀點。這種語言有些人喜歡也有些人討厭。絕大多數人對於這種語言的影響，以及使用該語言撰寫的應用程式都非常熟悉。我們所知道的是，超過 75% 的網站使用 PHP 這個語言來撰寫。鑑於網際網路的巨大規模，存在著**大量**的 PHP 程式碼 [1]。

然而，必須承認並非所有的 PHP 程式碼都是優質的。任何有 PHP 程式碼經驗的人都瞭解這個語言的優點、缺點以及可能帶來的混亂。PHP 是一個非常容易上手的語言，這也是它在市場上佔據主導地位的原因之一。但這也意味著許多工程師在撰寫程式碼時，可能會犯下一些錯誤。

相較於強制執行嚴格型別和記憶體管理的完全編譯語言，PHP 是一種解釋性語言，對程式編譯錯誤的容忍度非常高。在許多情況下，即使是嚴重的程式編譯錯誤也只會導致警告，而 PHP 會繼續執行程式。對於學習新語言的開發人員來說，這非常有用，因為無意的錯誤不會立即導致應用程式中斷。然而，這種寬容的本性有其弊端。由於即使是「糟糕的程式碼」也能執行，許多開發人員會發佈這些程式碼，以致於初學者可能會毫不知情地重複使用這些程式碼。

本書的目的是幫助您理解如何避免前人所犯的錯誤，以防止重複使用不良程式碼。同時，它也旨在建立一套所有開發人員都能遵循的模式和範例，以解決 PHP 中常見的問題。本書中的技巧將協助您快速識別和解決複雜的問題，而不需要重新發明輪子，也不需要複製和貼上那些透過額外研究發現的「壞程式碼」。

---

1 根據 W3Techs 在 2023 年 3 月的統計數據（*https://oreil.ly/sb24e*），PHP 在所有網站中的使用率為 77.5%。

這本書適合哪些讀者

本書適合任何曾經使用 PHP 建構、維護網頁應用程式或網站的工程師。本書的目標是溫和地介紹 PHP 開發中的特定概念，並非對該語言中所有可用功能的全面概述。理想情況下，假設讀者已經接觸過 PHP，並曾建構過一個簡單的應用程式，甚至撰寫過「Hello, world!」的範例。網際網路上到處都可以找到這樣的例子。

如果你對 PHP 不太熟悉，但對另一種程式語言已有很好的理解，這本書將提供一個實用的方法，幫助讀者將自己的技能轉換到新的技術上。《PHP 錦囊妙計》詳細說明了如何在 PHP 中完成特定任務。本書中的每個範例程式碼，以近似的語法、解決相同問題的方式，讓讀者能夠進行比較。這將有助於理解該語言與 PHP 之間的差異。

瀏覽本書

作者不指望有人能一口氣讀完這本書。相反地，這些內容的目的在於當我們在建構或設計新的應用程式時，能提供反覆的參考。你可以選擇逐章閱讀來掌握概念，也可以從一個或多個具體的程式碼範例中解決特定問題，完全取決於你。

每個問題都是獨立的，並包含一個完整的程式碼解決方案，可以在日常工作中使用它來解決相似的問題。每一章都以一個特定的範例程式貫串了整個章節中討論的概念，並建立在已經閱讀過其中內容的基礎上。

本書首先介紹語言的基本建構區塊：變數、運算符號和函數。第 1 章介紹了變數和基本資料處理。第 2 章在此基礎上進行擴充，將介紹 PHP 本身支援的各種運算符號和操作。第 3 章則透過建立進階函數和建立基本程式，將這兩個概念結合在一起。

接下來的章節是介紹 PHP 的型別系統。第 4 章包括了 PHP 字串處理的所有內容，以及一些你可能不知道的部分。第 5 章講解整數和浮點數（十進制）的算術運算，並說明一些複雜功能所需的建構區塊。第 6 章介紹了 PHP 對日期、時間和相關的處理。第 7 章解釋了開發人員可能想要將資料分組成列表的各種方法。最後，第 8 章講解開發人員如何透過引入自己的類別和更高階的物件，來擴充 PHP 的基本型別。

在建構這些基本區塊之後，第 9 章討論了 PHP 的加密和安全功能，以幫助強化真正安全的現代應用程式。第 10 章介紹了 PHP 的檔案處理和操作功能。由於檔案基本上是基於串流建構的，因此第 11 章將進一步豐富這些知識，並介紹 PHP 中更進階的串流介面。

後續的三個章節涵蓋了 Web 開發的關鍵概念。第 12 章介紹 PHP 介面中的錯誤處理和例外。第 13 章將錯誤直接與互動式除錯和單元測試聯繫起來。最後，第 14 章說明如何正確調整 PHP 應用程式的速度、可擴展性和穩定性。

PHP 本身是一個開放原始碼的程式語言，因此大部分核心功能都是由社群的擴充（*extensions*）而產生的。下一章，第 15 章涵蓋 PHP 的原生擴充（意指那些用 C 撰寫並編譯，成為與語言本身一起執行的部分），以及可以擴充應用程式本身功能的第三方 PHP 套件。接下來，第 16 章介紹資料庫以及一些用於管理它們的功能。

第 17 章專門介紹在 PHP 8.1 中，引入較新的執行緒模式以及一般的非同步編碼。最後，在第 18 章中，作者總結了 PHP 的概況，介紹命令列的強大功能，以及將目標命令撰寫為介面的應用程式。

本書編排慣例

本書使用以下慣例：

程式編譯

除非另有說明，本書中所有程式編譯範例都是在 PHP 8.0.11 或更高版本上執行的（某些較新功能可能需要 8.2 或更高版本）。這些範例程式碼已在容器化的 Linux 環境中進行過測試，但在 Linux、Microsoft Windows 或 Apple macOS 的實體機上應該也能正常執行。

字體排版

本書使用以下印刷字體：

斜體字（*Italic*）
　　表示專業用語、URL、電子郵件地址、檔案名稱和檔案延伸副檔名稱。中文以楷體表示。

定寬字（Constant width）
　　用於程式內容，以及在段落中參考到程式的部分，例如變數或函數名稱、資料庫、資料型態、環境變數、語句和關鍵字。

定寬粗體字（**Constant width bold**）
　　顯示應由使用者逐字輸入的命令或其他文字。

定寬斜體字（*Constant width italic*）

表示應替換為使用者所提供的文字，或根據前後文來確認使用的文字。

 這個圖示代表一個提示或建議。

 這個圖示代表一般注意事項。

 這個圖示代表一個警告性說明。

致謝

首先感謝我出色的妻子鼓勵我踏上寫另一本書的旅程。老實說，如果沒有你們不斷的愛、支援和鼓勵，我就不會取得現在的成就，無論是在職業上還是在個人上。

也感謝我那些了不起的孩子們，忍受為了完成這份手稿所需的長時間。我欠你們整個世界！

還要特別感謝 Chris Ling、Michal Špaček、Matthew Turland 和 Kendra Ash 在本書寫作過程中，對技術做了傑出的評論。讓我維持客觀誠實的狀態，並幫助讀者完善了一些最重要的面對問題處理方式和主題的涵蓋範圍。

## 第一章

變數

可變性（*variability*）是靈活的應用程式的基礎，它使程式能夠在不同的環境中達到多種目的。變數（*variable*）是實現這種靈活性的一種常見機制，存在於任何程式設計語言中。變數是一種命名佔位符號，用於引用程式所需的特定數值。這些數值可以是數字、原始字串，甚至是具有自己屬性和方法的複雜物件。關鍵在於，變數是程式（以及開發人員）用來引用數值，並將其從程式的一個部分傳遞到另一個部分的方式。

在預設情況下，不需要設定變數。定義一個佔位符號變數，而不為其分配任何數值是完全合理的。可以把這想像成架子上有一個空盒子，準備好等待收到聖誕禮物。你可以很容易地找到這個盒子——也就是變數——但因為裡面什麼也沒有，所以不能用它做太多事情。

例如，變數名稱為 $giftbox。如果現在嘗試檢查此變數的數值，它將為空值，因為尚未設定。事實上，empty($giftbox) 將回傳 true，isset($giftbox) 將回傳 false。因為盒子是空的，並且尚未設定。

重要的是要記住，任何未明確定義（或設定）的變數都將被 PHP 視為 empty()。實際定義（或設定）的變數可以為空值或非空值，具體取決於其數值，因為任何計算結果為 false 的實際數值都將被視為空值。

廣義地來說，程式編譯語言可以是強型別，也可以是弱型別。強型別語言需要明確標示所有變數、參數和函數回傳型別，並強制每個數值的型別絕對符合期望。在弱型別語言（例如 PHP）中，數值在使用時可以**動態輸入**。例如，開發人員可以將整數（例如 42）儲存在變數中，然後在其他地方將該變數作為字串使用（即 "42"）PHP 會在執行時期將該變數從整數轉換為字串，而這一轉換過程對開發人員來說是透明的。

弱型別的優點在於，開發人員在定義變數時不需要事先考慮如何使用變數，因為直譯器能夠在執行時期辨識出變數的使用方式。然而，弱型別的主要缺點是，在直譯器將某些數值強制轉換為另一種型別時，往往無法清楚地說明如何處理這些轉換行為。

眾所周知，PHP 是弱型別語言。這使得該語言與眾不同，因為開發人員在建立甚至啟動特定變數時不需要識別該變數的型別。PHP 背後的直譯器將在使用變數時，識別正確的型別，並且在許多情況下，也是在執行時將變數轉換為不同的型別。表 1-1 說明了各種表示式，從 PHP 8.0 開始，無論其底層型別如何，這些表示式都會被計算為「空值」。

表 1-1　PHP 空值表示式

表示式	empty($x)
$x = ""	true
$x = null	true
$x = []	true
$x = false	true
$x = 0	true
$x = "0"	true

請注意，其中一些表示式並非真正的空值，但 PHP 也將其視為空值表示式。在一般程式內容中，它們被視為等同於 false，但實際上與 false 不同。因此，**明確檢查應用程式中的預期數值**（例如 null、false 或 0）非常重要，而不是依賴於諸如 empty() 之類的語言結構來為我們進行檢查。在這種情況下，可能需要檢查變數是否為空值，並針對已知的固定數值進行明確相等檢查 [1]。

本章中的技巧介紹 PHP 中變數定義、維護和使用的基礎知識。

1　相等運算符號在第 2.3 節中介紹，其中提供相等檢查的範例和深入討論。

1.1　定義常數

問題

我們希望在程式中定義一個特定變數，使其具有固定數值，該數值不能被任何其他程式碼變更或修改。

解決方案

以下程式碼使用 define() 明確定義全域常數的數值，不能被其他程式碼修改：

```
if (!defined('MY_CONSTANT')) {
    define('MY_CONSTANT', 5);
}
```

作為另一個替代方法，以下程式碼區塊在類別中使用 const 指令，來定義該類別本身的常數之作用範圍 [2]：

```
class MyClass
{
    const MY_CONSTANT = 5;
}
```

討論

如果在應用程式中定義了常數，則 defined() 函數將回傳 true，並讓我們知道可以直接在程式碼中存取該常數。如果常數尚未定義，PHP 會嘗試猜測它在做什麼，並將對該常數的引用轉換為文字字串。

 其實不需要將常數名稱全部都大寫。然而由 PHP 框架社群組織（PHP-FIG）（*https://oreil.ly/JHj-l*）所發佈的基本文件化的程式碼撰寫規範標準（PHP 標準建議 1 或 PSR-1 中定義）（*https://oreil.ly/_rNMe*），卻強烈鼓勵這一點。

例如，以下程式碼區塊，僅在定義常數時才將 MY_CONSTANT 的數值指定給變數 $x。在 PHP 8.0 之前，未定義的常數將導致 $x 儲存 "MY_CONSTANT" 這樣的文字字串：

```
$x = MY_CONSTANT;
```

2　在第 8 章中會討論到更多有關類別和物件的內容。

如果 MY_CONSTANT 的預期數值不是字串，則 PHP 提供字串文字的應變機制，可能會為我們的應用程式帶來意外的副作用。直譯器不一定會當機，但是讓 "MY_CONSTANT" 在需要整數的地方會導致不確定性的問題。從 PHP 8.0 開始，引用尚未定義的常數會導致嚴重的錯誤。

解決方案的例子，示範了用於定義常數的兩種模式：define() 或 const。使用 define() 將建立一個全域常數，只需使用常數本身的名稱，之後即可在應用程式中的任何位置使用該常數。在類別定義中透過 const 定義常數，會將常數的作用範圍限定在該類別之中。在類別作用範圍，使用 MyClass::MY_CONSTANT 引用該常數，而不是像第一個解決方案中那樣引用 MY_CONSTANT。

 PHP 定義了幾個不能被使用者程式碼覆蓋的預設常數（*https://oreil.ly/zQ40o*）。常數通常是固定的，無法修改或替換，因此在嘗試定義常數之前，建議始終檢查常數是否未定義。嘗試重新定義既有的常數，將觸發錯誤產生訊息通知。這部分請參考第 12 章有更多討論。

預設情況下，類別常數是公開可見的，這意味著應用程式中可以引用 MyClass 的任何程式碼位置，也可以引用其常數。但是，從 PHP 7.1.0 開始，可以將可見性修飾符號套用於類別常數，並將其設為該類別實體所私有的。

參閱

關於 PHP 常數（*https://oreil.ly/9WBhy*）、defined()（*https://oreil.ly/jmiau*）、define()（*https://oreil.ly/9iON9*）和類別常數（*https://oreil.ly/ggaCv*）的文件。

1.2　建立可變變數

問題

當我們想要動態引用特定變數，並且程式事先不知道將要操作其中哪一個相關變數。

解決方案

PHP 的變數語法以 $ 開頭，後面接著變數的名稱。我們可以將變數名稱本身設為變數。以下程式將使用可變變數來列印 #f00：

```
$red = '#f00';
$color = 'red';

echo $$color;
```

討論

當 PHP 解譯程式碼時，它會將前導 $ 字元視為標識變數，並將緊鄰的下一段文字視為表示該變數的名稱。在上述範例中，這個文字本身就是一個變數。PHP 將從右到左計算出可變變數，在將任何數據資料列印到螢幕之前，將再一次計算的結果作為用於左值計算的名稱來傳遞。

換句話說，範例 1-1 顯示了兩行功能相同的程式碼，除了第二行使用大括號明確標識需要先行計算的程式碼。

範例 *1-1* 計算可變變數

```
$$color;
${$color};
```

最右邊的 $color 首先被計算，結果為文字 "red"，這表示 $$color 和 $red 最終引用相同的數值。加入大括號作為明確表示求值的分隔符號，讓應用程式變得更加複雜。

範例 1-2 假設應用程式用於搜尋引擎優化（SEO）之目的，想要對標題進行 A/B 測試。行銷團隊提供了兩個選項，開發人員希望替不同的瀏覽者傳入不同的標題，但當瀏覽者回到網站時傳入相同標題。我們可以透過利用瀏覽者的 IP 位址、並建立一個可變變數來選擇標題，以達成這樣的目的。

範例 *1-2* *A/B 測試標題*

```
$headline0 = 'Ten Tips for Writing Great Headlines';
$headline1 = 'The Step-by-Step to Writing Powerful Headlines';

echo ${'headline' . (crc32($_SERVER['REMOTE_ADDR']) % 2)};
```

前面範例中的 crc32() 函數是一個方便的常用程式，它計算指定字串的 32 位元檢核碼，將字串轉換為整數用以確保一致性。% 運算符號對結果整數執行模數運算，如果檢核碼為偶數則回傳 0，如果檢核碼為奇數則回傳 1。然後將結果連結到動態變數中的字串標題，允許函數選擇第一個或另一個標題。

> $_SERVER 陣列是系統定義的全域變數（ *https://oreil.ly/DtQV-* ），其中包含關於執行程式碼的伺服器相關資訊，以及一開始觸發 PHP 執行的傳入請求。這個特定陣列的確切內容會因伺服器的不同而有所差異，特別是根據我們在 PHP 之前使用的環境是 NGINX 或 Apache HTTP Server（或其他 Web 伺服器）而定，其中通常包含相當豐富的資訊，例如請求標頭、請求路徑，以及目前正在執行的指令稿的檔案名稱。

範例 1-3 逐行展示 crc32() 的用法，來進一步說明如何利用使用者關聯值，例如 IP 位址，以確定地識別用於 SEO 目的的標題。

範例 *1-3　根據瀏覽者 IP 位址操作檢核碼*

```
$_SERVER['REMOTE_ADDR'] = '127.0.0.1'; ❶
crc32('127.0.0.1') = 3619153832; ❷
3619153832 % 2 = 0; ❸
'headline' . 0 = 'headline0' ❹
${'headline0'} = 'Ten Tips for Writing Great Headlines'; ❺
```

❶ IP 位址是從 $_SERVER 全域變數中取得的。另請注意，只有從 Web 伺服器、而非透過 CLI 操作 PHP 時，才會出現 REMOTE_ADDR 鍵值。

❷ crc32() 將字串 IP 位址轉換為整數檢核碼。

❸ 模數運算符號（%）確保檢核碼是偶數還是奇數。

❹ 模數運算的結果附加到 headline 中。

❺ 最終的字串 headline0 作為可變變數，來辨識正確的 SEO 標題數值。

甚至可以將可變變數，巢狀串接超過兩層以上。使用三個 $ 字元（與 $$$name 一樣）與 $$${*some_function()*} 一樣是有效的。無論是為了簡化程式碼，還是為了一般的維護，限制變數名稱的可變性層級，都是一個很好的建議。可變變數在使用案例中鮮少使用，因為一旦出現問題，多層之間的串接將使我們的程式碼難以遵循規範、理解、測試和維護。

參閱

關於可變變數的文件（*https://oreil.ly/wNBh0*）。

1.3　直接交換變數

問題

我們想要交換儲存在兩個變數中的數值，而不用定義任何其他變數。

解決方案

以下程式碼區塊使用 list() 語言結構重新分配變數的數值：

```
list($blue, $green) = array($green, $blue);
```

上述解決方案的一個更簡潔的版本，是使用源自於 PHP 7.1 以來可用的縮短串列和陣列語法，如下所示：

```
[$blue, $green] = [$green, $blue];
```

討論

PHP 中的 list 關鍵字並非代表函數，儘管它看起來很像。它是一種語言結構，用於將數值分配給一系列變數，而不是一次指定給一個變數。這使得開發人員能夠從另一個類似串列的數值集合（如陣列）中，一口氣設定多個變數。還允許將陣列解構為獨立的變數。

現今的 PHP 利用中括號 [和]，作為縮短陣列的語法，允許以更簡潔的陣列文字來表示。將 array(1, 4, 5) 寫成功能相等的 [1, 4, 5] 會更加清楚，但有時取決於前後文的內容。

 與 list 一樣，array 關鍵字指的是 PHP 中的語言結構。語言結構是固定不變的，並且是讓系統運作的關鍵字。if、else 或 echo 之類的關鍵字，很容易與使用者空間的程式碼區分開來。list、array 和 exit 等語言結構，看起來像函數，但與關鍵字樣式的結構一樣，它們內建於語言中，並且其行為與典型函數略有不同。在 PHP 手冊中的保留關鍵字列表（*https://oreil.ly/OJD13*），更清楚地說明現有的結構和交叉引用，以及每個結構在實作中的使用方式。

從 PHP 7.1 開始，開發人員可以使用相同的中括號縮短語法來替換 list()，從而建立更簡潔和可讀的程式碼。此問題的解決方案，是將陣列中的數值指定給變數陣列，因此在指派數值運算符號（=）的兩側，使用類似的語法，使其既有意義又說明我們的意圖。

在解決方案的範例中，明確地交換變數 $green 和 $blue 中儲存的數值。這是工程師在部署應用程式、API 從一個舊的版本切換到另一個新的版本時，可能遇到的狀況。滾動部署通常將目前現有的環境稱為綠色，將新的潛在替代環境稱為藍色，通知負載平衡裝置和其他相關應用程式，在確認部署是否正常之前，從綠色 / 藍色切換，並驗證其連線及功能。

在更詳細的例子中（範例 1-4），假設應用程式使用一個以部署日期作為前綴文字的 API。追蹤應用程式正在使用的 API 版本（$green），並嘗試切換到新環境來驗證連線。如果連線檢查失敗，應用程式將自動切換回舊環境。

範例 1-4 藍 / 綠環境切換

```
$green = 'https://2021_11.api.application.example/v1';
$blue = 'https://2021_12.api.application.example/v1';

[$green, $blue] = [$blue, $green];

if (connection_fails(check_api($green))) {
    [$green, $blue] = [$blue, $green];
}
```

list() 結構還可用於從任意一組元素中，提取某些數值。範例 1-5 說明了如何將儲存為陣列的位址，在不同的內容中根據需要提取特定數值。

範例 1-5 使用 list() 提取陣列元素

```
$address = ['123 S Main St.', 'Anywhere', 'NY', '10001', 'USA'];

// 從陣列中提取每個元素作為命名的變數
[$street, $city, $state, $zip, $country] = $address;

// 只從陣列中提取並命名變數 state
[,,$state,,] = $address;

// 只從陣列中提取並命名變數 country
[,,,,$country] = $address;
```

在前面範例中，每次提取都是獨立的，並且僅設定必要的變數[3]。對於像這樣的簡單例子，無須額外擔憂提取每個元素和設定變數，但對於處理大量資料的更複雜的應用程式，設定不必要的變數可能會導致效能問題。雖然 list() 是類似解構陣列集合的強大工具，但它僅適用於前面範例中的簡單情況。

參閱

關於 list()（*https://oreil.ly/bzO7i*）、array()（*https://oreil.ly/tq1Z_*）的文件，和 PHP RFC 規範中 list() 的縮短語法（*https://oreil.ly/Ou98z*）。

---

3 回想一下本章介紹的內容，即未明確設定的變數將被視為「空值」。這表示我們只能設定需要使用的數值和變數。

第二章

運算子

雖然第 1 章介紹了 PHP 的基礎知識（用於儲存任意數值的變數），但如果沒有某種黏著劑將它們結合在一起，這些基礎就毫無用處。也就是說 PHP 需要建立一組運算子、運算符號（*operators*），來告訴 PHP 如何處理這些數值的方式（*https://oreil.ly/Vepfg*），具體來說是如何將一個或多個數值修改為新的、分散的數值。

幾乎在絕大部分的情況下，PHP 中的運算符號都由單一字元或重複使用同一個字元來表示。只有在少數特殊情況中，運算符號也可以用英文單字來表示，這有助於消除運算符號在計算過程中的表述不當。

本書並不會完整說明 PHP 中所使用到的每一個運算符號；有關其中詳盡的內容解釋，請參考 PHP 手冊（*https://oreil.ly/YGWyE*）。回過頭來，在深入討論更具體的問題、解決方案和相關範例之前，以下的幾小節將介紹一些最重要的邏輯運算符號、位元運算符號和比較運算符號。

邏輯運算符號

邏輯運算（*logical operations*）是 PHP 的元件，用於建立真值表並定義基本的和 / 或 / 否準則。表 2-1 列舉出 PHP 支援的所有基於字元的邏輯運算符號。

表 2-1　邏輯運算符號

表示式	運算符號名稱	結果	範例
$x && $y	and	true，如果 $x 和 $y 都為 true	true && true == true
$x || $y	or	true，如果 $x 或 $y 其中一個為 true	true || false == true
!$x	not	true，如果 $x 是 false（反之亦然）	!true == false

邏輯運算符號 && 和 ||，分別對應到英語單字的 and 和 or。陳述式 ($x and $y) 在功能上與 ($x && $y) 是完全相同的。同理，可以使用單字 or 來代替 || 運算符號。

單字 xor 還可以用於表示 PHP 中特殊的**互斥或**運算符號，這表示語句中的兩個數值其中之一為 true，則該運算符號的計算結果為 true，但不能同時兩個數值都為 true。不幸的是在 PHP 中，邏輯 XOR 運算沒有等效的字元符號可表示。

位元運算符號

PHP 支援針對整數特定的位元操作，這功能使得該語言能提供更多豐富的變化。支援位元運算表示 PHP 不僅限於 Web 應用程式，還可以輕鬆地操作二進制檔案和數據資料結構！還有值得一提的是，因為它們在語法上與 and、or、xor 看起來有些相似，所以這些運算符號與前面的邏輯運算符號放在同一章節中介紹。

邏輯運算符號根據兩個整數之間的比較回傳 true 或 false，而位元運算符號實際上對整數執行位元計算，並回傳對所提供的一個或多個整數，進行完整計算的結果。有關其中的具體範例，請參考第 2.6 節。

表 2-2 說明了 PHP 中的各種位元運算符號和用途，以及它們如何快速處理簡單的整數運算作為範例。

表 2-2　位元運算符號

表示式	運算符號名稱	結果	範例
$x & $y	and	回傳 $x、$y 兩者做位元和的計算	5 & 1 == 1
$x | $y	or	回傳 $x、$y 兩者做位元或的計算	4 | 1 == 5
$x ^ $y	xor	回傳 $x、$y 兩者做位元互斥或的計算	5 ^ 3 == 6
~ $x	not	依照位元方式反轉 $x 中的數值	~ 4 == -5
$x << $y	左移位元	將 $x 的位元向左移動 $y 步	4 << 2 == 16
$x >> $y	右移位元	將 $x 的位元向右移動 $y 步	4 >> 2 == 1

在 PHP 中，可以使用的最大整數取決於執行應用程式的處理器大小。不過常數 PHP_INT_MAX 將會告訴我們，整數可以有多大；在 32 位元電腦上是 2147483647，在 64 位元電腦上為 9223372036854775807。在這兩種情況下，這個數字都會以二進制形式表示為一長串的 1，其長度等於位元大小減 1。也就是說在 32 位元機器上，2147483647 是由 31 個 1 表示。如果最前面的位元（預設為 0）用於表示整數的符號（*sign*）。如果該位元為 0，則數字為正；如果該位元為 1，則該數字為負數。

在任何機器上,數字 4 以二進制表示為 100,最高有效位數左側有足夠的 0 來填充處理器的位元大小。在 32 位元系統上,這將是 29 個 0。要使整數為負,我們可以將其表示為 1,緊接著 28 個 0,最後是 100。

為了簡單起見,若考慮 16 位元系統。整數 4 將表示為 0000000000000100。同樣,負 4 將表示為 1000000000000100。如果我們要在 16 位元系統中,對數字 4 套用位元 *not* 運算符號(~),則所有 0 都將變為 1,反之亦然。這個長串數字 1111111111111011,在 16 位元系統上為 -5。

比較運算符號

任何程式編譯語言的核心,都必須根據特定條件進行分支的控制。在 PHP 中,大部分分支邏輯是透過比較兩個或多個數值來控制的。它是 PHP 提供的比較運算集合(*https://oreil.ly/QuPhV*),用於建構複雜的應用程式所需要的進階分支功能。

表 2-3 列出 PHP 最重要的比較運算符號。其他運算符號(大於、小於和組合的變化)在程式編譯語言中,都有其規則,並且對本章中的任何技巧都不是必需的。

表 2-3 比較運算符號

表示式	運算操作	結果
$x == $y	相等	如果在強制轉換為相同型別後,兩個數值相同,則回傳 true
$x === $y	恆等	如果兩個數值相同並且型別相同,則回傳 true
$x <=> $y	三路比較	如果兩個數值相等,則回傳 0;如果 $x 較大,則回傳 1;如果 $y 較大,則回傳 -1

處理物件時,相等運算符號和恆等運算符號的運作方式略有不同。如果兩個物件具有相同的內部結構(意指相同的屬性和數值),並且具有相同的型別(類別),則它們被視為相等(==)。僅當物件是參考到同一個類別實體時,才被認為是相同的(===)。這些要求相對於數值比較的更加嚴格。

型別轉換

雖然型別的名稱不是正式的運算符號,但我們可以使用它們,將數值明確轉換為該型別。只需在數值之前的括號內寫入型別名稱即可強制轉換。範例 2-1 在使用該值之前,將一個簡單整數數值轉換為各種其他型別。

範例 2-1　將數值轉換為其他型別

```
$value = 1;

$bool = (bool) $value;
$float = (float) $value;
$string = (string) $value;

var_dump([$bool, $float, $string]);

// array(3) {
//   [0]=>
//   bool(true)
//   [1]=>
//   float(1)
//   [2]=>
//   string(1) "1"
// }
```

PHP 支援以下型別轉換：

(int)

　　轉換為 int

(bool)

　　轉換為 bool

(float)

　　轉換為 float

(string)

　　轉換為 string

(array)

　　轉換為 array

(object)

　　轉換為 object

還可以使用 (integer) 作為 (int) 的別名，(boolean) 作為 (bool) 的別名，(real)、(double) 作為 (float) 的別名，以及 (binary) 作為 (string) 的別名。這些別名將進行與先前列表中相同的型別轉換，但也不見得是我們期望要轉換的型別，因此不建議使用此方法。

本章中的技巧，介紹了利用 PHP 最重要的比較和邏輯運算符號的方法。

2.1 使用三元運算符號代替 If-Else 區塊

問題

我們想要提供一個非此即彼的分支條件，在單行程式碼中將特定數值指定給一個變數。

解決方案

使用三元運算符號（*ternary operator*），亦即（ *a* ? *b* : *c* ），允許在單一語句中，巢狀建立非此即彼條件和兩個分支的可能。以下範例示範如何使用 $_GET 超全域變數（supperglobal）的數值定義變數，並在該變數為空時使用預設數值：

```
$username = isset($_GET['username']) ? $_GET['username'] : 'default';
```

討論

三元表示式其中有三個引數，從左到右計算，先檢查最左邊語句的真實性（無論表示式中涉及的型別為何，它的計算結果是否為 true），如果為 true，則回傳第二個數值，如果為 false，則回傳最後一個數值。我們可以透過下面抽象的邏輯流程來說明：

```
$_value_ = (_expression to evaluate_) ? (if true) : (if false);
```

三元運算是一種可用在檢查系統數值，或來自 Web 請求的參數（儲存在 $_GET 或 $_POST 超全域變數中），回傳預設數值的簡單方法。也是一種可用於根據執行特定函數的回傳，來切換頁面中樣板邏輯的強大方法。

以下範例假設一個 Web 應用程式歡迎藉由姓名登入的使用者（透過呼叫 is_logged_in() 檢查其身分驗證狀態），或者歡迎尚未進行身分驗證的訪客。由於此範例直接寫在網頁的 HTML 標記中，因此不適合使用較長的 if/else 語句：

```
<h1>Welcome, <?php echo is_logged_in() ? $_SESSION['user'] : 'Guest'; ?>!</h1>
```

如果要檢查的數值既為**真值**，且是我們想要的預設數值時（當強制轉換為 Boolean，計算結果為 true），那麼透過三元運算可以讓程式碼簡化。在上述範例中，檢查使用者名稱是否已經設定，如果已設定，則將該數值分配給指定變數。由於非空字串的計算結果為 true，因此可以將程式碼縮短為以下形式：

```
$username = $_GET['username'] ?: 'default';
```

當三元運算從 *a* ? *b* : *c* 格式轉換為更短且簡單的 *a* ?: *c* 格式時，PHP 將計算表示式，檢查 *a* 是否是一個 Boolean。如果為真，PHP 僅回傳表示式本身。如果為否，PHP 將回傳數值 *c*。

 PHP 比較數值與比較空值的方式相似，如第 1 章中所述。設定的字串（非空或 null）、非零整數和非空陣列等，通常都被認為是 true，也就是說，它們在轉換為 Boolean 數值時會為 true。我們可以在 PHP 手冊的型別比較部分中，取得有關型別混合和被視為等價的方式的更多資訊（*https://oreil.ly/nXsr8*）。

三元運算是比較運算的進階形式，雖然讓程式碼更加簡潔，但有時被過度使用，形成難以遵循的邏輯架構。思考一下範例 2-2，其將一個三元運算嵌套在另一個三元運算中。

範例 2-2　巢狀三元表示式

```
$val = isset($_GET['username']) ? $_GET['username'] : (isset($_GET['userid'])
    ? $_GET['user_id'] : null);
```

這個範例應重新寫為一個簡單的 **if/else** 語句，才能更清楚地說明程式碼如何進行分支。程式碼沒有任何**功能性**的錯誤，但巢狀結構的三元運算，可能造成難以閱讀或判斷困難，並且經常會導致邏輯錯誤。前面的例子可以改寫為如範例 2-3 所示：

範例 2-3　多個 if/else 語句

```
if (isset($_GET['username'])) {
    $val = $_GET['username'];
} elseif (isset($_GET['userid'])) {
    $val = $_GET['userid'];
} else {
    $val = null;
}
```

雖然範例 2-3 比範例 2-2 更冗長，但可以更輕鬆地來追蹤邏輯可能的分支位置。程式碼也更易於維護，因為可以在必要時增加新的分支邏輯。在範例 2-2 中，增加另一個邏輯分支，將使得已經很複雜的三元運算更加複雜化；長遠來看，這讓程式更難維護。

參閱

關於三元運算符號及其變化的文件（*https://oreil.ly/Y5WCn*）。

2.2　合併潛在的 null 值

問題

我們想要為變數指定特定數值，只有在當變數被設定且非空值時，否則使用靜態預設數值。

解決方案

依照以下方式使用空值合併運算符號（**??**），只有當第一個數值已設定且非 null 時，才使用第一個數值：

```
$username = $_GET['username'] ?? 'not logged in';
```

討論

PHP 空值合併運算符號是 PHP 7.0 中新加入的功能。它被稱為*語法糖*（*syntactic sugar*），用以取代 PHP 三元運算符號的縮寫版本 ?:（已經在第 2.1 節中討論過）。

 語法糖（*syntactic sugar*）是指在程式碼中執行常見但冗長操作的縮寫方式。程式開發人員引入這一類功能，目的是為了透過更簡單、簡潔的語法，來節省按鍵輸入和美化例行的、重複使用的程式碼區塊。

以下兩行程式碼在功能上是相等的，但如果正在計算的表示式未定義，三元運算符號將觸發通知：

```
$a = $b ?: $c;
$a = $b ?? $c;
```

雖然前面的兩個範例**功能相同**，但如果計算的值（$b）沒有被定義，則它們的行為會出現顯著差異。有了空值合併運算符號，一切都變得不一樣。使用三元運算符號，在回傳數值之前該數值若未定義，PHP 將在執行期間觸發一個通知。

對於離散變數，這些運算符號的功能不相同也不盡明顯，但當計算的元件也許是一個索引陣列時，潛在的影響將變得更加顯著；例如當我們嘗試從儲存請求參數的超全域變數 $_GET 中擷取元素，而不是從離散變數擷取。在以下的範例中，三元運算和空值合併運算符號，都將回傳後面的數值，但三元運算的版本將提示訊息，告知未定義的索引：

```
$username = $_GET['username'] ?? 'anonymous';
$username = $_GET['username'] ?: 'anonymous'; // 注意：未定義索引…
```

如果在執行期間抑制錯誤和通知[1]，則使用任何一種運算符號就沒有功能上的差異。但是，最好的做法是避免撰寫這種會觸發錯誤或通知的程式碼，因為這些程式碼可能會在執行過程中，意外地引發警報或潛在地填入系統日誌，這將使得查找程式碼的合法問題變得更加困難。雖然三元運算符號縮寫非常有用，但空值合併運算符號是專門為這樣的操作而打造的，因此應該總是使用它。

參閱

新的運算符號首次增加到 PHP 7.0 時的說明（*https://oreil.ly/6vmP_*）。

2.3 比較相同的數值

問題

我們想要比較相同型別的兩個數值以確保它們彼此相同。

解決方案

使用三個等號來比較數值，而無須動態轉換它們的型別：

```
if ($a === $b) {
    // ...
}
```

---

[1] 第 12 章詳細討論了錯誤處理和抑制錯誤、警告和通知。

討論

在 PHP 中，等號本身具有三個功能。首先，單一等號（=）用於指派數值，即設定變數的數值。其次，表示式中使用兩個等號（==）來確認兩側的數值是否相等。表 2-4 顯示某些數值是如何被視為相等的狀況，因為 PHP 在計算語句時，會將一種型別強制轉換為另一種型別。最後，在表示式中使用三個等號（===），來確認兩側的數值是否相同。

表 2-4　PHP 中判斷數值是否相等

表示式	結果	說明
0 == "a"	false	（僅適用於 PHP 8.0 及以上版本）字串 "a" 被強制轉換為整數，這表示著它被強制轉換為 0。
"1" == "01"	true	表示式兩邊都轉換為整數，且 1 == 1。
100 = "1e2"	true	表示式的右側被計算為 100 的指數表示形式，並轉換為整數。

 表 2-4 的第一個例子中，在 PHP 8.0 以下的版本中計算結果為 true。在那些早期版本中，比較字串（或數字字串）與數字的相等性，會先將字串轉換為數字（在本例中，將 "a" 轉換為 0）。這種行為在 PHP 8.0 中發生了變化，只有數字字串才會轉換為數字，因此第一個表示式的結果現在為 false。

PHP 在執行時期動態轉換型別的能力可能很有幫助，但在某些情況下，可能根本不是我們所希望發生的。某些方法回傳 Boolean 字面上的 false，來表示錯誤或失敗，而整數 0 可能代表函數有效的回傳值。考慮範例 2-4 中的函數，該函數回傳特定類別的書籍數量，如果儲存的資料庫連線失敗，則回傳 false。

範例 2-4　計算資料庫中的項目數量或回傳 false

```php
function count_books_of_type($category)
{
    $sql = "SELECT COUNT(*) FROM books WHERE category = :category";
    try {
        $dbh = new PDO(DB_CONNECTION_STRING, DB_LOGIN, DB_PASS);
        $statement = $dbh->prepare($sql);

        $statement->execute(array(':category' => $category));
        return $statement->fetchColumn();
    } catch (PDOException $e) {
        return false;
```

```
    }
}
```

如果範例 2-4 中的所有內容都依照預期執行，則程式碼將回傳特定類別中，書籍數量的整數計算。範例 2-5 可能會利用此函數在網頁上列印標題。

範例 2-5　使用資料庫連接函數的結果

```
$books_found = count_books_of_type('fiction');

switch ($books_found) {
    case 0:
        echo 'No fiction books found';
        break;
    case 1:
        echo 'Found one fiction book';
        break;
    default:
        echo 'Found ' . $books_found . ' fiction books';
}
```

在內部，PHP 的 switch 語句使用鬆散型別比較（如同我們所說的 == 運算符號）。如果 count_books_of_type() 回傳 false 而非實際結果，則此 switch 語句將列印出沒有找到小說書籍，而不是回報錯誤。在這個特定的案例中，會是可接受的行為，但是當我們的應用程式需要反映 false 和 0 之間實質上的差異時，鬆散的相等比較就有些捉襟見肘。

相反地，改以使用 PHP 中的三個等號（===），來檢查計算中的兩個數值是否相同，亦即它們除了數值相同之外，型別也相同。即使整數 5 和字串 "5" 具有相同的數值，但計算 5 === "5" 將導致 false 結果，因為這兩個數值並非相同型別。因此，雖然 0 == false 計算結果為 true，但 0 === false 將始終計算為 false。

> 在處理物件時，無論是使用自行定義的類別還是 PHP 提供的物件，要確認兩個數值是否相同，這樣的情況將變得更加複雜。對於兩個物件 $obj1 和 $obj2，只有當它們實際上類別的實體是相同時，它們才會被視為是相同。有關物件實體化和類別的更多內容，請參考第 8 章。

參閱

在 PHP 文件中關於比較運算符號的說明（*https://oreil.ly/T6GXm*）。

2.4 使用三路比較運算對數值進行排序

問題

倘若我們想要提供一個自訂排序函數，透過使用 PHP 原生的 usort()，對任意物件串列進行排序（*https://oreil.ly/xGbc9*）。

解決方案

假設想要在物件串列中，依照多個屬性進行排序，請使用 PHP 的三路比較運算（<=>，spaceship operator），定義我們自訂的排序函數，並將其提供給 usort() 作為回呼函數。

在應用程式中考慮以下定義人員的類別，並且只允許使用名字和姓氏來建立紀錄：

```php
class Person {
    public $firstName;
    public $lastName;

    public function __construct($first, $last)
    {
        $this->firstName = $first;
        $this->lastName = $last;
    }
};
```

然後，我們可以使用此類別建立一個人員串列，也許是美國總統；並將每個人依序增加到串列中，如範例 2-6 所示。

範例 2-6 將多個物件實體增加到串列中

```php
$presidents = [];

$presidents[] = new Person('George', 'Washington');
$presidents[] = new Person('John', 'Adams');
$presidents[] = new Person('Thomas', 'Jefferson');
// ...
$presidents[] = new Person('Barack', 'Obama');
$presidents[] = new Person('Donald', 'Trump');
$presidents[] = new Person('Joseph', 'Biden');
```

接著，可以利用三路比較運算符號，來確保如何對這些資料進行排序，假設一開始想先按照姓氏排序，其次按照名字排序，如範例 2-7 所示。

範例 2-7　三路比較運算對總統進行排序

```
function presidential_sorter($left, $right)
{
    return [$left->lastName, $left->firstName]
        <=>
        [$right->lastName, $right->firstName];
}

usort($presidents, 'presidential_sorter');
```

前面呼叫 usort() 的結果，會將 $presidents 陣列透過回呼函數加以排序的正確結果，提供後續使用。

討論

三路比較運算符號是 PHP 7.0 中的一個特殊增加項目，有助於辨別該符號兩側數值之間的關係：

- 如果第一個數值小於第二個數值，則表示式的計算結果為 -1。
- 如果第一個數值大於第二個數值，則表示式的計算結果為 +1。
- 如果兩個數值相同，則表示式的計算結果為 0。

與 PHP 的相等運算符號一樣，三路比較運算將嘗試將每個數值的型別視為相同。也就是支援一個數值的數字和另一個數值的字串獲得等效的結果。對於此類特殊運算符號，若使用型別轉換需要我們自行承擔風險。

三路比較運算符號的最常見的用法是進行簡單型別之間的比較，如此可輕鬆地對簡單陣列或原始數值串列（如字元、整數、浮點數或日期）進行排序。以簡單的情況來說，如果使用 usort()，將需要如下所示的排序函數：

```
function sorter($a, $b) {
    return ($a < $b) ? -1 : (($a > $b) ? 1 : 0);
}
```

三路比較運算符號透過將 return 語句替換為 return $a <=> $b，在不影響排序函數的功能為前提下，來簡化先前巢狀結構的三元運算程式碼。

更複雜的範例（如解決方案中所提的，基於自行定義的物件，依照多個屬性進行排序的情況），將需要相當詳細的排序函數定義。三路比較運算符號簡化了比較邏輯，使開發人員能夠在簡單易讀的程式碼中，指定其他複雜的邏輯。

參閱

關於 PHP 三路比較運算符號的原始 RFC 說明（*https://oreil.ly/O1X8R*）。

2.5　使用運算符號抑制診斷錯誤

問題

我們希望明確地忽略或抑制應用程式中，由特定表示式觸發的錯誤。

解決方案

在表示式前面加上 @ 運算符號，可將該行程式碼的錯誤回報之層級，暫時設定為 0。這或許有助於在嘗試直接打開檔案時，抑制檔案不存在的相關錯誤，如以下例子所示：

```
$fp = @fopen('file_that_does_not_exist.txt', 'r');
```

討論

上述範例嘗試打開一個不存在的檔案 *file_that_does_not_exist.txt* 進行讀取。在正常操作中，呼叫 fopen() 將回傳 false，因為檔案不存在且為了診斷問題而發出 PHP 警告訊息。使用 @ 作為表示式前綴運算符號，不會修改回傳數值，但會完全抑制發出的警告。

@ 運算符號會抑制其應用的那行的錯誤報告。如果開發人員試圖抑制 include 語句中的錯誤，將很容易隱藏由於包含的檔案不存在（或不正確的存取控制）而引發的任何警告、通知或錯誤。抑制也會套用到匯入的檔案中的所有程式碼行，這表示包含的程式碼中的任何錯誤（與語法相關或其他錯誤）都將被忽略。因此，雖然 @include('some-file.php') 是有效的程式碼，但應該避免抑制 include 語句中的錯誤！

這個特定的運算符號在抑制檔案存取操作的錯誤或警告時非常有用（如解決方案所示）。對於抑制陣列存取操作中的通知也相當好用，如下所示，其中特定的 GET 參數可能未在請求中設定：

```
$filename = @$_GET['filename'];
```

如果設定了請求的 filename 查詢參數，則 $filename 變數將被設定為其值。否則，它將是一個字面上的 null。如果開發人員省略 @ 運算符號，$filename 的數值仍將為 null，但 PHP 會發出一則通知，告知陣列中不存在 filename 的索引值。

從 PHP 8.0（*https://oreil.ly/4Ec5B*）版本開始，此運算符號將不再抑制 PHP 中嚴重（*fatal*）的錯誤，這會導致指令稿停止執行。

參閱

在官方 PHP 文件中關於錯誤控制運算符號的說明（*https://oreil.ly/bZkLY*）。

2.6　整數內的位元比較

問題

我們希望使用簡單的旗標，來辨識應用程式中的狀態和行為，其中一個成員可能套用了多個旗標。

解決方案

使用位元遮罩（bitmask）（*https://oreil.ly/aevr7*）可指定有哪些旗標可用，並在後續旗標上使用位元運算符號，來辨別哪些狀態和行為已被設定。以下範例中的每一個都使用整數二進制表示法，定義出四種離散旗標，並將它們加以組合，用來表示同時設定了多個旗標。然後，PHP 的位元運算符號用於識別設定了哪幾種旗標，以及應該執行的條件邏輯分支有哪些：

```
const FLAG_A = 0b0001; // 1
const FLAG_B = 0b0010; // 2
const FLAG_C = 0b0100; // 4
const FLAG_D = 0b1000; // 8

// 設定複合旗標給變數 application
$application = FLAG_A | FLAG_B; // 0b0011 或 3
```

```
// 設定複合旗標給變數 user
$user = FLAG_B | FLAG_C | FLAG_D; // 0b1110 或 14

// 套用 user 旗標做切換
if ($user & FLAG_B) {
    // ...
} else {
    // ...
}
```

討論

位元遮罩是透過將每個旗標配置為 2 的整數次方來建立的。這樣做的好處是，只需設定數字的二進制表示中的單一位元，因此能夠藉由設定哪些位元來識別組合的旗標。在上述範例中，每個旗標都明確地將數字寫成二進制表示，以說明哪些位元被設定（1）與未設定（0），並在每一行的尾端加上整數表示的註釋。

我們範例的 FLAG_B 是整數 2，用二進制表示為 0010（設定了第三位元）。同樣地，FLAG_C 是整數 4，二進制表示為 0100（第二位元已設定）。若要同時設定指定旗標，請將兩者疊加，設定第二和第三位元：即 0110，也就是整數 6。

對於這個具體的例子，加法是一個容易記住的模式，但並非只有這個方式才能完成。我們要組合旗標，只需挑出需要的設定位元即可，而不見得一定要使用疊加的做法。此外，將 FLAG_A 與其自身疊加組合，仍只會產生 FLAG_A；如果是整數表示形式（1）與其自身相加，將完全改變旗標的含義。

使用位元運算或（|）和且（&）來同時結合位元和根據指定的旗標進行過濾，而不是使用加法。將兩個旗標結合在一起，需要使用 | 運算符號建立一個新整數，在使用的任何一個旗標中設定位元。表 2-5 建立一個 FLAG_A | FLAG_C 的組合。

表 2-5 使用位元或組合二進制旗標

旗標	二進制表示	整數表示
FLAG_A	0001	1
FLAG_C	0100	4
FLAG_A | FLAG_C	0101	5

使用 & 運算符號來比較組合旗標與我們的定義,會回傳一個新數字,其在運算的兩側同時設定了位元。將旗標與其自身進行比較,結果將始終回傳 1,在條件檢查中其型別將轉換為 true。比較具有任何相同位元設定的兩個數值,將回傳一個大於 0 的數值,該數值型別轉換為 true。表 2-6 是 FLAG_A & FLAG_C 計算結果的簡單案例。

表 2-6　使用位元且組合二進制旗標

旗標	二進制表示	整數表示
FLAG_A	0001	1
FLAG_C	0100	4
FLAG_A & FLAG_C	0000	0

與其將原始旗標相互比較,我們可以且應該建構組合數值,然後與旗標集合進行比較。以下的例子將用於發佈新聞文章的內容管理系統之基於角色的存取控制視覺化。使用者可以瀏覽、建立、編輯、刪除文章;他們的存取層級,由程式本身以及給予使用者帳戶的權限來決定:

```
const VIEW_ARTICLES   = 0b0001;
const CREATE_ARTICLES = 0b0010;
const EDIT_ARTICLES   = 0b0100;
const DELETE_ARTICLES = 0b1000;
```

一般匿名的瀏覽者永遠不會登入,因此被授予能夠檢視內容的預設權限。登入後的使用者能夠建立文章,但無法編輯未經許可的內容。同樣地,編輯者可以檢視和修改(或刪除)內容,但不能獨立建立文章。最後,管理員可能被允許做一切的事情。每個角色都由先前的原始權限型別加以組合而成,如下所示:

```
const ROLE_ANONYMOUS = VIEW_ARTICLES;
const ROLE_AUTHOR    = VIEW_ARTICLES | CREATE_ARTICLES;
const ROLE_EDITOR    = VIEW_ARTICLES | EDIT_ARTICLES | DELETE_ARTICLES;
const ROLE_ADMIN     = VIEW_ARTICLES | CREATE_ARTICLES | EDIT_ARTICLES
                       | DELETE_ARTICLES;
```

一旦從原始權限定義了組合角色,應用程式就可以檢查使用者在活動中的角色,來建構對應的邏輯。雖然權限是以 | 運算符號組合在一起的,但 & 運算符號將允許我們根據這些旗標進行切換,如範例 2-8 中定義的函數所示。

範例 2-8　利用位元遮罩旗標進行存取控制

```php
function get_article($article_id)
{
    $role = get_user_role();

    if ($role & VIEW_ARTICLES) {
        // ...
    } else {
        throw new UnauthorizedException();
    }
}

function create_article($content)
{
    $role = get_user_role();

    if ($role & CREATE_ARTICLES) {
        // ...
    } else {
        throw new UnauthorizedException();
    }
}

function edit_article($article_id, $content)
{
    $role = get_user_role();

    if ($role & EDIT_ARTICLES) {
        // ...
    } else {
        throw new UnauthorizedException();
    }
}

function delete_article($article_id)
{
    $role = get_user_role();

    if ($role & DELETE_ARTICLES) {
        // ...
    } else {
        throw new UnauthorizedException();
    }
}
```

位元遮罩是在任何語言中，實現簡單旗標的最佳做法。不過，請務必小心，妥善規劃所需增加旗標的數量，因為每個旗標都代表 2 的次方數，這表示著所有旗標的數值都會快速增長。然而，位元遮罩在 PHP 和其他語言的應用程式中都相當常用。PHP 有自己的錯誤報告設定（在第 12 章中進一步討論），利用位元數值來辨別語言引擎本身使用的錯誤報告層級。

參閱

在 PHP 文件中關於位元運算符號的說明（*https://oreil.ly/JmF85*）。

## 第三章

函數

每種語言所產生的電腦程式，都是透過將業務邏輯的各個元件打包在一起所建構的。通常這些元件需要一定程度的穩定性，能不斷地重複使用，封裝常用的功能，這些功能需要在整個應用程式中的多個位置上引用。使這些元件模組化和可重複使用，最簡單的方法是將其業務邏輯封裝到函數（*function*）中，也就是應用程式中的特定語法構造，可在整個應用程式的其他地方引用。

範例 3-1 說明了如何撰寫一個簡單的程式，將字串中的第一個字元大寫。若不使用函數來撰寫程式碼，會被認為是指令型態（*imperative*）的程式設計，我們需要精確定義程式一次只能完成一個命令（或一行程式碼）所需的內容。

範例 3-1　以指令方式（不使用函數）將字串大寫

```
$str = "this is an example";

if (ord($str[0]) >= 97 && ord($str[0]) <= 122) {
    $str[0] = chr(ord($str[0]) - 32);
}

echo $str . PHP_EOL; // 顯示 This is an example

$str = "and this is another";

if (ord($str[0]) >= 97 && ord($str[0]) <= 122) {
    $str[0] = chr(ord($str[0]) - 32);
}

echo $str . PHP_EOL; // 顯示 And this is another

$str = "3 examples in total";
```

```
    if (ord($str[0]) >= 97 && ord($str[0]) <= 122) {
        $str[0] = chr(ord($str[0]) - 32);
    }

    echo $str . PHP_EOL; // 顯示 3 examples in total
```

 函數 ord()、chr() 是對 PHP 本身定義的原生函數的引用。ord() 函數
（*https://oreil.ly/kSI-4*）會回傳字元的二進制數值作為整數。同樣地，
chr() 函數（*https://oreil.ly/0KUmf*），會將二進制數值（表示為整數）轉
換為其對應的字元。

當我們撰寫沒有定義函數的程式碼時，程式碼最終會變得相當複雜，因為我們被迫在整
個應用程式中，複製和貼上相同的程式碼區塊。這違反了軟體開發的關鍵原則之一：不
要重複相同的程式碼（*DRY，don't repeat yourself*）。

此原則的相反方式是把每個東西都寫兩次（*WET，Write everything twice*）。倘若再次
撰寫相同的程式碼，會導致以下兩個問題：

- 程式碼變得相當冗長且難以維護。

- 如果重複的程式碼區塊中的邏輯需要修改，則每次都必須更新程式的多個部分。

我們可以定義一個包裝此邏輯的函數，然後直接呼叫函數，如範例 3-2 所示，而非如範
例 3-1 中那樣強制重複邏輯。定義函數是指令型態演變到程序型態程式設計的進化過
程，藉以用來強化語言本身提供的函數與應用程式定義的函數。

範例 3-2　處理字串大寫

```
function capitalize_string($str)
{
    if (ord($str[0]) >= 97 && ord($str[0]) <= 122) {
        $str[0] = chr(ord($str[0]) - 32);
    }

    return $str;
}

$str = "this is an example";

echo capitalize_string($str) . PHP_EOL; // 顯示 This is an example

$str = "and this is another";
```

```
echo capitalize_string($str) . PHP_EOL; // 顯示 And this is another

$str = "3 examples in total";

echo capitalize_string($str) . PHP_EOL; // 顯示 3 examples in total
```

使用者定義的函數非常強大且靈活。範例 3-2 中的 capitalize_string() 是一個相對簡單的函數，它接受一個字串參數，並回傳一個字串。然而，函數的定義中沒有告知參數 $str 必須是字串。我們可以輕鬆地傳遞數字甚至是陣列，如下所示：

```
$out = capitalize_string(25); // 顯示 25

$out = capitalize_string(['a', 'b']); // 顯示 ['A', 'B']
```

回想一下第 1 章中對 PHP 弱型別系統的討論。在預設情況下，當我們將參數傳遞給 capitalize_string() 時，PHP 會嘗試推斷我們的意圖，並且在大多數情況下，回傳一些有用的內容。在傳遞整數的情況下，PHP 將觸發警告，提示我們試圖錯誤地存取陣列元素，但仍然會回傳整數而不會當機。

更複雜的程式，可以為函數參數及其回傳加入明確的型別資訊，以對此類用法提供安全檢查。其他函數可以回傳**多個數值**，而非單一項目。對於強型別系統的討論，將在第 3.4 節中說明。

下面的例子涵蓋了 PHP 中使用函數的各種方式，並從建構完整應用程式的外觀開始。

3.1　存取函數參數

問題

當在程式中的其他地方呼叫函數時，我們希望存取傳入到函數中的數值。

解決方案

在函數本身的主體內，使用函數簽章（function signature）中所定義的變數，如下所示：

```
function multiply($first, $second)
{
    return $first * $second;
}
```

```
multiply(5, 2); // 10

$one = 7;
$two = 5;

multiply($one, $two); // 35
```

討論

函數簽章中所定義的變數名稱，只能在函數本身的範圍內使用，並且包含與呼叫時傳入到函數中的資料型態相符的數值。在定義函數的大括號範圍內，我們可以使用這些變數，就如同我們自己定義它們一樣。我們只需知道，對這些變數所做的任何修改將只在函數中發生作用，並且在預設情況下，是不會影響應用程式中的其他任何內容。

範例 3-3 說明了如何在函數內部和函數外部使用特定變數名稱，同時引用兩個完全獨立的數值。換句話說，修改函數內 $number 的數值只會影響函數範圍內的數值，而不影響父應用程式的數值。

範例 3-3　局部函數範圍界定

```
function increment($number)
{
    $number += 1;

    return $number;
}

$number = 6;

echo increment($number); // 7
echo $number; // 6
```

預設情況下，PHP 將數值傳遞到函數中，而不是傳遞變數的參考（reference）。在範例 3-3 中，這表示 PHP 將數值 6 傳遞到函數內新的 $number 變數中，執行計算後回傳結果。函數外部的 $number 變數完全不受影響。

PHP 預設依照數值本身的資料型態，傳遞簡單數值（字串、整數、Boolean 值、陣列）。然而，更複雜的物件總是透過參考來傳遞。在物件的情況下，函數內部的變數會指向與函數外部的變數相同的物件，而不是指向其副本。

在某些情況下，我們可能希望明確地透過參考傳遞變數，而不僅僅是傳遞其數值。在這種情況下，需要對函數簽章進行修改，因為這是對其定義本身的修改，而不是在呼叫函數時可以修改的東西。範例 3-4 說明了 increment() 函數是如何修改為藉由參考，而非藉由數值來傳遞 $number。

範例 3-4　透過參考傳遞變數

```
function increment(&$number)
{
    $number += 1;

    return $number;
}

$number = 6;

echo increment($number); // 7
echo $number; // 7
```

實際上，變數名稱在函數內部和外部並不需要完全匹配。筆者在這兩種情況下都使用 $number 來說明範圍界定的差異。如果將整數儲存在一個變數 $a 中，並作為 increment($a) 來傳遞，則結果將與範例 3-4 中的相同。

參閱

在 PHP 參考文件中關於使用者定義函數（*https://oreil.ly/9c1Nr*）、和藉由參考傳遞變數（*https://oreil.ly/ZfOLR*）的說明。

3.2　設定函數的預設參數

問題

假設我們想要為函數的參數設定預設數值，以便呼叫時可省略不必傳遞它。

解決方案

在函數簽章本身內指定預設數值。例如：

```
function get_book_title($isbn, $error = 'Unable to query')
{
    try {
```

```
        $connection = get_database_connection();
        $book = query_isbn($connection, $isbn);

        return $book->title;
    } catch {
        return $error;
    }
}

get_book_title('978-1-098-12132-7');
```

討論

上述範例嘗試依據書籍的 ISBN，在資料庫中查詢書籍名稱。查詢過程中如果由於任何原因失敗，該函數將回傳傳遞給 $error 參數的字串。

為了使這個參數成為可選擇的，在函數簽章中指定了一個預設數值。當使用單一參數呼叫 get_book_title() 時，會自動使用預設的 $error 數值。我們也可以選擇在呼叫函數時，將自己的字串傳遞到此變數中，例如 get_book_title(*978-1-098-12132-7, Oops!*);。

在定義具有預設參數的函數時，最好的做法是將所有帶有預設數值的參數，放在函數簽章最後的位置上。雖然可以用任何順序定義參數，但這樣做會導致正確呼叫函數變得困難。

範例 3-5 說明了將選項參數放在必要參數之前，可能出現的各種問題。

 可以按照任意順序，來定義具有特定預設數值的函數參數。但是，從 PHP 8.0 開始，強制宣告參數在選項參數之後已經被棄用。如果繼續這樣做，可能會導致 PHP 在未來的版本中出現錯誤。

範例 3-5　預設參數排列錯誤

```
function brew_latte($flavor = 'unflavored', $shots)
{
    return "Brewing a {$shots}-shot, {$flavor} latte!";
}

brew_latte('vanilla', 2); ❶
brew_latte(3); ❷
```

❶ 正確執行。回傳 Brewing a 2-shot, vanilla latte!

❷ 由於 $shots 未定義，因此觸發 ArgumentCountError 例外。

在某些情況下，參數本身會依照特定的順序來放置是具有其邏輯意義（例如，為了使程式碼更具可讀性）。請注意，如果有任何參數是必需的，則其左側的每個參數實際上也是必需的，即便我們嘗試定義預設數值亦是如此。

參閱

參考 PHP 手冊中的預設引數範例（*https://oreil.ly/XVoK1*）。

3.3　使用命名的函數參數

問題

我們希望根據參數的名稱而非依照參數的位置，將引數傳遞到函數中。

解決方案

呼叫函數時使用命名引數語法，如下所示：

```
array_fill(start_index: 0, count: 100, value: 50);
```

討論

預設情況下，PHP 在函數定義中利用位置參數。上述範例引用了原生 array_fill()（*https://oreil.ly/jdZQH*）函數，該函數具有以下函數簽章：

```
array_fill(int $start_index, int $count, mixed $value): array
```

基本的 PHP 程式碼，必須按照它們被定義的同樣順序提供引數給 array_fill()，$start_index、$count 再來是 $value。雖然順序本身不是問題，但在大略瀏覽程式碼時，若要理解每個數值的含義可能會是一個挑戰。使用基本的有序參數，上述的例子將被撰寫如下，需要熟悉函數簽章，才能知道哪個整數代表哪個參數：

```
array_fill(0, 100, 50);
```

命名函數參數消除了將哪個數值指派給哪個內部變數的歧義。當我們呼叫函數時，還允許在呼叫函數時任意重新排序參數，因為該呼叫已經明確指定數值與參數之間的指派關係。

命名引數的另一個主要優點是，在函數呼叫時，可以完全忽略選項引數。考慮一個輸出詳細活動的日誌函數，如範例 3-6 所示，其中在設定預設數值時，有多個參數是可選擇的。

範例 3-6　詳細的活動記錄函數

```
activity_log(
    string    $update_reason,
    string    $note          = '',
    string    $sql_statement = '',
    string    $user_name     = 'anonymous',
    string    $ip_address    = '127.0.0.1',
    ?DateTime $time          = null
): void
```

在內部，當使用單個引數呼叫範例 3-6 時，它將使用預設數值；如果 $time 為 null，該數值將被默默地替換為新 DateTime 實體，來代表「現在」的時間。但是，有時我們可能想要填充某些選項參數，而不希望明確地設定所有的參數項目。

假設我們想從靜態日誌檔案中，重新檢視過去的事件。除了使用者是匿名的以外（因此 $user_name 和 $ip_address 的預設數值就應該足夠了），還需要明確設定事件發生的日期。如果沒有命名引數，本例的呼叫方式將類似於範例 3-7。

範例 3-7　呼叫詳細的 *activity_log()* 函數

```
activity_log(
    'Testing a new system',
    '',
    '',
    'anonymous',
    '127.0.0.1',
    new DateTime('2021-12-20')
);
```

使用命名引數，我們可以忽略將參數設定為它們的預設數值，並明確地設定我們需要的參數。因此，上面的程式碼可以簡化為：

```
activity_log('Testing a new system', time: new DateTime('2021-12-20'));
```

這樣除了大幅度簡化 activity_log() 的使用之外，命名參數還具有保持 DRY 的額外好處。引數的預設數值直接儲存在函數定義裡，而非被複製到函數的每次呼叫中。如果未來需要對預設數值進行修改，只需單獨編輯函數定義。

參閱

關於提出命名參數的原始 RFC（*https://oreil.ly/UdoDP*）。

3.4 強制執行函數引數及回傳型別

問題

我們希望避免 PHP 原本的鬆散型別比對，並強制在程式中實現型別安全。

解決方案

將輸入型別、回傳型別增加到函數定義中。我們可選擇是否在每個檔案的最前面，增加嚴格的型別宣告，以強制數值需符合型別註釋（如果不一致，則發出錯誤訊息）。例如：

```
declare(strict_types=1);

function add_numbers(int $left, int $right): int
{
    return $left + $right;
}

add_numbers(2, 3); ❶
add_numbers(2, '3'); ❷
```

❶ 這是一個完全有效的操作，將回傳整數 5。

❷ 雖然 2 + '3' 是有效的 PHP 程式碼，但字串 '3' 違反了函數的型別定義，因此觸發錯誤。

討論

PHP 本身支援各種純量型別，並允許開發人員宣告函數的輸入參數和回傳值，以確認每個參數允許的數值類型。此外，開發人員還可以指定自己的自訂類別與介面作為型別，或利用型別系統中的類別繼承[1]。

定義函數時，透過將型別直接放在參數名稱之前來加註參數型別。同樣地，回傳型別是透過在函數簽章之後，附加一個：符號和函數將回傳的型別來指定，如下所示：

---

[1] 第 8 章詳細討論自訂類別和物件。

```
function name(type $parameter): return_type
{
    // ...
}
```

表 3-1 條列出 PHP 可使用的簡單型別。

表 3-1　PHP 中的簡單單一型別

型別	描述
array	該數值必須是一個陣列（包含任何型別的數值）。
callable	該數值必須是可呼叫的函數。
bool	該數值必須是 Boolean 數值。
float	該數值必須是浮點數。
int	該數值必須是整數。
string	該數值必須是字串。
iterable（https://oreil.ly/tiTl1）	該數值必須是一個陣列或實作 Traversable 的物件。
mixed（https://oreil.ly/V8VOc）	該物件可以是任何數值。
void（https://oreil.ly/lzmvp）	僅回傳型別，表示該函數不回傳數值。
never（https://oreil.ly/48KVB）	僅回傳型別，表示函數不回傳；有兩種可能行為，一種是呼叫 exit 拋出例外，另一種是刻意形成無限迴圈。

此外，無論內建類別或自訂類別，都可以用來定義型別，如表 3-2 所示。

表 3-2　PHP 中的物件型別

型別	描述
類別 / 介面名稱	該數值必須是指定類別的實體或實作相關的介面。
self	該數值必須是與使用該宣告同一類別的實體。
parent	該數值必須是使用該宣告父類別的實體。
object	該數值必須是物件的實體。

PHP 還能透過將純量型別設為 null、或將它們組合成聯集型別（*union types*）來進行擴充。若要讓特定型別可為 null，我們必須在型別註釋前添加 ? 作為前綴符號。這將告知編譯器，允許數值成為指定型別或 null，如範例 3-8 所示。

範例 3-8　利用可為 *null* 參數的函數

```
function say_hello(?string $message): void
{
    echo 'Hello, ';

    if ($message === null) {
        echo 'world!';
    } else {
        echo $message . '!';
    }
}

say_hello('Reader'); // 顯示 Hello, Reader!
say_hello(null); // 顯示 Hello, world!
```

聯集型別宣告將簡單型別透過直線字元（|）連接在一起，讓多種型別合併為一個宣告。如果我們使用字串和整數所組合的聯集型別，重新撰寫解決方案範例中的型別宣告，將可避免傳入字串後，進行加法所引發的錯誤。範例 3-9 將程式碼重新寫過，允許整數或字串作為參數。

範例 3-9　利用聯集型別將解決方案範例重新寫過

```
function add_numbers(int|string $left, int|string $right): int
{
    return $left + $right;
}

add_numbers(2, '3'); // 5
```

這種替代方式的最大問題是，將字串與 + 運算符號加在一起，在 PHP 中是沒有任何意義的。如果兩個參數都是數字（整數或表示為字串的整數），則該函數將正常工作。如果其中一個是非數字的字串，PHP 將拋出 TypeError，因為不知道如何將兩個字串「相加」在一起。我們希望透過在程式碼中增加型別宣告，並強制執行嚴格的型別限制，來避免此類錯誤。它們規範了我們期望程式碼支援的約定，鼓勵實作程式編譯，如此更能夠自然地防止出現錯誤。

預設情況下，PHP 使用其型別系統來顯示提示，允許哪些型別進入函數以及從函數回傳。這對於防止錯誤數據資料傳遞到函數中很有用，但很大程度上，需依賴開發人員的嚴謹態度或額外工具來強制型別檢查[2]。與其依賴人類檢查程式碼的能力，PHP 允許在每個檔案中進行靜態宣告，而所有的呼叫都應遵循嚴格的型別。

將 declare(strict_types=1); 放在檔案的最前面，告訴 PHP 編譯器我們將打算讓這個檔案中的所有呼叫，都遵守參數和回傳型別宣告。請注意，該指令套用於使用該指令的檔案中的呼叫，而不是該檔案中函數的定義。如果我們從另一個檔案呼叫函數，PHP 也會遵循該檔案中的型別宣告。但是將這個指令放入檔案中，並不會強制要求參考到該函數的其他檔案需遵守型別系統。

參閱

在 PHP 文件中關於型別宣告（*https://oreil.ly/I9D33*）和 declare 結構（*https://oreil.ly/P2jM_*）的說明。

3.5 定義具有可變引數數量的函數

問題

我們想要定義可接受一個或多個引數的函數，而無法提前知道需要傳入多少個數值。

解決方案

使用 PHP 的展開運算符號（...）來定義變數數字或引數：

```
function greatest(int ...$numbers): int
{
    $greatest = 0;
    foreach ($numbers as $number) {
        if ($number > $greatest) {
            $greatest = $number;
        }
    }

    return $greatest;
}
```

2　PHP CodeSniffer（*https://oreil.ly/G4tHg*）是一種流行的開發人員工具，用於自動掃描程式碼，並且確保所有程式碼都符合特定的編碼標準。此工具可以輕易地延伸到所有檔案中，強制執行嚴格的型別宣告。

```
greatest(7, 5, 12, 2, 99, 1, 415, 3, 7, 4);
// 結果為 415
```

討論

展開運算符號（*spread operator*）會自動地將在該特定位置或其後傳遞的所有參數增加到陣列中。可以透過在展開運算符號前面添加型別宣告，為陣列增加型別（有關型別的更多資訊，請參考第 3.4 節），如此可要求陣列中的每個元素都需符合特定型別。呼叫解決方案範例中定義的函數如 greater(2, "five"); ，將拋出 TypeError 錯誤，因為已經為 $numbers 陣列的每個成員明確地宣告 int 型別。

函數還可接受多個位置參數，並同時利用展開運算符號來接受無限數量的附加引數。範例 3-10 中定義的函數，將為無限數量的個體列印一則問候語到螢幕上。

範例 3-10　使用展開運算符號

```
function greet(string $greeting, string ...$names): void
{
    foreach($names as $name) {
        echo $greeting . ', ' . $name . PHP_EOL;
    }
}

greet('Hello', 'Tony', 'Steve', 'Wanda', 'Peter');
// Hello, Tony
// Hello, Steve
// Hello, Wanda
// Hello, Peter

greet('Welcome', 'Alice', 'Bob');
// Welcome, Alice
// Welcome, Bob
```

某方面來說，展開運算符號的實用性不僅限於函數定義。它可用於將多個引數打包到一個陣列中，也可用於將一個陣列解開為多個引數，來進行傳統的函數呼叫。範例 3-11 透過使用展開運算符號，將陣列傳遞到不接受陣列的函數，簡單說明解開陣列的工作原理。

範例 3-11　使用展開運算符號解開陣列

```
function greet(string $greeting, string $name): void
{
    echo $greeting . ', ' . $name . PHP_EOL;
}

$params = ['Hello', 'world'];
greet(...$params);
// Hello, world
```

在某些情況下，更複雜的函數可能會回傳多個數值（我們很快就會討論到），因此使用展開運算符號，將一個函數的回傳數值傳遞到另一個函數會變得很簡單。事實上，任何實作 PHP Traversable（*https://oreil.ly/jVUvs*）介面的陣列或變數，都可以透過這種方式解開到函數呼叫中。

參閱

在 PHP 文件中關於可變長度引數列表的說明（*https://oreil.ly/9IoHh*）。

3.6　回傳多個數值

問題

我們希望從單一函數的呼叫中回傳多個數值。

解決方案

不是回傳單一數值，而是回傳多個數值的陣列，並在函數外部使用 list() 來解開它們：

```
function describe(float ...$values): array
{
    $min = min($values);
    $max = max($values);
    $mean = array_sum($values) / count($values);

    $variance = 0.0;
    foreach($values as $val) {
        $variance += pow(($val - $mean), 2);
    }
    $std_dev = (float) sqrt($variance/count($values));

    return [$min, $max, $mean, $std_dev];
```

```
    }

    $values = [1.0, 9.2, 7.3, 12.0];
    list($min, $max, $mean, $std) = describe(...$values);
```

討論

PHP 只能從函數呼叫中回傳一個數值，但該數值本身可以是包含多個數值的陣列。當與 PHP 的 list() 結構搭配使用時，該陣列可以輕鬆地解構為單獨的變數，後續提供程式進一步使用。

雖然需要回傳許多不同數值的情況並不常見，然而一旦出現，這樣的處理方式會變得非常方便。網路身分驗證就是一個例子。現今，有許多系統都使用 JSON Web Token（JWT）進行身分驗證，它們是以句點分隔的 Base64 編碼資料字串。JWT 的每個元件都代表一個單獨的、分散的事物，檔案標頭用以描述所使用的演算法、資料的有效權杖內容，以及該數據可驗證的數位簽章。

當將 JWT 作為字串讀取時，PHP 應用程式通常利用內建的 explode() 函數，在分隔每個段落的句點上解開字串。explode() 的簡單用法如下所示：

```
    $jwt_parts = explode('.', $jwt);
    $header = base64_decode($jwt_parts[0]);
    $payload = base64_decode($jwt_parts[1]);
    $signature = base64_decode($jwt_parts[2]);
```

前面的程式碼運作得很好，但是如果出現問題，在開發和除錯的過程中，對陣列中的位置的重複參考可能很難掌握。此外，開發人員必須分別手動解碼 JWT 的每個部分；倘若忘記呼叫 base64_decode()，可能會對程式的執行造成致命的影響。

另一種替代方法是在函數內解開和自動解碼 JWT，並回傳包含元件的陣列，如範例 3-12 所示。

範例 3-12　解碼 JWT

```
    function decode_jwt(string $jwt): array
    {
        $parts = explode('.', $jwt);

        return array_map('base64_decode', $parts);
    }

    list($header, $payload, $signature) = decode_jwt($jwt);
```

使用函數拆分 JWT 而不是直接分解每個元素的另一個優點是，我們可以建構自動簽章驗證，甚至可以根據標頭中所宣告的加密演算法過濾 JWT 的可接受範圍。雖然可以在處理 JWT 時依照程式來套用此邏輯，但將所有內容包裝在單一函數的定義中，會讓程式碼更乾淨、更易於維護。

在一個函數呼叫中回傳多個數值的最大缺點在於型別定義。這些函數具有 array 回傳型別，但 PHP 本身不允許指定陣列中元素的型別。我們可以透過記錄函數簽章，並整合 Psalm（*https://psalm.dev*）或 PHPStan（*https://phpstan.org*）等靜態分析工具來解決這樣的限制，但是在這個語言中沒有對型別陣列的原生支援。因此，如果我們採用嚴格型別（而且應該），這樣從單一函數呼叫中回傳多個數值的情況將會很少發生。

參閱

可參考第 3.5 節關於傳遞可變數量的引數，以及第 1.3 節關於 PHP 的 list() 語法的更多討論。另外，有關型別化陣列（*https://oreil.ly/RsXGh*）的部分，亦可參考 phpDocumentor 文件中關於陣列型別（*https://oreil.ly/RsXGh*）的說明，這些陣列型別可以被像 Psalm 這樣的分析工具強制執行。

3.7　從函數內存取全域變數

問題

我們的函數需要從應用程式的其他位置，引用全域定義的變數。

解決方案

使用 global 關鍵字，作為任何全域變數的前綴文字符號，以便在函數的作用範圍中存取它們：

```
$counter = 0;

function increment_counter()
{
    global $counter;

    $counter += 1;
}
```

```
increment_counter();

echo $counter; // 1
```

討論

PHP 根據變數定義的前後內容，將操作區分為不同的範圍。對於大多數程式而言，單一範圍涵蓋所有匯入（include）或引入（require）的檔案。無論目前正在執行哪個檔案，在全域範圍內定義的變數，都可以在任何地方使用，如範例 3-13 中所示。

範例 3-13　全域範圍所定義的變數，可在 include 的指令稿中使用

```
$apple = 'honeycrisp';

include 'someotherscript.php'; ❶
```

❶ 定義的 $apple 變數，可在指令稿中使用。

然而，使用者自訂函數定義了它們所屬的範圍。在使用者自訂函數外部定義的變數，在其內部是**無法使用**的。同樣地，函數內部定義的任何變數，在函數外部也無法使用。範例 3-14 說明了程式中父作用範圍和函數作用範圍的邊界。

範例 3-14　區域作用範圍與全域作用範圍的差異

```
$a = 1; ❶

function example(): void
{
    echo $a . PHP_EOL; ❷
    $a = 2; ❸

    $b = 3; ❹
}

example();

echo $a . PHP_EOL; ❺
echo $b . PHP_EOL; ❻
```

❶ 變數 $a 最初是在全域範圍中定義的。

❷ 在函數作用範圍內，$a 尚未定義。嘗試 echo 其數值將產生警告。

❸ 在函數內定義一個名稱為 $a 的變數，不會覆蓋函數之外，相同變數名稱的數值。

❹ 在函數內定義一個名稱為 $b 的變數，在內部範圍是可以使用的，但該值不會超出函數的作用範圍。

❺ 即使在呼叫 example() 之後，在函數外部顯示變數 $a，也會列印出我們一開始設定的初始數值，因為函數不會修改變數的內容。

❻ 由於 $b 是在函數內定義的，因此在父應用程式的作用範圍內是未定義的。

 如果函數被定義為以這種方式接受變數，則可以藉由傳遞參考（*by reference*）將變數傳遞到函數呼叫中。然而，這是由函數定義所做的決定，而非在函數呼叫後，由執行時期可供該函數使用的旗標來決定。範例 3-4 是傳遞參考的例子。

若要參考範圍以外定義的變數，函數需要在自己的作用範圍內，將這些變數宣告為全域的（*global*）。要參考父作用範圍的變數，可將範例 3-14 改寫為範例 3-15。

範例 *3-15*　重新檢視區域和全域範圍的差異

```
$a = 1;

function example(): void
{
    global $a, $b; ❶

    echo $a . PHP_EOL; ❷
    $a = 2; ❸

    $b = 3; ❹
}

example();

echo $a . PHP_EOL; ❺
echo $b . PHP_EOL; ❻
```

❶ 藉由將 $a 和 $b 宣告為全域變數，我們可以告訴函數使用父作用範圍中的數值，而不是自己的作用範圍中的數值。

❷ 透過參考全域變數 $a，使用者可以將實際內容列印到輸出中。

❸ 同樣地，函數作用範圍內對 $a 的任何修改，都會影響父作用範圍中的變數。

❹ 相同的，$b 也因被定義為全域範圍，因此相關操作也將影響著父作用範圍。

❺ 當我們將變數設定為全域範圍時，顯示 $a 將反映出 example() 作用範圍中所做的修改。

❻ 同樣地，現在 $b 是定義為全域，也可以顯示到輸出中。

除了系統可用的記憶體之外，PHP 可以支援的全域變數的數量是沒有限制的。此外，可以透過 PHP 定義的特殊 $GLOBALS 陣列來列舉出所有的全域變數。這個關聯陣列包含了所有在全域範圍內定義的變數的參考。如果想引用全域範圍中的特定變數，而無須宣告變數為全域變數，則這個特殊陣列就相當有用，如範例 3-16 所示。

範例 3-16　使用關聯的 $GLOBALS 陣列

```
$var = 'global';

function example(): void
{
    $var = 'local';

    echo 'Local variable: ' . $var . PHP_EOL;
    echo 'Global variable: ' . $GLOBALS['var'] . PHP_EOL;
}

example();
// Local variable: local
// Global variable: global
```

從 PHP 8.1 開始，不再可能覆蓋整個 $GLOBALS 陣列。在先前的版本中，我們可以將其重置為空的陣列（例如，在程式碼的執行測試期間）。往後我們只能編輯陣列的內容，而不能操作整個集合。

全域變數是一種在應用程式中參考狀態的便利方法，但如果過度使用，它們可能會導致混亂和可維護性的問題。一些大型應用程式廣泛使用全域變數，例如 WordPress 是一個基於 PHP 的專案在網際網路上超過 40% 的占有率[3]，整個函式庫都使用全域變數（https://oreil.ly/jztni）。然而，大多數開發人員都認為，應該謹慎使用全域變數（盡量配合），才能維持程式碼內容的乾淨且使系統易於維護。

---

[3] 根據 W3Techs（https://oreil.ly/8Y_Zp）的數據資料分析，截至 2023 年 3 月，將 WordPress 使用作為內容管理系統網站的市場占有率約為 63%，而在所有網站的佔比為 43% 以上。

在 PHP 文件中關於變數範圍（*https://oreil.ly/tN5tV*）和特殊 $GLOBALS 陣列（*https://oreil.ly/z9JJS*）的說明。

3.8　跨函數呼叫來管理狀態值

問題

我們的函數需要追蹤隨時間變化的狀態。

解決方案

使用 static 關鍵字定義一個區域作用範圍變數，讓變數在函數呼叫之間保留其狀態：

```
function increment()
{
    static $count = 0;

    return $count++;
}

echo increment(); // 0
echo increment(); // 1
echo increment(); // 2
```

討論

靜態變數只存在於宣告的函數範圍內。然而，與一般區域變數不同的是，在每次回傳函數作用範圍時，它都會保留其數值。透過這種方式，函數可以變成有狀態的，並在獨立呼叫之間追蹤某些數據資料（例如被呼叫的次數）。

在一般函數中，使用 = 運算符號指派數值給變數。當應用 static 關鍵字時，這個指派運算只會在第一次呼叫該函數時發生。後續的呼叫將參考變數的先前狀態，並允許程式使用或修改儲存的數值。

靜態變數最常見的案例之一是追蹤遞迴函數的狀態。範例 3-17 示範了一個在離開前以固定次數遞迴呼叫本身的函數。

範例 3-17　使用靜態變數來限制遞迴深度

```php
function example(): void
{
    static $count = 0;

    if ($count >= 3) {
        $count = 0;
        return;
    }

    $count += 1;

    echo 'Running for loop number ' . $count . PHP_EOL;
    example();
}
```

static 關鍵字還會用於追蹤可能被函數多次需要的昂貴資源，但我們可能只想要單一實體。例如考慮一個將訊息記錄到資料庫的函數：我們可能無法將資料庫連線傳給函數本身，但卻又希望確保函數只打開單一的資料庫連線。這樣訊息記錄的功能可以像範例 3-18 中這樣實作。

範例 3-18　使用靜態變數來儲存資料庫連線

```php
function logger(string $message): void
{
    static $dbh = null;
    if ($dbh === null) {
        $dbh = new PDO(DATABASE_DSN, DATABASE_USER, DATABASE_PASSWORD);
    }

    $sql = 'INSERT INTO messages (message) VALUES (:message)';
    $statement = $dbh->prepare($sql);

    $statement->execute([':message', $message]);
}

logger('This is a test'); ❶
logger('This is another message'); ❷
```

❶ 第一次呼叫 logger() 時將會定義靜態變數 $dbh 的數值。在這種情況下，會使用 PHP 資料庫物件（PDO）（*https://oreil.ly/do1eJ*）的介面來連線到資料庫。該介面是 PHP 提供的用於存取資料庫的標準物件。

❷ 對於後續每次呼叫 logger()，都將利用儲存在 $dbh 中的初始連線來連接資料庫。

請注意，PHP 會自動管理其記憶體使用情況，並在變數離開作用範圍時，自動從記憶體中清除它們。對函數內的一般變數而言，這意味著函數完成後，變數會被從記憶體中釋放。靜態變數和全域變數在程式本身離開之前**永遠**不會被清除，因為它們始終在作用範圍內。在使用 `static` 關鍵字時要小心，確保不會將一些不必要的大型資料儲存在記憶體中。在範例 3-18 中，我們打開了一個與資料庫的連線，該連線永遠不會被建立的函數自動關閉。

雖然 `static` 關鍵字是跨函數呼叫中重複使用狀態的強大方法，但仍應謹慎使用它，以確保我們的應用程式不會執行任何意外的操作。在許多情況下，最好將表示狀態的變數明確地傳遞到函數中。更好的方法是將函數的狀態封裝為整體物件中的一部分，這將在第 8 章中介紹。

參閱

在 PHP 文件中關於變數範圍以及 `static` 關鍵字的說明（*https://oreil.ly/-yflc*）。

3.9　定義動態函數

問題

我們想要定義一個匿名函數（anonymous function），並在程式中將其作為變數來參考，因為我們只想要使用或呼叫這個函數一次。

解決方案

定義一個閉包（closure）函數，它可以指派給變數，並依據需要傳遞參數到其中：

```
$greet = function($name) {
    echo 'Hello, ' . $name . PHP_EOL;
};

$greet('World!');
// Hello, World!
```

討論

儘管 PHP 中大多數函數都有明確定義的名稱，但語言亦支援建立未命名的（稱為匿名（*anonymous*））函數，也稱為閉包（*closure*）或 *lambda* 運算式。這些函數可以封裝簡單或複雜的邏輯，並且可以直接指派給變數，以便在程式中的其他地方引用。

在內部，匿名函數是使用 PHP 的原生 Closure（*https://oreil.ly/u5qt7*）類別實現的。該類別被宣告為 final，這表示沒有類別可以直接對它進行擴充。然而，匿名函數都是此類別的實體，可以直接當成函數或物件來使用。

預設情況下，閉包（closure）不會從父應用程式繼承任何作用範圍，並且如同一般函數一樣，在自己的作用範圍內定義變數。在定義函數時可以利用 use 指令，將父作用範圍裡的變數，直接傳遞到閉包（closure）中。範例 3-19 說明如何將變數動態地從一個作用範圍傳遞到另一個作用範圍中。

範例 3-19　使用 use() 在作用區域之間傳遞變數

```
$some_value = 42;

$foo = function() {
    echo $some_value;
};

$bar = function() use ($some_value) {
    echo $some_value;
};

$foo(); // 警告：未定義的變數

$bar(); // 42
```

匿名函數在許多專案中，被用來封裝一段邏輯，以應用到數據資料的集合。下一個範例恰好涵蓋了先前所討論的內容。

舊版本的 PHP 使用 create_function()（*https://oreil.ly/RRMgO*）來實現類似的功能。開發人員可以建立一個匿名函數作為字串，並將該程式碼傳遞給 create_function()，以將其轉換為閉包實體（closure instance）。不幸的是，這種方法在底層使用了 eval() 來計算字串；這種做法被認為是非常不安全的。雖然在一些較舊的專案中可能仍然使用 create_function()，但這個函數在 PHP 7.2 中已被棄用，並在版本 8.0 中完全從語言中移除。

參閱

在 PHP 文件中關於匿名函數的說明（*https://oreil.ly/W0QPL*）。

3.10 將函數作為參數傳遞給其他函數

問題

我們想要定義一個函數的一部分實作,並將該實作作為引數傳遞給另一個函數。

解決方案

定義一個閉包(closure)來實現我們需要的部分邏輯,並直接將其傳遞到另一個函數中,就像是傳遞其他的變數一般:

```php
$reducer = function(?int $carry, int $item): int {
    return $carry + $item;
};

function reduce(array $array, callable $callback, ?int $initial = null): ?int
{
    $acc = $initial;
    foreach ($array as $item) {
        $acc = $callback($acc, $item);
    }

    return $acc;
}

$list = [1, 2, 3, 4, 5];
$sum = reduce($list, $reducer); // 15
```

討論

PHP 被許多人認為是一種函數式程式語言(*functional language*),因為函數是該語言中的第一級類別元素,可以結合變數名稱、作為引數傳遞,甚至從其他函數回傳。PHP 透過語言中實現可呼叫(*https://oreil.ly/m7skJ*)的型別,來支援函數作為變數。許多核心函數(如 usort()、array_map() 和 array_reduce())都支援傳遞可呼叫性的參數,然後在內部使用參數來定義函數的整體實作。

上述範例中定義的 reduce() 函數,是 PHP 原生 array_reduce() 的函數,提供使用者自定義的實作部分。兩者皆有相同的行為,因此可以重新撰寫程式,將 $reducer 直接傳遞到 PHP 原生的實作當中,而不改變結果:

```php
$sum = array_reduce($list, $reducer); // 15
```

由於函數可以像任何其他變數一樣被傳遞，因此 PHP 能夠定義函數部分的實作。透過這樣的處理後，該函數又回傳另一個函數，可以在程式中的其他地方使用。

例如，我們可以定義一個函數來設定一個基本的乘法規則，將任何輸入乘以固定的基數，如範例 3-20 所示。每次呼叫主要函數時都會回傳一個新函數，因此我們可以建立函數來將任意值加倍或三倍，並根據需要使用它們。

範例 3-20　乘法函數的部分應用

```php
function multiplier(int $base): callable
{
    return function(int $subject) use ($base): int {
        return $base * $subject;
    };
}

$double = multiplier(2);
$triple = multiplier(3);

$double(6);  // 12
$double(10); // 20
$triple(3);  // 9
$triple(12); // 36
```

像這樣的分解過程被稱為函數單一參數化（*currying*）（*https://oreil.ly/-_a4l*）。這是將具有多個輸入參數的函數，修改為一系列函數的做法，每個函數都採用一個單一參數，其中大多數參數本身就是函數。為了充分說明它如何在 PHP 中運作，讓我們看一下範例 3-21，並逐步重新改寫 multiplier() 函數。

範例 3-21　函數單一參數化的解說

```php
function multiply(int $x, int $y): int ❶
{
    return $x * $y;
}

multiply(7, 3); // 21

function curried_multiply(int $x): callable ❷
{
    return function(int $y) use ($x): int { ❸
        return $x * $y; ❹
```

```
    };
}

curried_multiply(7)(3); // 21 ❺
```

❶ 該函數的最基本形式採用兩個數值,將它們相乘,然後回傳最終結果。

❷ 當我們將函數單一參數化時,會希望每個部分的函數僅採用一個數值。新的 `curried_multiply()` 只接受一個參數,並回傳一個在內部使用該參數的函數。

❸ 內部函數自動引用先前函數呼叫所傳遞的數值(使用 use)。

❹ 產生結果的函數,實作出與基本形式相同的業務邏輯。

❺ 呼叫函數單一參數化的過程,看起來就像連續呼叫多個函數,但結果仍然是相同的。

如範例 3-21 所示,函數單一參數化的最大優點是部分套用的函數,可以作為變數來傳遞,並且也能在其他地方使用。如同 multiplier() 函數,我們可以透過部分套用的函數單一參數化來建立兩倍或三倍的計算函數,如下所示:

```
$double = curried_multiply(2);
$triple = curried_multiply(3);
```

部分套用、函數單一參數化的函數,其本身是可呼叫的函數,可作為變數傳遞到其他函數中,並在之後完全呼叫。

參閱

關於匿名函數的詳細資訊,請參考第 3.9 節。

3.11　使用簡潔的函數定義(箭頭函數)

問題

我們想要建立一個簡單的匿名函數,可以參考父作用範圍的變數,而無須使用冗長的 use 宣告。

解決方案

使用 PHP 中縮短匿名函數(箭頭函數)的語法來定義一個函數,該函數會自動繼承父作用範圍:

```
$outer = 42;

$anon = fn($add) => $outer + $add;

$anon(5); // 47
```

討論

箭頭函數（*arrow functions*）在 PHP 7.4 版中被加入，作為簡化匿名函數的一種方式，類似第 3.9 節中所討論的內容。箭頭函數會自動捕捉任何參考的變數，並將它們（透過傳遞數值，而非傳遞參考）匯入到函數的作用範圍中。

可以撰寫比上述例子更詳細的版本如範例 3-22 所示，但依舊實現相同的功能。

範例 3-22　匿名函數的細節形式

```
$outer = 42;

$anon = function($add) use ($outer) {
    return $outer + $add;
};

$anon(5);
```

箭頭函數總是回傳一個數值，表示不可能明確或隱含地回傳 void。這些函數遵循非常特定的語法，並始終回傳其表示式的結果：*fn (arguments) => expression*。這種結構使得箭頭函數在多種情況下都很好用。

其中一個例子是透過 PHP 的原生 array_map() 函數，套用於陣列中所有元素的簡潔行內定義函數。假設輸入的使用者資料是一個字串陣列，每個字串表示一個整數數值，並且我們希望將字串陣列轉換為整數陣列，來強制執行適當的型別安全。這可以透過範例 3-23 輕易地實現。

範例 3-23　將數字表示的字串陣列，轉換為整數陣列

```
$input = ['5', '22', '1093', '2022'];

$output = array_map(fn($x) => intval($x), $input);
// $output = [5, 22, 1093, 2022]
```

箭頭函數只允許單行表示式。如果我們的邏輯相當複雜，需要多個表示式，請使用標準匿名函數（請參考第 3.9 節）或在程式碼中定義命名函數。也就是說，箭頭函數本身就是一個表示式，因此一個箭頭函數實際上可以回傳另一個箭頭函數。

將箭頭函數作為另一個箭頭函數的表示式回傳的能力，延伸出一種在**函數單一參數化**（*currying*）或部分套用的函數中使用箭頭函數，促進程式碼重複使用的方法。假設我們要在程式中傳遞一個函數，其以固定模數來執行模數計算。我們可以透過定義一個箭頭函數來執行計算，並將其包裝在另一個指定模數的函數中，將最終函數單一參數化的函數指派給變數，以在其他地方使用，如範例 3-24 中所示。

 模數計算用於建立時鐘函數（*clock function*），也就是無論輸入任何整數，該函數始終回傳一組特定的整數數值。我們可以透過將兩個整數相除，然後回傳整數餘數來求模數。例如，「12 模 3」寫為 12 % 3，並回傳 12/3 的餘數，也就是 0。同樣地，「15 模 6」會寫為 15 % 6，並回傳 15/6 的餘數 3。模數運算的回傳永遠不會大於模數本身（前兩個範例中分別為 3 或 6）。模數計算通常用於將大量輸入數值組合在一起，或是加密的相關操作，這些將在第 9 章中進一步討論。

範例 *3-24　*使用箭頭函數進行函數單一參數化

```
$modulo = fn($x) => fn($y) => $y % $x;

$mod_2 = $modulo(2);
$mod_5 = $modulo(5);

$mod_2(15); // 1
$mod_2(20); // 0
$mod_5(12); // 2
$mod_5(15); // 0
```

最後，就像一般函數一樣，箭頭函數也可接受多個引數。這樣我們就可以輕鬆定義出具有多個參數的函數，並在表示式中自由使用它們，而無須傳遞單一變數（或隱含地參考父作用範圍中所定義的變數）。一個簡單的函數等式，會使用以下箭頭函數：

```
$eq = fn($x, $y) => $x == $y;

$eq(42, '42'); // true
```

參閱

在第 3.9 節中關於匿名函數的詳細說明，和 PHP 手冊文件中關於箭頭函數的討論（*https://oreil.ly/MLURC*）。

3.12 建立沒有回傳值的函數

問題

我們需要定義一個函數，在完成後不會將資料回傳到程式的其他部分。

解決方案

使用明確型別宣告，並引用 void 回傳型別：

```
const MAIL_SENDER = 'wizard@oz.example';
const MAIL_SUBJECT = 'Incoming from the Wonderful Wizard';

function send_email(string $to, string $message): void
{
    $headers = ['From' => MAIL_SENDER];

    $success = mail($to, MAIL_SUBJECT, $message, $headers);

    if (!$success) {
        throw new Exception('The man behind the curtain is on break.');
    }
}

send_email('dorothy@kansas.example', 'Welcome to the Emerald City!');
```

討論

上述範例中使用 PHP 的原生 mail() 函數，將帶有靜態的主旨的簡單訊息，發送給指定的收件人。PHP 的 mail() 成功時回傳 true，而出現錯誤時回傳 false。在上述範例中，當出現問題時我們希望拋出例外，但其他情況下希望以安靜的方式回傳。

在許多情況下，我們可能希望在函數完成時回傳一個旗標（可能是 Boolean 數值、字串或 null），用來表示發生了什麼，以便程式的其餘部分可以適當地執行。沒有回傳任何內容的函數相對比較少見，但當我們的程式與外部做通訊，並且其結果不會影響程式的其他部分時，這樣的情況確實會出現。向訊息佇列發送隨即丟棄的連接、或記錄到系統錯誤日誌，都是回傳 void 函數的常見案例。

在 PHP 中，void 回傳型別會在編譯時強制執行，這表示如果函數回傳任何內容，程式碼將觸發嚴重錯誤，即使我們還沒有開始執行任何內容。範例 3-25 說明了 void 的有效和無效用法。

範例 3-25　void 回傳型別的有效和無效用法

```
function returns_scalar(): void
{
    return 1; ❶
}

function no_return(): void
{
    ❷
}

function empty_return(): void
{
    return; ❸
}

function returns_null(): void
{
    return null; ❹
}
```

❶ 回傳純量型別（例如字串、整數或 Boolean 數值）將觸發嚴重錯誤。

❷ 在函數中省略任何回傳型別都是有效的。

❸ 明確地回傳空資料也是有效的。

❹ 即使 null 是「空值」，它仍然視作回傳，並會觸發嚴重錯誤。

在 PHP 中，void 型別與其他大多數型別不同，僅在回傳時有效。它不能當作函數定義中的參數型別使用；嘗試這樣做將導致編譯時出現嚴重錯誤。

參閱

在 PHP 7.1 原始的 RFC 文件中，對 void 回傳型別的介紹（*https://oreil.ly/FvRb_*）。

3.13 建立不回傳的函數

問題

我們需要定義一個明確離開的函數,並確保應用程式的其他部分知道此函數永遠不會回傳。

解決方案

使用明確的型別註記並引用 never 回傳型別。例如:

```
function redirect(string $url): never
{
    header("Location: $url");
    exit();
}
```

討論

在 PHP 中,某些操作在離開目前行程之前是引擎所要執行的最後一個動作。呼叫 header() 來定義特定的回應標頭,必須在向回應標頭列印任何內容之前進行。具體來說,呼叫 header() 來觸發重新導向,這通常是我們希望應用程式執行的最後一件事——在告訴客戶端重新導向到其他位置之後,列印內容文字或處理其他操作,將沒有任何意義或價值。

never 回傳型別會向 PHP 和程式碼的其他部分發出信號,表明函數透過 exit()、die() 或拋出例外,來保證停止程式的執行。

如果一個使用了 never 回傳型別的函數,仍然隱含地回傳,如範例 3-26 所示,PHP 將拋出 TypeError 例外。

範例 3-26 在應該永不回傳的函數中隱含回傳

```
function log_to_screen(string $message): never
{
    echo $message;
}
```

同樣地，如果一個 never 型別的函數**明確地**回傳一個數值，PHP 將拋出 TypeError 例外。在這兩種情況下，無論是隱含或明確回傳，此例外都會在呼叫時（即函數被呼叫時）強制執行，而非在函數被定義時。

參閱

在 PHP 8.1 原始的 RFC 文件中，對 never 回傳型別的介紹（*https://oreil.ly/wO3zv*）。

## 第四章

字串

字串是 PHP 中資料的基礎建構區塊之一。每個字串代表一個有順序的位元串列。字串的範圍可以從人類可讀的文字部分（例如 To be or not to be），到以整數編碼的原始位元序列（例如 \110\145\154\154\157\40\127\157\162\154\144\41）[1]。PHP 應用程式讀取或寫入的每個資料元素都表示為字串。

在 PHP 中，字串通常編碼為 ASCII 數值（https://oreil.ly/Tjsyx），儘管我們可以根據需要在 ASCII 和其他格式（如 UTF-8）之間進行轉換。字串可以在需要時包含 null 位元，並且只要 PHP 行程有足夠的記憶體可用，在儲存方面基本上是無限的。

在 PHP 中建立字串的最基本方法是使用單引號。單引號字串被視為文字語句，沒有特殊字元或任何類型的變數插值。要在單引號字串中包含文字的單引號，我們必須透過在引號前添加反斜線來轉義（escape）引號，例如 \'。事實上，唯一需要（甚至是可以）轉義的兩個字元是單引號本身或反斜線。範例 4-1 顯示了單引號字串及其對應的輸出。

> 變數插值（variable interpolation）是在字串中直接透過名稱參考變數，並且讓直譯器在執行時期，用其數值替換相關變數的做法。如此讓字串更加靈活，因為我們可以撰寫單一字串，但動態地替換某些內容以符合程式碼中其位置的上下文。

---

1 這個字串是「Hello World!」的位元表示形式，採用八進制表示法。

範例 4-1　單引號字串

```
print 'Hello, world!';
// Hello, world!

print 'You\'ve only got to escape single quotes and the \\ character.';
// You've only got to escape single quotes and the \ character.

print 'Variables like $blue are printed as literals.';
// Variables like $blue are printed as literals.

print '\110\145\154\154\157\40\127\157\162\154\144\41';
// \110\145\154\154\157\40\127\157\162\154\144\41
```

更複雜的字串可能需要插值變數或參考特殊字元，例如換行符號或 tab。對於這些更複雜的案例，PHP 需要使用雙引號，並允許使用各種轉義序列，如表 4-1 所示。

表 4-1　雙引號字串轉義序列

轉義序列	字元	範例
\n	換行符號	"This string ends in a new line.\n"
\r	回車符號	"This string ends with a carriage return.\r"
\t	tab	"Lots\tof\tspace"
\\	倒斜線	"You must escape the \\ character."
\$	錢字符號	A movie ticket is \$10.
\"	雙引號	"Some quotes are \"scare quotes.\""
\0 到 \777	八進制字元	"\120\110\120"
\x0 到 \xFF	十六進制字元	"\x50\x48\x50"

除了使用反斜線明確轉義的特殊字元外，PHP 還會自動替換雙引號字串中傳遞的任何變數的數值。如果整個表示式用大括號（{}）括起來，PHP 將它們視為變數，並在雙引號字串中插值整個表示式。範例 4-2 顯示如何在雙引號字串中處理複雜或其他變數。

範例 4-2　雙引號字串內的變數插值

```
print "The value of \$var is $var"; ❶
print "Properties of objects can be interpolated, too. {$obj->value}"; ❷
print "Prints the value of the variable returned by getVar(): {${getVar()}}"; ❸
```

❶ 第一個參考 $var 的變數是被轉義的，但第二個將會用實際數值替換。如果 $var = 'apple'，則字串將列印 The value of $var is apple。

❷ 使用大括號可以在雙引號字串中，直接引用物件屬性，就好像這些屬性是區域定義的變數一般。

❸ 假設 getVar() 回傳已定義變數的名稱，此行程式將執行這個函數，並列印指定給變數的數值。

單引號和雙引號字串都表示為單一行文字內容。但是，程式通常會將多行文字（或編碼成多行的二進制檔案）表示為字串。在這種情況下，開發人員可以使用的最佳工具是 Heredoc。

Heredoc 是一個文字區塊，以三個角括號（ <<< 運算符號）作為開頭，後接著命名的識別字，再加上換行符號。每一行文字（包括換行符號）都是這個字串的一部分，直到完全獨立的一行，該行只包含 Heredoc 的命名識別字與分號。範例 4-3 說明了 Heredoc 在程式碼中的模樣。

> 用於 Heredoc 的識別字不需要大寫。然而在 PHP 中，一般約定成俗的慣例，始終會將這些識別字以大寫表示，以幫助區分它們與字串的文字定義。

範例 4-3　使用 Heredoc 語法的字串定義

```
$poem = <<<POEM
To be or not to be,
That is the question
POEM;
```

Heredoc 的功能就如同雙引號字串一樣，並允許在其中進行變數插值（或如轉義十六進制的特殊字元）。在應用程式中編碼 HTML 區塊時，此功能尤其強大，因為可以使用變數使得字串動態化。

在某些特殊情況下，我們可能希望一個字串文字，而不是可以進行變數插值的字串。因此，PHP 的 Nowdoc 語法提供了單引號樣式替代方案，來對應 Heredoc 的雙引號字串模擬。Nowdoc 看起來幾乎與 Heredoc 完全相同，除了識別字本身是用單引號括起來，如範例 4-4 中所示。

範例 *4-4　使用 Nowdoc 語法的字串定義*

```
$poem = <<<'POEM'
To be or not to be,
That is the question
POEM;
```

單引號和雙引號都可以在 Heredoc 和 Nowdoc 區塊中使用，無須額外的轉義符號。但是，Nowdoc 不會插值或動態替換任何數值，無論它們是否被轉義過。

下面的例子有助於進一步說明，如何在 PHP 中使用字串，以及它們可以解決的各種問題。

4.1　存取字串中的子字串

問題

我們想要辨識字串中是否包含某些特定子字串。例如，想知道 URL 是否包含文字 /secret/。

解決方案

使用 strpos()：

```
if (strpos($url, '/secret/') !== false) {
    // 檢測 secret 文字片段，執行額外邏輯
    // ...
}
```

討論

strpos() 函數將掃描指定的字串、並辨識給定的子字串第一次出現的起始位置。這個函數實際上就如同大海撈針，因為在 PHP 文件說明中，函數的引數分別命名為 $haystack 和 $needle。如果未找到子字串（$needle），則該函數回傳 Boolean 數值 false。

在這種情況下，使用嚴格的相等比較非常重要，因為子字串如果出現在待搜尋的字串開頭，strpos() 將回傳 0。還記得在第 2.3 節中的討論，只用兩個等號比較數值，會嘗試重新轉換型別，將整數 0 轉換為 Boolean 數值 false；因此建議最好還是使用嚴格的比較運算符號（=== 表示相等，!== 表示不等）以避免混淆。

如果 $needle 在字串中多次出現，strpos() 僅回傳第一次出現的位置。我們可以透過增加一個可選的位置偏移量，作為函數呼叫的第三個參數，來搜尋其他出現的位置，如範例 4-5 所示。定義偏移量讓我們可在字串的後面部分，搜尋已知在字串的早期出現的子字串。

範例 *4-5* 計算所有子字串出現的次數

```php
function count_occurrences($haystack, $needle)
{
    $occurrences = 0;
    $offset = 0;
    $pos = 0; ❶

    do {
        $pos = strpos($haystack, $needle, $offset);

        if ($pos !== false) { ❷
            $occurrences += 1;
            $offset = $pos + 1; ❸
        }
    } while ($pos !== false); ❹

    return $occurrences;
}

$str = 'How much wood would a woodchuck chuck if a woodchuck could chuck wood?';

print count_occurrences($str, 'wood'); // 4
print count_occurrences($str, 'nutria'); // 0
```

❶ 所有變數最初的設定都為 0，因此我們可以追蹤出現的新字串。

❷ 只有當找到該字串，才計算出現次數。

❸ 如果找到該字串，則更新偏移量，同時加 1，這樣就不會重複計算已找到的字串。

❹ 一旦到達目標子字串出現的最後一次位置，離開迴圈並回傳總計數量。

參閱

在 PHP 文件中關於 strpos() 的說明（*https://oreil.ly/w9Od4*）。

4.2　從字串中抓取子字串

問題

我們想要從一個大的字串中擷取出一個小字串，例如：從電子郵件地址中提取網域名稱。

解決方案

使用 substr() 選擇要擷取的字串部分：

```
$string = 'eric.mann@cookbook.php';
$start = strpos($string, '@');

$domain = substr($string, $start + 1);
```

討論

PHP 的 substr() 函數根據初始偏移量（第二個參數）指定可選長度，回傳指定字串中的一部分。完整的函數如下：

```
function substr(string $string, int $offset, ?int $length = null): string
```

如果省略 $length 參數，substr() 將回傳字串中剩餘的部分。如果 $offset 參數大於輸入字串的長度，則回傳空字串。

我們還可以指定偏移量為負值，會回傳一個從尾端而不是從頭開始的子集，如範例 4-6 所示。

範例 4-6　偏移量為負值的子字串

```
$substring = substr('phpcookbook', -3); ❶
$substring = substr('phpcookbook', -2); ❷
$substring = substr('phpcookbook', -8, 4); ❸
```

❶ 回傳 ook（最後三個字元）

❷ 回傳 ok（最後兩個字元）

❸ 回傳 cook（中間四個字元）

我們應該多注意一些有關 substr() 函數中的偏移量和字串長度的臨界情況。偏移量可能合法地從字串內開始，但 $length 卻有可能超出字串尾端。PHP 會偵測到這樣的差異，並回傳原始字串的其餘部分，即使最終回傳小於指定的長度。範例 4-7 詳細說明基於不同指定長度的 substr() 函數，可能產生的一些輸出結果。

範例 4-7　各種子字串長度

```
$substring = substr('Four score and twenty', 11, 3); ❶
$substring = substr('Four score and twenty', 99, 3); ❷
$substring = substr('Four score and twenty', 20, 3); ❸
```

❶ 回傳 and

❷ 回傳一個空字串

❸ 回傳 y

另一個特殊情況是提供給函數的 $length 為負值。當請求一個長度為負值的子字串時，PHP 將從回傳的子字串中刪除數個字元，如範例 4-8 中所示。

範例 4-8　長度為負的子字串

```
$substring = substr('Four score and twenty', 5); ❶
$substring = substr('Four score and twenty', 5, -11); ❷
```

❶ 回傳 score and twenty

❷ 回傳 score

參閱

在 PHP 文件中關於 substr()（*https://oreil.ly/z_w10*）和 strpos()（*https://oreil.ly/NWcWJ*）的說明。

4.3　替換部分字串

問題

倘若我們只想用另一個字串，替換字串的一小部分。例如，想要在將電話號碼列印到螢幕之前混淆資訊，但除了最後的四個數字以外。

解決方案

使用 substr_replace() 會根據位置替換現有字串的元件：

```
$string = '555-123-4567';
$replace = 'xxx-xxx'

$obfuscated = substr_replace($string, $replace, 0, strlen($replace));
// xxx-xxx-4567
```

討論

PHP 的 substr_replace() 函數類似於 substr()，對一部分的字串進行操作，由整數偏移量和特定的長度來定義。範例 4-9 顯示了完整的函數簽章。

範例 4-9 substr_replace() 完整函數的表示

```
function substr_replace(
    array|string $string,
    array|string $replace,
    array|int $offset,
    array|int|null $length = null
): string
```

它與 substr() 仍有一些差異，函數 substr_replace() 可以對單一字串或字串集合進行操作。如果傳入一個字串陣列，其中包含 $replace 和 $offset 的純量數值，則該函數將對每個字串執行替換，如範例 4-10 所示。

範例 4-10 一次替換多個子字串

```
$phones = [
    '555-555-5555',
    '555-123-1234',
    '555-991-9955'
];

$obfuscated = substr_replace($phones, 'xxx-xxx', 0, 7);

// xxx-xxx-5555
// xxx-xxx-1234
// xxx-xxx-9955
```

一般而言，在這個函數的參數方面能讓開發人員有很大的彈性空間。與 substr() 類似，以下情況都是正確的：

- $offset 可以為負數，在這種情況下，替換的動作將從字串結尾處的字元數量開始。

- $length 可以為負數，表示從字串結尾處停止替換字元的數量。

- 如果 $length 為 null，則它將在內部變為輸入字串本身的長度。

- 如果 length 為 0，則 $replace 將插入到指定 $offset 處的字串中，並且不會進行任何替換。

最後，如果 $string 作為陣列來提供，則所有其他參數也可以陣列形式提供。每個元素都代表 $string 中相同位置的字串設定，如範例 4-11 所示。

範例 4-11　使用陣列參數，替換多個子字串

```
$phones = [
    '555-555-5555',
    '555-123-1234',
    '555-991-9955'
];

$offsets = [0, 0, 4];

$replace = [
    'xxx-xxx',
    'xxx-xxx',
    'xxx-xxxx'
];

$lengths = [7, 7, 8];

$obfuscated = substr_replace($phones, $replace, $offsets, $lengths);

// xxx-xxx-5555
// xxx-xxx-1234
// 555-xxx-xxxx
```

對於傳遞給 $string、$replace、$offset 和 $length 的陣列，其大小都需要相同並不是硬性的要求。如果傳遞不同維度的陣列，PHP 不會拋出錯誤或警告。然而，這樣做會導致替換操作期間出現意外的輸出，例如，截斷字串而非替換其內容。最好還是確認這四個陣列參數所提供的維度是一致的。

如果我們確切知道需要在字串中替換的字元的位置，則 substr_replace() 函數會比較好操作。然而在某些情況下，我們可能不知道需要替換的子字串所在的位置，但想要替換特定子字串的所有出現次數。如此，可能需要使用 str_replace() 或 str_ireplace()。

這兩個函數將搜尋指定的子字串，以找到一次（或多次出現）的位置，並將其替換為其他內容。這些函數的呼叫方式是相同的，但 str_ireplace() 中的額外 i，它表示以不區分大小寫的方式進行搜尋。範例 4-12 說明了這兩個函數的使用。

範例 4-12　在字串中搜尋和替換

```
$string = 'How much wood could a Woodchuck chuck if a woodchuck could chuck wood?';

$beaver = str_replace('woodchuck', 'beaver', $string); ❶
$ibeaver = str_ireplace('woodchuck', 'beaver', $string); ❷
```

❶ 結果為 *How much wood could a Woodchuck chuck if a beaver could chuck wood?*

❷ 結果為 *How much wood could a beaver chuck if a beaver could chuck wood?*

str_replace() 和 str_ireplace() 都接受一個可選擇的 $count 參數，該參數透過參考傳遞。如果指定了這個變數，這個變數將被更新為函數執行的替換次數。在範例 4-12 中，由於 Woodchuck 的大寫，此回傳數值將分別為 1 和 2。

參閱

在 PHP 文件中關於 substr_replace()（*https://oreil.ly/-BSkA*）、str_replace()（*https://oreil.ly/Vm7KH*）和 str_ireplace()（*https://oreil.ly/8P46w*）的說明。

4.4　依序處理字串中的每一個位元

問題

倘若我們需要從頭到尾依序處理字串中的每一個位元，一次處理一個字元。

解決方案

利用迴圈依序遊歷字串中的每個字元，就如同它是一個陣列一般。範例 4-13 將計算字串中大寫字母的數量。

```
$capitals = 0;

$string = 'The Carriage held but just Ourselves - And Immortality';
for ($i = 0; $i < strlen($string); $i++) {
    if (ctype_upper($string[$i])) {
        $capitals += 1;
    }
}

// $capitals = 5
```

討論

PHP 中的字串不是陣列，因此不能對它們直接進行迴圈。但是，它們確實根據字串中的位置，提供每個字元如同類似陣列的存取。我們可以透過整數偏移量（從 0 開始），甚至透過從字串尾端開始的負偏移量，來參考單一字元。

不過，類似陣列的存取並非唯讀的。我們可以根據位置，輕鬆地替換字串中的單一字元，如範例 4-14 所示。

範例 *4-14*　替換字串中的單一字元

```
$string = 'A new recipe made my coffee stronger this morning';
$string[31] = 'a';

// A new recipe made my coffee stranger this morning
```

還可以使用 str_split()（*https://oreil.ly/eNxaF*），將字串直接轉換為陣列，然後疊代結果陣列中的所有項目，如範例 4-15 所示。

範例 *4-15*　直接將字串轉換為陣列

```
$capitals = 0;

$string = 'The Carriage held but just Ourselves - And Immortality';
$stringArray = str_split($string);
foreach ($stringArray as $char) {
    if (ctype_upper($char)) {
        $capitals += 1;
    }
}

// $capitals = 5
```

範例 4-15 的缺點是 PHP 現在必須維護資料中的兩份相同副本：原始字串和結果陣列。在處理如範例中的小字串時，這並不是問題；但如果我們的字串代表磁碟上的整個檔案，將很快耗盡 PHP 的可用記憶體。

這也使得 PHP 存取字串中的各個位元（字元）變得相對容易，而無須修改資料型別。將字串拆分為陣列雖然是可行的，但可能其實沒有這個必要性，除非我們真的實際上需要字元陣列。範例 4-16 仿造範例 4-15 重新寫過，使用陣列簡化的技巧，而非直接計算字串中的大寫字母。

範例 4-16 透過陣列簡化來計算字串中的大寫字母

```
$str = 'The Carriage held but just Ourselves - And Immortality';

$caps = array_reduce(str_split($str), fn($c, $i) => ctype_upper($i) ? $c+1: $c, 0);
```

 雖然範例 4-16 在功能上與範例 4-15 完全相同，但卻更簡潔，然而也因此更難理解。雖然將複雜邏輯重新組織為單一行的函數看起來很誘人，但為了簡潔而對程式碼進行不必要的重構卻可能是危險的。可能讓程式碼看起來很優雅，但隨著時間的推移會變得更難以維護。

範例 4-16 中導入簡化的技巧，在功能上相對是聰明的，但仍然需要將字串拆分為陣列。雖然可以節省程式碼的行數，但仍無法避免建立資料的第二個副本。如前所述，如果要疊代的字串內容龐大（例如大量的二進位檔案），這將快速消耗 PHP 可用的記憶體。

參閱

在 PHP 文件中關於字串存取和修改（*https://oreil.ly/8MOWh*），和 `ctype_upper()`（*https://oreil.ly/bQctH*）的說明。

4.5 產生隨機字串

問題

倘若我們想要產生一個有隨機字元的字串。

解決方案

使用 PHP 的原生 `random_int()` 函數：

```
function random_string($length = 16)
{
    $characters = '0123456789abcdefghijklmnopqrstuvwxyz';

    $string = '';
    while (strlen($string) < $length) {
        $string .= $characters[random_int(0, strlen($characters) - 1)];
    }
    return $string;
}
```

討論

PHP 對於整數和位元，具有強健且加密安全的虛擬亂數產生器函數。雖然沒有產生隨機的人類可讀文字的原生函數，但可以透過利用人類可讀字元清單，使用底層函數來建立這樣的隨機文字字串，如上述範例所示。

 加密安全的虛擬亂數產生器（*cryptographically secure pseudorandom number generator*）是一個回傳沒有可辨識、可預測模式的數字的函數。也就是說，即使透過分析驗證，也無法區分隨機資料與加密安全的虛擬亂數產生器，兩者在輸出上的差異。

產生隨機字串的一種有效且簡單的方法是利用 PHP 的 random_bytes() 函數，並將二進制輸出編碼為 ASCII 文字。範例 4-17 說明透過隨機位元作為字串的兩種可能方式。

範例 4-17 建立隨機位元字串

```
$string = random_bytes(16); ❶

$hex = bin2hex($string); ❷
$base64 = base64_encode($string); ❸
```

❶ 由於二進制位元字串需要以不同的格式進行編碼，因此請留意，產生的位元數與最終字串的長度不相符合。

❷ 以十六進制格式對隨機字串進行編碼。請注意，此格式將讓字串的長度加倍，16 個位元相當於 32 個十六進制字元。

❸ 利用 Base64（*https://oreil.ly/NsyVs*）編碼，將原來的位元轉換為可讀字元。此格式會造成字串的長度增加了 33%–36%。

參閱

在 PHP 文件中關於 random_int()（*https://oreil.ly/g3gAR*）和 dom_bytes()（*https://oreil.ly/ 2Zbio*）的說明。另外請參考第 5.4 節，關於產生亂數的討論。

4.6　在字串中插入變數

問題

我們想要在靜態字串中匯入動態的內容。

解決方案

使用雙引號將字串括起來，並直接在字串本身中插入變數、物件屬性，甚至函數呼叫或方法呼叫：

```
echo "There are {$_POST['cats']} cats and {$_POST['dogs']} outside.";
echo "Your username is {strlen($username)} characters long.";
echo "The car is painted {$car->color}.";
```

討論

不像單引號字串，使用雙引號字串允許複雜的動態數值作為文字。任何以 $ 字元開頭的單字都被解釋為變數名稱，除非這個前導字元被轉義過 [2]。

雖然上述範例中將動態內容夾在大括號中，但這在 PHP 中不是必需的。簡單的變數可以很容易地在雙引號字串中寫入，並會被正確地插值。然而，更複雜的序列如果沒有使用大括號來處理，將導致程式變得難以閱讀。建議最好的做法是，始終將我們想要插值的任何數值用大括號括起來，使得字串更具可讀性。

不幸的是，字串插值的手法有其侷限性。從上述範例中可見到，從超全域 $_POST 陣列中擷取資料並將其直接插入到字串中。這具有潛在的危險，因為該內容是由使用者直接產生，並且字串可能會被用於敏感的操作。事實上，像這樣的字串插值，往往是應用程式中注入攻擊（injection attack）最主要的方式之一。

2　回顧一下表 4-1，有關轉義符號的更多說明。

在注入攻擊中，第三方會將可執行的或其他惡意輸入，傳遞（或注入）到我們的應用程式中，並導致其行為異常。第 9 章會介紹防禦此類攻擊更複雜的解決方法。

為了保護我們的字串操作，避免受到潛在的惡意使用者產生的輸入所影響，最好透過 PHP 的 sprintf() 函數使用格式化字串來過濾內容。範例 4-18 重寫上述例子的部分內容，以防止惡意的 $_POST 資料。

範例 4-18　使用格式化字串來產生插值字串

```
echo sprintf('There are %d cats and %d dogs.', $_POST['cats'], $_POST['dogs']);
```

格式化字串是 PHP 中清理輸入資料的一種基本形式。在範例 4-18 中，我們假設提供的 $_POST 資料是數字。格式化字串中的 %d 將被替換為使用者所提供的資料，但 PHP 會在替換期間明確地將這些資料轉換為整數。

例如，如果將這樣的字串插入到資料庫中，這種格式化可防止針對 SQL 介面所做的潛在注入攻擊。第 9 章將更完整的討論過濾和清理使用者輸入的方法。

參閱

在 PHP 文件中關於雙引號和 Heredoc 中的變數解析（*https://oreil.ly/CAj-J*），以及關於 sprintf() 函數（*https://oreil.ly/DMAg6*）的說明。

4.7　將多個字串連接在一起

問題

我們需要從兩個較小的字串建立一個新字串。

解決方案

使用 PHP 的字串連接運算符號：

```
$first = 'To be or not to be';
$second = 'That is the question';

$line = $first . ' ' . $second;
```

討論

PHP 使用單一 . 字元，將兩個字串連接在一起。該運算符號還會利用型別強制轉換，來確保操作中的兩個數值在連接之前都是字串，如範例 4-19 所示。

範例 4-19　字串連接

```
print 'String ' . 2; ❶
print 2 . ' number'; ❷
print 'Boolean ' . true; ❸
print 2 . 3; ❹
```

❶ 列印 String 2

❷ 列印 2 number

❸ 列印 Boolean 1，因為 Boolean 數值先轉換為整數，再轉換為字串

❹ 列印 23

字串連接運算是組合簡單字串的快速方法，但如果使用它來組合帶有多個空格的字串，反而就變得有些冗長。參考範例 4-20，我們想嘗試將單字陣列組合成一個字串，每個單字之間使用空格分隔。

範例 4-20　串接大量字串的冗長程式碼

```
$words = [
    'Whose',
    'woods',
    'these',
    'are',
    'I',
    'think',
    'I',
    'know'
];

$option1 = $words[0] . ' ' . $words[1] . ' ' . $words[2] . ' ' . $words[3] .
        ' ' . $words[4] . ' ' . $words[5] . ' ' . $words[6] .
        ' ' . $words[7]; ❶

$option2 = '';
foreach ($words as $word) {
    $option2 .= ' ' . $word; ❷
}
$option2 = ltrim($option2); ❸
```

❶ 一種選擇是使用空格分隔符號單獨串接集合中的每個單字。隨著單字陣列元素的增加，很快地就會變得難以維護。

❷ 相反地，我們可以透過迴圈將集合遊歷一遍，並在不單獨一個個存取集合中的每個元素下，建構一個串接字串。

❸ 使用迴圈時，可能會出現不必要的空格。要記住移除在字串開頭的空格。

數量龐大、重複的字串連接過程，可以被原生的 PHP 函數（例如 implode()）取代。特別是該函數接受要連接的資料陣列，以及要在資料元素之間使用的字元的定義。最終回傳串接後的字串。

 不過部分開發人員更喜歡使用 join() 而非 implode()，因為它在字面上更具體描述操作的行為。事實上，join() 是 implode() 的別名，PHP 編譯器並不關心我們使用的是哪一個。

重新寫過範例 4-20，以使用 implode() 讓整個操作變得更加簡單，如範例 4-21 所示。

範例 4-21　字串串接的一種簡潔方法

```
$words = [
    'Whose',
    'woods',
    'these',
    'are',
    'I',
    'think',
    'I',
    'know'
];

$string = implode(' ', $words);
```

注意請記住 implode() 中參數的順序。先有字串分隔符號，然後是疊代的陣列。早期版本的 PHP（8.0 版本之前）允許以相反的順序指定參數。也就是先指定陣列，然後指定分隔符號，但這種行為在 PHP 7.4 中已被棄用。從 PHP 8.0 開始，遇到這種情況將拋出 TypeError。

如果使用的是 PHP 8.0 之前撰寫的函式庫，請確保在將專案進入到產品之前，測試看看有沒有濫用 implode() 或 join()。

參閱

在 PHP 文件中關於 implode() 的說明（*https://oreil.ly/bGYt0*）。

4.8 維護儲存在字串中的二進制資料

問題

我們希望將資料直接編碼為二進制格式，而非使用 ASCII 格式的呈現形式，或者希望將明確以二進制編碼過的資料讀入應用程式。

解決方案

使用 unpack() 從字串中擷取二進制資料：

```
$unpacked = unpack('S1', 'Hi'); // [1 => 26952]
```

使用 pack() 將二進制資料寫入字串：

```
$packed = pack('S13', 72, 101, 108, 108, 111, 44, 32, 119, 111,
              114, 108, 100, 33); // 'Hello, world!'
```

討論

函數 pack() 和 unpack() 都可以讓我們能夠對原始二進制字串進行操作，假設我們知道正在處理的二進制字串的格式。每個函數的第一個參數是格式規範。這個規範是由特定的格式程式碼決定的，如表 4-2 所定義。

表 4-2 二進制格式的字串程式碼

程式碼	說明
a	空值附加的字串
A	空格附加的字串
h	十六進制字串，低位元在前
H	十六進制字串，高位元在前
c	有號字元
C	無號字元
s	有號短整數（Signed short）（16 位元，依照機器位元順序）

程式碼	說明
S	無號短整數（Unsigned short）（16 位元，依照機器位元順序）
n	無號短整數（Unsigned short）（16 位元，高位元在前）
v	無號短整數（Unsigned short）（16 位元，低位元在前）
i	有號整數（Signed integer）（依照機器位元大小與順序）
I	無號整數（Unsigned interger）（依照機器位元大小與順序）
l	有號長整數（Signed long）（32 位元，機器位元順序）
L	無號長整數（Unsigned long）（32 位元，機器位元順序）
N	無號長整數（Unsigned long）（32 位元，高位元在前）
V	無號長整數（Unsigned long）（32 位元，低位元在前）
q	有號長整數（Signed long long）（64 位元，機器位元順序）
Q	無號長整數（Unsigned long long）（64 位元，機器位元順序）
J	無號長整數（Unsigned long long）（64 位元，高位元在前）
P	無號長整數（Unsigned long long）（64 位元，低位元在前）
f	浮點數（Float）（依照機器位元大小和表示）
g	浮點數（Float）（依照機器位元大小，低位元在前）
G	浮點數（Float）（依照機器位元大小，高位元在前）
d	雙精度浮點數（Double）（依照機器位元大小和表示）
e	雙精度浮點數（Double）（依照機器位元大小，低位元在前）
E	雙精度浮點數（Double）（依照機器位元大小，高位元在前）
x	空值字元
X	備份一個字元
Z	空值附加的字串
@	空值填充到絕對位置

定義格式字串時，我們可以單獨指定每個位元型別或利用可選擇的重複字元。在上述範例中，位元數是用整數明確指定的。我們可以輕易地使用星號（*）來指定在字串尾端重複的位元型別，如下所示：

```
$unpacked = unpack('S*', 'Hi'); // [1 => 26952]
$packed = pack('S*', 72, 101, 108, 108, 111, 44, 32, 119, 111,
              114, 108, 100, 33); // 'Hello, world!'
```

PHP 藉由 unpack() 在不同的位元編碼型別之間轉換的能力，還提供了一種將 ASCII 字元轉換為它們的二進制相等的簡單方法。ord() 函數會回傳特定字元的數值，但如果要依順序分解每個字元，則字串需要以迴圈進行處理字串中的每個字元，如範例 4-22 中所示。

範例 4-22　使用 *ord()* 取得字元數值

```
$ascii = 'PHP Cookbook';

$chars = [];
for ($i = 0; $i < strlen($ascii); $i++) {
    $chars[] = ord($ascii[$i]);
}

var_dump($chars);
```

我們有了 unpack() 函數，就不用再明確地逐一疊代字串中的字元。c 格式字元參考有號字元，而 C 參考無號字元。因此我們可以直接利用 unpack() 來獲得相同的結果，無須建立迴圈來處理：

```
$ascii = 'PHP Cookbook';
$chars = unpack('C*', $ascii);

var_dump($chars);
```

前面的 unpack() 例子和範例 4-22 中的原始迴圈實作，其結果都會產生以下陣列：

```
array(12) {
  [1]=>
  int(80)
  [2]=>
  int(72)
  [3]=>
  int(80)
  [4]=>
  int(32)
  [5]=>
  int(67)
  [6]=>
  int(111)
  [7]=>
  int(111)
  [8]=>
  int(107)
  [9]=>
  int(98)
```

```
        [10]=>
        int(111)
        [11]=>
        int(111)
        [12]=>
        int(107)
}
```

參閱

在 PHP 文件中關於 pack() 函數（*https://oreil.ly/0iieT*）和 unpack() 函數（*https://oreil.ly/Un_aD*）的說明。

## 第五章

數字

在 PHP 中的另一種基本資料結構是數字。在我們周圍的世界中，很容易找到不同型別的數字。像是一般印在頁腳的書籍頁碼、或是智慧手錶顯示目前時間，甚至還顯示我們今天走路的步數。有些數字可能大得令人難以置信，有些則小得令人難以接受。數字可以是整數、分數或無理數（如 π）。

在 PHP 中，數字本身使用以下兩種格式（擇一）來做表示：作為整數（int 型別）或浮點數（float 型別）。這兩種數字型別都非常靈活，但我們可以使用的數值範圍，卻取決於系統的處理器架構——32 位元系統相較於 64 位元系統更具有嚴格的界限。

PHP 定義了幾個常數來協助程式理解系統中可用的數字範圍。有鑑於 PHP 的功能是依據其編譯的方式（32 或 64 位元）之不同，而有很大差異，因此比較明智的做法是使用表 5-1 中定義的常數，而非嘗試在程式中確認這些數值介於什麼範圍。遵照作業系統和語言預設常數總是相對安全的。

表 5-1　PHP 中的常數數值

常數	描述
PHP_INT_MAX	PHP 支援的最大整數數值。在 32 位元系統上，數值為 2147483647。在 64 位元系統上，數值為 9223372036854775807。
PHP_INT_MIN	PHP 支援的最小整數數值。在 32 位元系統上，數值為 -2147483648。在 64 位元系統上，數值為 -9223372036854775808。
PHP_INT_SIZE	此為 PHP 內建版本的整數大小（以位元為單位）。
PHP_FLOAT_DIG	對 float 型別進行四捨五入後不會造成精度損失的小數位數。
PHP_FLOAT_EPSILON	最小可表示之正數 x，滿足 $x + 1.0 \mathrel{!==} 1.0$ 條件。
PHP_FLOAT_MIN	可表示的最小正浮點數。

常數	描述
PHP_FLOAT_MAX	可表示的最大浮點數。
-PHP_FLOAT_MAX	這並不是一個獨立表達的常數，而是加上負號後，用來表示最小浮點數的方式。

不幸的是，非常大或非常小的數字無法以 PHP 原生的數字系統做表示。相反地，我們需要藉由擴充，如 BCMath（*https://oreil.ly/qFeO3*）或 GNU 多重精度運算函式庫（GMP，GNU Multiple Precision）（*https://oreil.ly/u9Mbf*）；這兩者皆協助作業系統，將數字的操作加以包裝。筆者將在第 5.10 節中討論 GMP。

以下的章節涵蓋許多開發人員在 PHP 中需要解決的數字相關的問題。

5.1 驗證變數中的數字

問題

我們想要檢查變數中是否包含數字，即使該變數已明確地宣告為字串型別。

解決方案

使用 is_numeric() 函數來檢查變數是否可以成功地轉換為數值，例如：

```
$candidates = [
    22,
    '15',
    '12.7',
    0.662,
    'infinity',
    INF,
    0xDEADBEEF,
    '10e10',
    '15 apples',
    '2,500'
];

foreach ($candidates as $candidate) {
    $numeric = is_numeric($candidate) ? 'is' : 'is NOT';

    echo "The value '{$candidate}' {$numeric} numeric." . PHP_EOL;
}
```

前面的範例在控制台中執行後，將列印以下內容：

```
The value '22' is numeric.
The value '15' is numeric.
The value '12.7' is numeric.
The value '0.662' is numeric.
The value 'infinity' is NOT numeric.
The value 'INF' is numeric.
The value '3735928559' is numeric.
The value '10e10' is numeric.
The value '15 apples' is NOT numeric.
The value '2,500' is NOT numeric.
```

討論

以本質上來說，PHP 是一種動態型別的語言。我們可以輕鬆地將字串與整數互相轉換（反之亦然），PHP 將會嘗試推斷我們的意圖，並根據實際的需要動態地將數值從一種型別轉換為另一種型別。雖然我們可以（也應該）依照第 3.4 節中所討論的，強制執行嚴格的型別，但通常需要明確地將數字編碼為字串。

在這樣的情況下，我們將無法利用 PHP 的型別系統來辨別數字字串。作為 string 傳遞到函數中的變數，如果沒有明確轉換為數字型別（int 或 float），則變數將無法進行數學運算。不幸的是，並非每個包含數字的字串都需視為數字。

字串 15 apples 包含一個數字，但不是一個完整的數字。字串 10e10 包含非數字的字元，卻是有效的數字表示形式。

包含數字的字串和真正的數字字串之間的區別，可藉由 PHP 原生 is_numeric() 函數的一般函數實作，來做最好的說明，如範例 5-1 中所定義。

範例 5-1　一般函數實作 *is_numeric()*

```php
function string_is_numeric(string $test): bool
{
    return $test === (string) floatval($test);
}
```

如同套用在上述例子中的 $candidates 陣列，範例 5-1 除了文字 INF 常數和縮寫的 10e10 指數之外，其他所有內容中的數字字串將可準確驗證。這是因為 floatval() 在將其轉換為浮點數之前，會從字串中完全去除所有非數字字元，然後在內容轉換回字串時，進行 (string) 強制轉換[1]。

1　更多有關型別轉換的相關討論，請查閱第 13 頁的「型別轉換」。

一般函數的實作有時無法滿足所有情況，因此為了安全起見，我們應該使用原生方式來實作。is_numeric() 函數的目標是在不遺失資訊的狀態下，指示給定的字串是否可以安全地轉換為數字型別。

參閱

在 PHP 文件中關於 is_numeric() 的說明（*https://oreil.ly/jTGcF*）。

5.2　浮點數的比較

問題

倘若我們想要測試兩個浮點數是否相等。

解決方案

定義一個適當的誤差臨界值（稱為 epsilon），表示兩個數字之間的最大可接受差值，來評估兩者之間的差異，如下所示：

```
$first = 22.19348234;
$second = 22.19348230;

$epsilon = 0.000001;

$equal = abs($first - $second) < $epsilon; // true
```

討論

由於現代電腦的機器內部表示數字的方式，浮點運算可能不太精確。我們可能手動計算並假設是精確的不同操作，這會導致我們依賴的機器出現錯誤。

例如，數學運算 1 - 0.83 很明顯答案是 0.17。這樣的簡單計算，可以透過心算，當然也可以在紙上計算出來。但是要求電腦計算這個算式，可能會出現奇怪的結果，如範例 5-2 所示。

範例 5-2　*浮點減法*

```
$a = 0.17;
$b = 1 - 0.83;

var_dump($a == $b); ❶
```

```
var_dump($a); ❷
var_dump($b); ❸
```

❶ bool(false)

❷ float(0.17)

❸ float(0.17000000000000004)

當討論浮點運算時，電腦所能做的最好的事情，就是在可接受的誤差範圍內，得到近似
數值。因此，將此近似數值與預期數值進行比較需要明確定義誤差臨界值（epsilon），
並將其與臨界值進行比較，而不是與精確數值進行比較。

可以定義一個函數來檢查兩個浮點數在相對條件下的相等關係，而非透過 PHP 的任何
一種的等號運算（雙等號或三等號），如範例 5-3 所示。

範例 5-3　比較浮點數的相等性

```
function float_equality(float $epsilon): callable
{
    return function(float $a, float $b) use ($epsilon): bool
    {
        return abs($a - $b) < $epsilon;
    };
}

$tight_equality = float_equality(0.0000001);
$loose_equality = float_equality(0.01);

var_dump($tight_equality(1.152, 1.152001)); ❶
var_dump($tight_equality(0.234, 0.2345)); ❷
var_dump($tight_equality(0.234, 0.244)); ❸
var_dump($loose_equality(1.152, 1.152001)); ❹
var_dump($loose_equality(0.234, 0.2345)); ❺
var_dump($loose_equality(0.234, 0.244)); ❻
```

❶ bool(false)

❷ bool(false)

❸ bool(false)

❹ bool(true)

❺ bool(true)

❻ bool(true)

參閱

在 PHP 文件中關於浮點數的說明（*https://oreil.ly/-311_*）。

5.3　浮點數的四捨五入

問題

我們想要將浮點數四捨五入到固定的小數位數或整數。

解決方案

要將浮點數四捨五入到指定的小數位數，請使用 round()：

```
$number = round(15.31415, 1);
// 15.3
```

要無條件進位到最接近的整數，請使用 ceil()：

```
$number = ceil(15.3);
// 16
```

要無條件捨去到最接近的整數，請使用 floor()：

```
$number = floor(15.3);
// 15
```

討論

在上述範例中參考的三個函數──round()、ceil() 和 floor()──目的在對任何數值進行操作，但在操作後會回傳浮點數。預設情況下，round() 會將小數點後的位數四捨五入到零位，但仍會回傳浮點數。

要將這些函數中的任何一個從 float 轉換為 int，還需要將函數本身包裝在 intval() 中來轉換為整數型別。

在 PHP 中，四捨五入會比無條件捨去或進位來得更有變化。預設情況下，round() 在數字處於一半時，總是將輸入數字四捨五入到遠離 0 的位置。這表示像 1.4 這樣的數字將向下捨去，而 1.5 將向上進位。這對於負數也同樣適用：−1.4 將四捨五入到 −1，而 −1.5 將四捨五入到 −2。

我們可以透過傳遞可選擇的第三個引數（或使用命名參數，如第 3.3 節所示），來指定捨去或進位的模式，藉以調整 round() 的行為。此引數接受四種 PHP 定義的預設常數之一，如表 5-2 中所列。

表 5-2　捨入模式常數

常數	描述
PHP_ROUND_HALF_UP	當數值在一半時，將數值進位（遠離 0 的位置），將 1.5 變為 2，將 –1.5 變為 –2
PHP_ROUND_HALF_DOWN	當數值在一半時，將數值捨去（拉近 0 的位置），使 1.5 變為 1，–1.5 變為 –1
PHP_ROUND_HALF_EVEN	當數值在一半時，將其四捨五入到最接近的偶數，如 1.5 和 2.5 都變為 2
PHP_ROUND_HALF_ODD	當數值在一半時，將其四捨五入到最接近的奇數，如 1.5 變為 1，將 2.5 變為 3

範例 5-4 說明了每個捨入模式常數，套用在相同數字時的效果。

範例 5-4　*PHP 對於浮點數進行各種捨入模式的效果*

```
echo 'Rounding on 1.5' . PHP_EOL;
var_dump(round(1.5, mode: PHP_ROUND_HALF_UP));
var_dump(round(1.5, mode: PHP_ROUND_HALF_DOWN));
var_dump(round(1.5, mode: PHP_ROUND_HALF_EVEN));
var_dump(round(1.5, mode: PHP_ROUND_HALF_ODD));

echo 'Rounding on 2.5' . PHP_EOL;
var_dump(round(2.5, mode: PHP_ROUND_HALF_UP));
var_dump(round(2.5, mode: PHP_ROUND_HALF_DOWN));
var_dump(round(2.5, mode: PHP_ROUND_HALF_EVEN));
var_dump(round(2.5, mode: PHP_ROUND_HALF_ODD));
```

前面的範例將會列印以下內容到我們的控制台之中：

```
Rounding on 1.5
float(2)
float(1)
float(2)
float(1)
Rounding on 2.5
float(3)
float(2)
float(2)
float(3)
```

參閱

在 PHP 文件中關於浮點數（*https://oreil.ly/ONHjD*）、round() 函數（*https://oreil.ly/010CB*）、ceil() 函數（*https://oreil.ly/i5Rpy*）和 floor() 函數（*https://oreil.ly/VAZ6t*）的說明。

5.4　產生真正的隨機變數

問題

我們想要產生特定範圍內的隨機整數。

解決方案

使用 random_int() 如下：

```
// 產生介於 10 到 225 之間的隨機整數（含 10 和 225）
$random_number = random_int(10, 225);
```

討論

當我們需要隨機的特性時，通常會明確希望含有真正、完全不可預測的隨機性。在這樣情況下，我們可以依靠機器本身內建的加密安全虛擬隨機變數產生器。PHP 的 random_int() 函數依賴作業系統等級的數字產生器，而不需要自己實作演算法。

在 Windows 上，PHP 將利用 CryptGenRandom()（*https://oreil.ly/0kVO9*）或下一代加密產生器 API（Cryptography API: Next Generation(CNG)，*https://oreil.ly/otHP9*）來產生，這取決於所使用的語言版本。在 Linux 上，PHP 利用系統呼叫 getrandom(2)（*https://oreil.ly/07DIE*）。在其他平台上，PHP 將退回到系統級別的 */dev/urandom* 介面。這些 API 都經過充分的測試，並在加密方面被證明是安全的，表示它們所產生的數字具有足夠的隨機性，並且凌亂到無法區分。

 在極少數情況下，我們可能希望隨機變數產生器產生一系列可預測的虛擬隨機變數數值。在這種情況下，我們可以依賴於像梅森旋轉（Mersenne Twister）這樣的演算法產生器，這將在第 5.5 節中進一步討論。

PHP 本身不支援建立隨機浮點數的方法（也就是選擇 0 到 1 之間的隨機小數）。相反地，可以使用 random_int() 和我們對 PHP 中整數的理解，建立自己的函數來達成這樣的操作，如範例 5-5 所示。

範例 5-5　用於產生隨機浮點數的使用者層級函數

```
function random_float(): float
{
    return random_int(0, PHP_INT_MAX) / PHP_INT_MAX;
}
```

random_float() 的這種實作缺乏範圍，因為它總是產生 0 到 1 之間的數字（包含 0 和 1）。然而，這對於建立隨機的百分比數值很有用，無論是用於建立人工資料或選擇隨機大小的陣列樣本。更複雜的實作可能會合併邊界範圍，如範例 5-6 所示，但通常能夠在 0 和 1 之間進行選擇就足夠使用了。

範例 5-6　用於產生範圍內隨機浮點的使用者層級函數

```
function random_float(int $min = 0, int $max = 1): float
{
    $rand = random_int(0, PHP_INT_MAX) / PHP_INT_MAX;

    return ($max - $min) * $rand + $min;
}
```

這個更新定義後的 random_float() 函數，其實只是將原始的定義按照新定義的邊界進行縮放。如果我們保留預設的邊界，那麼該函數就會變回原始定義。

參閱

在 PHP 文件中關於 random_int() 的說明（*https://oreil.ly/kLoas*）。

5.5　產生可預測的隨機變數

問題

我們希望以某種方式來預測隨機變數，使得每次產生的數字的順序都是相同的。

解決方案

將預先定義的種子數傳遞給 mt_srand()，之後使用 mt_rand() 函數，例如：

```
function generate_sequence(int $count = 10): array
{
    $array = [];

    for ($i = 0; $i &lt; $count; $i++) {
        $array[] = mt_rand(0, 100);
    }

    return $array;
}

mt_srand(42);
$first = generate_sequence();

mt_srand(42);
$second = generate_sequence();

print_r($first);
print_r($second);
```

前面範例中的兩個陣列都將具有以下內容：

```
Array
(
    [0] => 38
    [1] => 32
    [2] => 94
    [3] => 55
    [4] => 2
    [5] => 21
    [6] => 10
    [7] => 12
    [8] => 47
    [9] => 30
)
```

討論

在撰寫任何有關真正隨機變數的其他範例時，最好的方法就是說明輸出可能的模樣。然而，當涉及 mt_rand() 函數的輸出時，假設我們使用相同的種子數，則在每台電腦上的輸出都將相同。

預設情況下，PHP 會自動隨機產生 mt_rand() 種子數。除非我們的目的是希望確保函數的輸出內容，否則沒有必要指定所使用的種子數。

這個輸出結果是相同的，因為 mt_rand() 利用了一個名為*梅森旋轉*（*Mersenne Twister*）的演算法虛擬隨機變數產生器。這是一種眾所周知且廣泛使用的演算法，於 1997 年首次推出；它也用於 Ruby 和 Python 等語言。

給定初始種子數，該演算法建立一個初始狀態，然後透過在該狀態上執行「扭曲」（twist）操作來產生看似隨機的數字。這種方法的特點是存在某種可預測性——給定相同的種子，使得演算法每次都會建立相同的「隨機」數字序列。

 隨機變數的可預測性可能會對某些計算操作（特別是密碼學）造成危險性的影響。需要確定性的虛擬隨機變數序列的案例非常少見，因此應該盡量避免使用 mt_rand()。如果我們需要產生隨機變數，請利用真正隨機來源的函數，例如 random_int() 和 random_bytes()。

然而，建立虛擬隨機但可預測的數字序列，其實可能有助於協助資料庫建立物件 ID。我們可以透過多次執行程式碼並驗證輸出，來輕鬆測試程式碼是否正常執行。缺點是像梅森旋轉（Mersenne Twister）這樣的演算法，可能會被外部駭客組織所操弄。

倘若給定足夠長度的看似隨機變數的序列以及對演算法的瞭解，反相操作並辨識原始種子數，這是很容易做到的。一旦攻擊者知道種子數，他們就可以產生我們的系統接下來將利用的每個可能的「隨機」數字。

參閱

在 PHP 文件中關於 mt_rand() 函數（*https://oreil.ly/niU_q*）和 mt_srand() 函數（*https://oreil.ly/xSa53*）的說明。

5.6 依照權重產生隨機變數

問題

我們想要產生隨機變數，以便從集合中隨機選擇特定項目，但又希望某些項目有更高被選中的機會。例如，想在活動中選擇出特定挑戰的獲勝者，但某些參加人員可能獲得了更多的積分，因此需要有更多被選上的機會。

解決方案

將選擇項目和權重的對映關係傳遞到 weighted_random_choice() 函數的實作，如範例 5-7 中所示。

範例 5-7　加權隨機選擇的實作

```
$choices = [
    'Tony' => 10,
    'Steve' => 2,
    'Peter' => 1,
    'Wanda' => 4,
    'Carol' => 6
];

function weighted_random_choice(array $choices): string
{
    arsort($choices);

    $total_weight = array_sum(array_values($choices));
    $selection = random_int(1, $total_weight);

    $count = 0;
    foreach ($choices as $choice => $weight) {
        $count += $weight;
        if ($count >= $selection) {
            return $choice;
        }
    }

    throw new Exception('Unable to make a choice!');
}

print weighted_random_choice($choices);
```

討論

在上述範例中，每個可能的選擇項目都分配一個權重。為了選擇最終的選項，我們可以依照權重大小對每個選項進行**排序**，權重最高的選項安排在列表中最前面的位置。然後，我們在所有可能權重的範圍內產生一個隨機變數，這個隨機變數選擇了我們所選的選項。

以數字軸線的方式是最容易做視覺化的呈現。在上述範例中，Tony 以權重 10 進入選擇，Peter 以權重 1 進入選擇。這意味著 Tony 獲勝率的可能性是 Peter 的 10 倍，但仍然有可能他們都**不會**被選中。如果我們依照權重對可能性的選擇進行排序，並將其列印在數字軸線上，圖 5-1 說明了每個選項的相對權重。

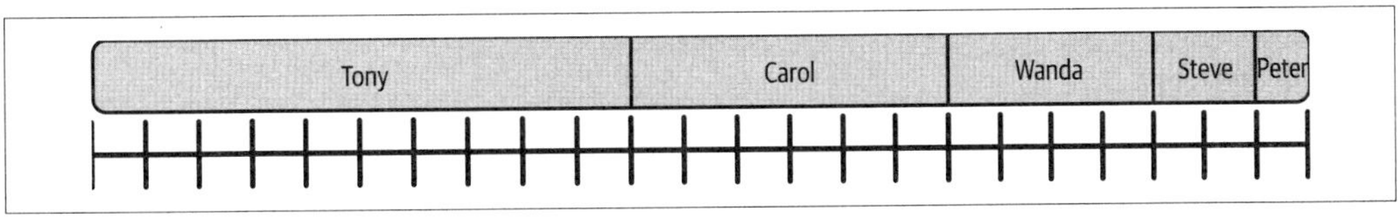

圖 5-1　依照權重排序及視覺化的方式，呈現潛在的可能選擇

在 weighted_random_choice() 函數中定義的演算法，將檢查所選定的隨機變數是否在每個可能的範圍內，如果不在其中，則繼續尋找下一個。倘若由於其他原因無法做出選擇，該函數將拋出例外（exception）[2]。

透過執行一千次隨機選擇動作，然後繪製每個選項被選取的相對次數，來驗證選項中的權重性質。範例 5-8 顯示如何將這種重複的選擇繪製成表格，而圖 5-2 說明了其結果。兩者都顯示 Tony 被選中的可能性，在所有候選陣列中，比起其他的都來得高。

範例 5-8　依照權重反覆執行隨機選擇

```
$output = fopen('output.csv', 'w');
fputcsv($output, ['selected']);

foreach (range(0, 1000) as $i) {
    $selection = weighted_random_choice($choices);
    fputcsv($output, [$selection]);
}
fclose($output);
```

2　在第 12 章將詳細討論例外（exception）和錯誤處理。

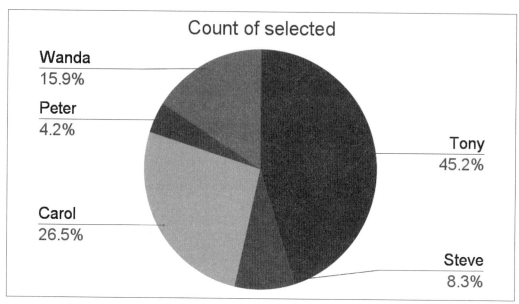

圖 5-2　圓餅圖顯示每個選項被選擇的相對次數

此圖為重複執行 1,000 次後的結果，清楚地說明選擇 Tony 的機會大約是 Peter 的 10 倍。這與權重的比例完全吻合。同樣地，Wanda 的權重為 4，因此她被選中的機會是 Steve（權重為 2）的兩倍。

有鑑於這裡的選擇方式是隨機的，倘若再次執行相同的實驗，每個候選者的百分比將略有不同。然而，每個候選者的整數權重將始終轉為大致相同的選擇分布。

參閱

在 PHP 文件中關於 random_int()（*https://oreil.ly/Pq16w*）和 arsort()（*https://oreil.ly/VZ-Vz*）的說明，以及參考第 5.4 節中 random_int() 的實作例子。

5.7　對數的計算

問題

我們想要計算一個數字的對數。

解決方案

對於自然對數（以 e 為底數），請使用 log()，如下所示：

```
$log = log(5);
// 1.6094379124341
```

對於任意的底數對數，將底數指定為第二個選項參數：

```
$log2 = log(16, 2);
// 4.0
```

討論

PHP 透過其原生數學的擴充功能，來支援對數的計算。當我們呼叫 log() 而不指定底數時，PHP 將使用預設的 M_E 常數，該常數的數值為 e，即大約 2.718281828459。

如果嘗試取負數的對數，PHP 將回傳 NAN，表示這是一個非數字的常數（其型別為 float）。如果嘗試傳遞負數的底數，PHP 將回傳 ValueError 並觸發警告。

log() 支援任何正的、非零的底數。許多應用程式會頻繁使用以 10 作為底數，以致於 PHP 支援一個單獨的 log10() 函數來執行該底數的運算。這在功能上，相當於將整數 10 作為底數傳遞給 log()。

參閱

在 PHP 文件中關於數學擴充所支援的各種功能說明（*https://oreil.ly/nLOM7*），其中包括 log()（*https://oreil.ly/r-WYo*）和 log10()（*https://oreil.ly/7Tn4t*）。

5.8　指數的計算

問題

我們想要計算一個數字的任意次方。

解決方案

使用 PHP 的 pow() 函數，如下所示：

```
// 2^5
$power = pow(2, 5); // 32

// 3^0.5
$power = pow(3, 0.5); // 1.7320508075689

// e^2
$power = pow(M_E, 2); // 7.3890560989306
```

討論

pow() 函數是取得任何一個數字的任意次方並回傳整數或浮點結果最有效的方法。除了以函數的形式之外，PHP 還提供了一個特殊的運算符號來計算數字的次方：**。

以下程式碼與上述例子中使用 pow() 的函數有相同的功能：

```
// 2^5
$power = 2 ** 5; // 32

// 3^0.5
$power = 3 ** 0.5; // 1.7320508075689

// e^2
$power = M_E ** 2; // 7.3890560989306
```

 雖然數學上計算次方的縮寫通常是插入符號（^），但在 PHP 中的該字元是保留作為 XOR 運算符號。有關此運算符號和其他運算符號的更多資訊，請參考第 2 章。

雖然可以透過 pow() 取得常數 e 的任意次方，但 PHP 還額外增加了一個特定的函數：exp()。語法 pow(M_E, 2) 和 exp(2) 在功能上是一樣的。它們是透過不同的程式碼方式加以實作，並且由於 PHP 內部表示浮點數的方式，因此回傳的結果略有不同 [3]。

參閱

在 PHP 文件中關於 pow()（*https://oreil.ly/JEsKM*）和 exp()（*https://oreil.ly/AsgKw*）的說明。

---

3 有關浮點數字之間可接受範圍的討論，請查閱第 5.2 節。

5.9 將數字格式化為字串

問題

我們想要列印帶有千位分隔符號的數字,讓應用程式的最終使用者更容易閱讀。

解決方案

使用 number_format() 將數字轉換為字串時,會自動加入千位分隔符號。例如:

```
$number = 25519;
print number_format($number);
// 25,519

$number = 64923.12
print number_format($number, 2);
// 64,923.12
```

討論

PHP 的原生 number_format() 函數會自動將數值以千為單位做分組,並將小數位四捨五入到給定的精確度。我們還可以選擇修改小數點和千位分隔符號,用來匹配設定的區域或格式。

例如,假設我們想要使用句點來分隔千位組,並使用逗號來分隔小數位數(這在丹麥的數字格式中很常見)。為了實現這一點,可以如下利用 number_format():

```
$number = 525600.23;

print number_format($number, 2, ',', '.');
// 525.600,23
```

PHP 的原生 NumberFormatter 類別提供類似的功能,使我們能夠明確定義區域設定,而無須記住特定的區域格式[4]。我們可以改寫前面的範例,使用專用 NumberFormatter 與 da_DK 區域設定,來區別丹麥語格式,如下所示:

```
$number = 525600.23;

$fmt = new NumberFormatter('da_DK', NumberFormatter::DEFAULT_STYLE);
print $fmt->format($number);
// 525.600,23
```

---

4 NumberFormatter 類別本身是 PHP 的 intl (*https://oreil.ly/B-85H*) 擴展的一部分。預設情況下,這個模組並非內建在其中,可能需要安裝或開啟,才能使用該類別功能。

參閱

在 PHP 文 件 中 關 於 number_format()（*https://oreil.ly/3_L6J*） 和 NumberFormatter 類 別（*https://oreil.ly/IC3a9*）的說明。

5.10 處理非常大或非常小的數字

問題

當我們需要使用的數字非常大（或非常小），而無法由 PHP 的原生整數和浮點數型別來處理。

解決方案

使用 GMP 函式庫：

```
$sum = gmp_pow(4096, 100);
print gmp_strval($sum);
// 17218479456385750618067377696052635483579924745448689921733236816400
// 74069124174561939748453723604617328637091903196158778858492729081666
// 10249916098827287173446595034716559908808846798965200551239064670644
// 19056526231345685268240569209892573766037966584735183775739433978714
// 57858778270138079724077247764787455598671274627136289222751620531891
// 44359135111141036261376
```

討論

PHP 支援兩種擴充方式，用於處理無法以原生型別表示的非常大或非常小的數字。
BCMath 擴充函數（*https://oreil.ly/XhhdH*）是一個介面，用於系統等級的**基本計算機工具**，支援任意精度的數學計算。與原生的 PHP 型別不同，只要系統有足夠的記憶體，BCMath 就能支援處理最多 2,147,483,647 個十進制數字。

不幸的是，BCMath 在 PHP 中將所有數字都編碼為常見的字串格式，這使得在針對嚴格型別強制執行的現代應用程式中，使用它變得有些困難[5]。

GMP 擴充功能是一個有效的替代方案，也可用於 PHP，但沒有這個缺點。在其內部，數字儲存為字串。但在提供給 PHP 的其餘部分時，它們會被包裝為 GMP 物件。這種區

---

5 請參考第 3.4 節，瞭解有關 PHP 中嚴格型別的更多資訊。

別有助於釐清函數是對編碼為字串的小數字進行操作，還是對需要使用擴充的大數字進行處理。

 BCMath 和 GMP 會回傳整數數值，而非浮點數。如果我們需要對浮點數進行運算，可能需要將數字的大小增加一個倍數（也就是乘上 10），然後在計算完成後再減少它們，就能獲得對應的小數或分數。

預設情況下，PHP 中不會包含 GMP，儘管許多發行版本都可以很容易搭配使用。如果從原始碼編譯 PHP，使用 --with-gmp 選項將自動加入這樣的支援。如果我們使用套件管理系統來安裝 PHP（例如 Linux 電腦上），可能要安裝 php-gmp 套件，來添加此功能[6]。

一旦功能開啟，GMP 將能夠對無限大小的數字執行任何我們想要的數學運算。需要注意的是，我們不能再使用原生 PHP 運算符號，而必須使用擴充功能本身所定義的函數格式。範例 5-9 介紹了從原生運算符號到 GMP 函數呼叫的一些轉換。請注意，每個函數呼叫的回傳型別都是 GMP 物件，因此必須分別使用 gmp_intval() 或 gmp_strval() 等函數，將其轉換回數字或字串。

範例 5-9　各種數學運算和在 GMP 函數中的等效運算

```
$add = 2 + 5;
$add = gmp_add(2, 5);

$sub = 23 - 2;
$sub = gmp_sub(23, 2);

$div = 15 / 4;
$div = gmp_div(15, 4);

$mul = 3 * 9;
$mul = gmp_mul(3, 9);

$pow = 4 ** 7;
$pow = gmp_pow(4, 7);

$mod = 93 % 4;
$mod = gmp_mod(93, 4);

$eq = 42 == (21 * 2);
$eq = gmp_cmp(42, gmp_mul(21, 2));
```

6　在第 15 章將深入介紹原生擴充功能。

範例 5-9 中的最後一個部分，將介紹 `gmp_cmp()` 函數，它允許我們比較兩個以 GMP 包裝過的數值。如果第一個參數大於第二個參數，則此函數將回傳正數；如果相等，則回傳 0；如果第二個參數大於第一個參數，則此函數將回傳負數。它實際上與 PHP 的三路比較運算（spaceship operator）符號（在第 2.4 節中介紹）運作方式相同，而非相等比較，這可提供更多的應用性。

參閱

在 PHP 文件中關於 GMP 的說明（*https://oreil.ly/rtfm3*）。

5.11　在不同進制之間轉換數字

問題

我們想要將數字從一種進制轉換為另一種進制。

解決方案

使用 `base_convert()` 函數，如下所示：

```
// 以 10 為底數（十進制）的數字
$decimal = '240';

// 十進制轉換為十六進制
// $hex = 'f0'
$hex = base_convert($decimal, 10, 16);
```

討論

`base_convert()` 函數嘗試將數字從一種進制轉換為另一種進制，這在處理十六進制或二進制資料字串時特別有用。PHP 僅適用於 2 到 36 之間的進制轉換。大於 10 進制時，將會使用字母字元來表示額外的數字，如 a 等於 10，b 等於 11，一直到 z 等於 35。

請注意，上述範例中是將*字串*傳遞到 `base_convert()`，而不是整數或浮點數值。這是因為 PHP 會嘗試將輸入字串轉換為具有適當進制的數字，然後再將其轉換為另一個進制並回傳字串。字串是 PHP 中表示十六進制或八進制數字的最好方式，因為它們相對通用，可以用來表示*任何*進制的數字。

除了更通用的 base_convert() 函數之外，PHP 還支援其他幾個特定進制的轉換函數。表 5-3 中列出這些額外函數。

 PHP 支援資料在二進制、十六進制表示法之間相互轉換的兩種函數：bin2hex()、hex2bin()。這些函數不是將二進制的字串表示（例如 11111001）轉換為十六進制，而是直接操作字串本身二進制的位元。

表 5-3　特定進制轉換的函數

函數名稱	進制（輸入型別）	轉換到（輸出型別）
bindec()	二進制（string）	十進制（int，也可能因為大小成為 float）
decbin()	十進制（int）	二進制（string）
hexdec()	十六進制（string）	十進制（int，也可能因為大小成為 float）
dechex()	十進制（int）	十六進制（string）
octdec()	八進制（string）	十進制（int，也可能因為大小成為 float）
decoct()	十進制（int）	八進制（string）

請注意，這些特殊的轉換函數通常直接使用數字型別，與 base_convert() 有所不同。如果我們使用嚴格型別，這將避免在變換進制之前需要將數字型別明確轉換為 string，這在使用 base_convert() 時是必需的。

參閱

在 PHP 文件中關於 base_convert()（*https://oreil.ly/NVsk_*）的說明。

## 第六章

日期和時間

處理日期和時間的相關操作是任何語言中最複雜的任務之一，更不用說在 PHP 中。主要是因為時間是相對的，並且每個使用者對於現在的時間會有所不同，可能會在我們的應用程式中觸發不同的行為。

物件導向

PHP 開發人員在程式碼中主要使用 DateTime 物件。這些物件透過及時包裝特定實體來運作，並提供多種功能。我們可以取得兩個 DateTime 物件之間的時間差值，在任意時區之間進行轉換，或者從其他靜態物件中增加／減去時間差值。

此外，PHP 支援 DateTimeImmutable 物件，該物件在功能上與 DateTime 相同，但不能直接修改。DateTime 物件上的大多數方法都將回傳相同的物件，並改變其內部狀態。在 DateTimeImmutable 物件上的相同方法會保留內部狀態，但回傳新實體來表示修改後的結果。

這兩個日期／時間類別，都擴充了抽象的 DateTimeInterface 基本類別，使得這兩個類別在 PHP 的日期和時間相關功能中，幾乎是可以互換的。在本章中，任何地方看到的 DateTime 都可以使用 DateTimeImmutable 實體做代替，並實現類似（不盡相同）的功能。

時區

任何開發人員都會面臨的最具挑戰性的問題之一是處理時區，特別是在涉及夏令日光節約時間的相關問題上。另一方面，我們很容易簡化問題，並假設應用程式中的每個時間戳記都參考到相同的時區。但這很少是真實的情況。

幸運的是，PHP 讓處理時區變得非常容易。每個 DateTime 都會自動嵌入一個時區，通常基於 PHP 執行的系統中定義的預設時區。我們也可以在建立 DateTime 物件時明顯地設定時區，進而使我們所參考的區域和時間完全明確。時區之間的轉換也是簡單而強大的，在第 6.9 節中會有詳細介紹。

Unix 時間戳記

許多電腦系統在內部使用 Unix 時間戳記來表示日期和時間。這些時間戳記表示，自 Unix 啟始時間（1970 年 1 月 1 日 00:00:00 GMT）與指定時間之間發生的秒數。定義上容易記住且處理簡單，因此經常被資料庫和程式編譯 API 所使用。然而，以固定日期時間作為起始，來計算至今的時間秒數，這對使用者來說並非是友好的表達形式，因此我們需要一種可靠的方法，在應用程式中於 Unix 時間戳記和人類可讀的日期 / 時間表達形式之間進行轉換。

PHP 的原生格式化功能讓操作變得簡單。其他函數，如 time()（*https://oreil.ly/RBqxh*），可以直接產生 Unix 時間戳記。

除了其他幾個常見的日期 / 時間相關任務之外，以下章節將涵蓋這些主題的詳細介紹。

6.1　取得目前日期和時間

問題

我們想知道目前的日期和時間。

解決方案

依照特定格式列印目前的日期和時間，請使用 date()。例如：

```
$now = date('r');
```

date() 的輸出取決於執行的作業系統和目前的實際時間。使用 r 作為格式字串，該函數將回傳如下所示的內容：

```
Wed, 09 Nov 2022 14:15:12 -0800
```

同樣地，一個新的實體化 DateTime 物件，也將會表示目前的日期和時間。此物件上的 ::format() 方法與 date() 有相同的行為，這意味著以下兩個語句在功能上是相同的：

```
$now = date('r');
```

```
$now = (new DateTime())->format('r');
```

討論

PHP 的 date() 函數以及不帶參數的實體 DateTime 物件，將自動繼承它們所執行的作業系統中目前的日期和時間。附加的 r 傳遞的是一個格式字元，它定義了如何將給定的日期 / 時間資訊轉換為字串。在本例中，特別是作為按照 RFC 2822 格式化的日期（*https:// oreil.ly/WrB1I*）。我們可以在第 6.2 節中學習更多有關日期格式化的細節。

一個強大的替代做法是利用 PHP 的 getdate() 函數，來取得目前系統日期和時間的所有相關陣列。這個回傳陣列將包含表 6-1 中的鍵值與數值。

表 6-1　getdate() 回傳的關鍵元素

鍵值	數值的描述	範例
seconds	秒數	0 至 59
minutes	分鐘	0 至 59
hours	小時	0 至 23
mday	該月中的哪一天	1 至 31
wday	該週中的哪一天	0（週日）至 6（週六）
mon	月份	1 至 12
year	完整的四位數年份	2023
yday	一年中的第幾天	0 到 365
weekday	該週中的哪一天	Sunday 至 Saturday
month	一年中的月份	January 至 December
0	Unix 時間戳記	0 至 2147483647

在某些應用程式中，我們可能只需要顯示一週中的星期幾，而無須完整可操作的 DateTime 物件。參考範例 6-1，其中說明了如何使用 DateTime 或 getdate() 來實現這一點。

範例 6-1　比較 DateTime 與 getdate()

```
print (new DateTime())->format('l') . PHP_EOL;

print getdate()['weekday'] . PHP_EOL;
```

這兩行程式碼在功能上是相同的。對於如同「列印今天的日期」之類的簡單任務，都可以獲得很好的解決方式。DateTime 物件提供了轉換時區或預測未來日期的功能（這兩個功能將在其他章節中進一步介紹）。getdate() 函數回傳的關聯陣列缺乏這些功能，但透過其簡單易於識別的陣列鍵值彌補了這個缺點。

參閱

在 PHP 文件中關於日期和時間的函數（*https://oreil.ly/rJ9fn*）、DateTime 類別（*https://oreil.ly/t28Zh*），以及 getdate() 函數（*https://oreil.ly/Kv7l8*）的說明。

6.2　格式化日期和時間

問題

我們想要將日期列印成特定格式的字串。

解決方案

對指定的 DateTime 物件使用 ::format() 方法，來指定回傳的字串的格式，如範例 6-2 所示。

範例 6-2　日期和時間格式範例

```
$birthday = new DateTime('2017-08-01');

print $birthday->format('l, F j, Y') . PHP_EOL; ❶
print $birthday->format('n/j/y') . PHP_EOL; ❷
print $birthday->format(DateTime::RSS) . PHP_EOL; ❸
```

❶　Tuesday, August 1, 2017

❷　8/1/17

❸ `Tue, 01 Aug 2017 00:00:00 +0000`

討論

`date()` 函數和 `DateTime` 物件的 `::format()` 方法都接受各種輸入字串，這些字串最終定義 PHP 所產生之字串的最終結構。每個格式字串都是由表示日期或時間數值的特定部分的個別字元所組成，如表 6-2 所示。

表 6-2　PHP 格式字元

字元	描述	範例數值
日		
d	月份中的第幾天，兩位數，前面補 0	01 至 31
D	一週當中的第幾天，以三個字母表示	Mon 至 Sun
j	月份中的第幾天，前面不補 0	1 至 31
l	星期幾的全名	Sunday 至 Saturday
N	ISO 8601 以數字表示星期幾	1（週一）至 7（週日）
S	月份中日期的英文序數後綴，兩個字元	st、nd、rd 或 th 表示，與 j 一起運作
w	以數字表示星期幾	0（週日）至 6（週六）
z	一年中的第幾天（從 0 開始）	0 到 365
月		
F	月份的全名	January 至 December
m	月份以數字形式表示，附加 0 在單一位數前	01 至 12
M	月份以英文前三個字母表示	Jan 至 Dec
n	月份以數字形式表示，不附加 0 在數字前	1 至 12
t	該月份的天數	28 至 31
年份		
L	是否為閏年	如果是閏年則為 1，否則為 0
o	ISO 8601 週曆年編號方式。這與 Y 的數值相似，但如果該週屬於上一年或下一年，則使用該年的數字	1999 或 2003 年
Y	年份以完整四位數字形式表示	1999 或 2003 年
y	年份的末兩位數表示	99 或 03

字元	描述	範例數值
時間		
a	上午或晚上以英文小寫表示	am 或 pm
A	上午或晚上以英文大寫表示	AM 或 PM
g	12 小時格式表示，數字前不附加 0	1 至 12
G	24 小時格式表示，數字前不附加 0	0 至 23
h	12 小時格式表示，數字前附加 0	01 至 12
H	24 小時格式表示，數字前附加 0	00 至 23
i	分鐘，數字前附加 0	00 至 59
s	秒數，數字前附加 0	00 至 59
u	微秒	654321
v	毫秒	654
時區		
e	時區識別字	UTC、GMT、Atlantic/Azores
I	日期是否為日光節約時間	如果是為 1，否則為 0
O	與格林威治時間（GMT）的時差，小時和分鐘之間沒有冒號	+0200
P	與格林威治時間（GMT）的時差，小時和分鐘之間有冒號	+02:00
p	與 P 相同，但回傳 Z 而不是 +00:00	+02:00
T	時區縮寫，如果已知的話；否則是 GMT 偏移量	EST、MDT、+05
Z	時區偏移量（以秒為單位）	-43200 至 50400
其他		
U	Unix 時間戳記	0 至 2147483647

將這些字元組合成格式字串，可以確保 PHP 如何將指定的日期 / 時間結構轉換為字串。

類似地，PHP 定義了幾個預定義常數，代表眾所周知且廣泛使用的格式。表 6-3 顯示了一些最有用的常數。

表 6-3　預定義的日期常數

常數	類別常數	格式字元	範例
DATE_ATOM	DateTime::ATOM	Y-m-d \TH:i:sP	2023-08-01T13:22:14-08:00
DATE_COOKIE	DateTime::COOKIE	l, d-M-Y H:i:s T	Tuesday, 01-Aug-2023 13:22:14 GMT-0800
DATE_ISO8601 （不幸的是，這與 ISO 8601 標準並不相容。如果需要這樣的相容性，請改用 DATE_ATOM。）	DateTime::ISO8601	Y-m-d \TH:i:sO	2013-08-01T21:21:14\+0000
DATE_RSS	DateTime::RSS	D, d M Y H:i:s O	Tue, 01 Aug 2023 13:22:14 -0800

參閱

關於格式字元（*https://oreil.ly/oQpYP*）和預定義的 DateTime 常數（*https://oreil.ly/XJiZy*）的完整文件。

6.3　將日期和時間轉換為 Unix 時間戳記

問題

我們想將特定的日期或時間轉換為 Unix 時間戳記，並將指定的 Unix 時間戳記轉換為本地日期或時間。

解決方案

要將指定的日期 / 時間轉換為時間戳記，請使用 U 格式字元（請參考表 6-2）和 DateTime::format()，如下所示：

```
$date = '2023-11-09T13:15:00-0700';
$dateObj = new DateTime($date);

echo $dateObj->format('U');
// 1699560900
```

要將指定時間戳記轉換為 DateTime 物件，仍可使用 U 格式字元，但改以使用 DateTime::createFromFormat()，如下所示：

```
$timestamp = '1648241792';
$dateObj = DateTime::createFromFormat('U', $timestamp);

echo $dateObj->format(DateTime::ISO8601);
// 2022-03-25T20:56:32+0000
```

討論

上述範例中出現的 ::createFromFormat() 方法是 DateTime 物件中 ::format() 方法的靜態反相操作。這兩個函數都使用相同的格式字串來指定所需要的格式[1]，但表示了格式字串和 DateTime 物件之間的相反轉換關係。上述範例中明確地使用 U 格式字元來告訴 PHP 輸入的資料是 Unix 時間戳記。

如果輸入字串實際上與我們輸入的格式不相符，PHP 將回傳字面上的 false，如下所示：

```
$timestamp = '2023-07-23';
$dateObj = DateTime::createFromFormat('U', $timestamp);

echo gettype($dateObj); // false
```

分析使用者輸入時，最好明確地檢查 ::createFromFormat() 的回傳值是個好主意，以確保日期輸入是有效的。有關驗證日期的更多資訊，請參考第 6.7 節。

這裡我們先直接使用日期 / 時間的部分功能，而非完整的 DateTime 物件。PHP 的 mktime() 函數（*https://oreil.ly/YFKz0*）將回傳一個 Unix 時間戳記，並且唯一需要的參數是小時。

例如，假設需要表示 2023 年 7 月 4 日中午 GMT 形式的 Unix 時間戳記（沒有時區偏移）。我們可以透過兩種方式執行此操作，如範例 6-3 所示。

範例 *6-3　直接建立時間戳記*

```
$date = new DateTime('2023-07-04T12:00:00');
$timestamp = $date->format('U'); ❶

$timestamp = mktime(month: 7, day: 4, year: 2023, hour: 12); ❷
```

1　格式字串和可用的格式字元在第 6.2 節中會詳細介紹。

❶ 此輸出將恰好是 1688472000。

❷ 此輸出將接近 1688472000，但最後三位數字會有所不同。

雖然這個簡單的範例看起來很優雅，並且避免了實體化物件僅只是為了將其轉換回數字，但它仍有一個重要的問題。倘若未指定參數（在此例子中為分鐘或秒），將導致 mktime() 預設會以目前系統數值作為參數來使用。如果我們要在下午 3:05 執行此範例程式碼，輸出的結果可能是 1688472300。

當轉換回 DateTime 時，這樣的 Unix 時間戳記會轉換為 12:05:00 而不是 12:00:00，這表示與應用程式所期望的結果有所差異（但可能忽略不計）。

重要的是要記住，如果選擇利用 mktime() 的函數介面，其解決的方式，一種是替日期 / 時間的每個組成部分提供一個數值，另一種是建構應用程式以預期並處理輕微的偏差。

參閱

關於 DateTime::createFromFormat() 的文件（*https://oreil.ly/otv8q*）。

6.4　從 Unix 時間戳記轉換為日期和時間

問題

我們想要從 Unix 時間戳記中，擷取特定的日期或時間部分（天或小時）。

解決方案

將 Unix 時間戳記作為參數傳遞給 getdate()，並在產生的關聯陣列中引用所需的鍵值。例如：

```
$date = 1688472300;
$time_parts = getdate($date);

print $time_parts['weekday'] . PHP_EOL; // Tuesday
print $time_parts['hours'] . PHP_EOL; // 12
```

討論

唯一可以提供給 getdate() 作為參數的就是 Unix 時間戳記。如果省略此參數，PHP 將使用目前系統的日期和時間。當我們提供時間戳記後，PHP 會在內部解析，並允許提取所有預期的日期和時間元素。

或者，可以透過兩種方式將時間戳記傳遞到 DateTime 實體的建構函數中，從中建構完整的物件：

1. 使用 @ 字元作為時間戳記前綴符號，告訴 PHP 將此部分解釋為 Unix 時間戳記，例如 new DateTime('@1688472300')。

2. 將時間戳記傳入 DateTime 物件時，可以使用 U 格式字元，例如 DateTime::createFromFormat('U', '1688472300')。

無論如何，一旦我們的時間戳記被正確解析，並載入到 DateTime 物件中，後續就可以使用 ::format() 方法來擷取我們想要的任何部分。範例 6-4 是一個簡單的替代方案，其中利用 DateTime 而不是 getdate() 來實作上述例子。

範例 6-4　從 Unix 時間戳記中提取日期和時間

```
$date = '1688472300';

$parsed = new DateTime("@{$date}");
print $parsed->format('l') . PHP_EOL;
print $parsed->format('g') . PHP_EOL;

$parsed2 = DateTime::createFromFormat('U', $date);
print $parsed2->format('l') . PHP_EOL;
print $parsed2->format('g') . PHP_EOL;
```

範例 6-4 中的任一個方法都是替換 getdate() 的有效方式，還提供我們功能齊全的 DateTime 實體的好處。我們可以用任何格式列印日期（或時間），直接操作數值，甚至必要時在時區之間進行轉換。DateTime 中的每一個詳細功能都將在後續的章節中進一步介紹。

參閱

在第 6.1 節中詳細介紹 getdate() 函數。可以提前跳到第 6.8 節，學習如何操作 DateTime 物件，並閱讀第 6.9 節理解如何直接管理時區。

6.5 計算兩個日期之間的差值

問題

我們想知道兩個日期或時間之間已過了多少時間。

解決方案

將每個日期 / 時間封裝在 DateTime 物件中。利用一個 DateTime 的 ::diff() 方法來計算它與另一個 DateTime 物件之間的相對差異。所得到的結果將是一個 DateInterval 物件，如下所示：

```
$firstDate = new DateTime('2002-06-14');
$secondDate = new DateTime('2022-11-09');

$interval = $secondDate->diff($firstDate);

print $interval->format('%y years %d days %m months');
// 顯示 20 years 25 days 4 months
```

討論

DateTime 物件的 ::diff() 方法有效地將一個日期 / 時間（作為引數傳遞給方法），減去另一個（物件本身的）日期 / 時間。結果表示兩個物件之間的相對時間間隔。

::diff() 方法會忽略日光節約時間。為了能正確考慮到系統中潛在的一小時誤差，可以先將日期 / 時間物件轉換為 UTC。

還需要注意的是，DateInterval 物件的 ::format() 方法採用的格式字元與 DateTime 使用的格式字元完全不同，雖然在上述範例中看起來很相似。每個格式字元必須將字面 % 字元放在前方，但格式字串本身可以包含非格式字元（如上述範例中的變數 *years* 和 *months*）。

表 6-4 中列出了可用的格式字元。在一般情況下，除了 a 和 r 的格式字元之外，使用小寫字母作為格式字元將回傳不補 0 在前方的數值。列出的大寫格式字元將回傳至少兩位並補 0 作為開頭的數字。請記住，每個格式字元都必須以字面 % 作為前綴符號。

表 6-4　DateInterval 的格式字元

字元	描述	範例
%	字面 %	%
Y	年	03
M	月	02
D	日	09
H	小時	08
I	分鐘	01
S	秒	04
F	微秒	007705
R	負 / 正值分別以符號「-/+」表示	- 或 +
r	僅負值以符號「-」表示，正值為空	-
a	總天數	548

參閱

關於 DateInterval 類別的完整文件（*https://oreil.ly/r0FBV*）。

6.6　從任意字串中解析日期和時間

問題

我們需要將任意使用者定義的字串轉換為有效的 DateTime 物件，以提供進一步使用或操作。

解決方案

使用 PHP 強大的 strtotime() 函數，將文字輸入轉換為 Unix 時間戳記，然後將其傳遞到新的 DateTime 物件建構函數中。例如：

```
$entry = strtotime('last Wednesday');
$parsed = new DateTime("@{$entry}");

$entry = strtotime('now + 2 days');
$parsed = new DateTime("@{$entry}");
```

```
$entry = strtotime('June 23, 2023');
$parsed = new DateTime("@{$entry}");
```

討論

strtotime() 的強大功能來自於支援的語言底層日期和時間導入格式（*https://oreil.ly/ 2f4o_*）。其中包括我們可能期望電腦所呈現出的格式（例如表示年、月和日的 YYYY-MM-DD）。但也延伸出相對的特殊符號和複雜的組合格式。

 當將 Unix 時間戳記傳遞給 DateTime 建構函數時，用字面 @ 字元作為前綴符號的約定，本身來自 PHP 支援的日期與時間組合格式。

相對格式是最強大的，支援人類可讀的字串，如下所示：

- yesterday
- first day of
- now
- ago

有了這些格式，我們就可以在 PHP 中解析任何字串。然而，也有一些限制。在上述範例中，使用 now + 2 days 來指定「2 天後」。範例 6-5 展示了後者在 PHP 中會導致解析錯誤，儘管在英語中讀起來很順暢。

範例 6-5　*strtotime()* 解析的限制

```
$date = strtotime('2 days from now');

if ($date === false) {
    throw new InvalidArgumentException('Error parsing the string!');
}
```

始終需要留意的是，無論將電腦打造得多麼聰明，最終總是會受到使用者在輸入內容上正確性的限制。我們無法將指定日期或時間的所有可能方式逐一列出；但 strtotime() 函數已經很接近了，但還需要處理輸入錯誤。

解析使用者提供的日期的另一種可能的方法是 PHP 的 date_parse() 函數。與 strtotime() 不同的地方在於，該函數需要一個格式合理的輸入字串。它也不能以相同的方式處理相對時間的狀況。範例 6-6 說明了可以由 date_parse() 解析的幾個格式字串。

範例 6-6 *date_parse() 範例*

```
$first = date_parse('January 4, 2022'); ❶

$second = date_parse('Feb 14'); ❷

$third = date_parse('2022-11-12 5:00PM'); ❸

$fourth = date_parse('1-1-2001 + 12 years'); ❹
```

❶ 解析 2022 年 1 月 4 日

❷ 解析 2 月 14 日，但年份為空值

❸ 解析日期和時間，但不包含時區

❹ 解析日期並儲存額外的相關欄位

date_parse() 不會回傳時間戳記，而是從輸入的字串中提取出相關的日期 / 時間部分，並將它們儲存在帶有以下鍵值的關聯陣列中：

- year
- month
- day
- hour
- minute
- second
- fraction

此外，在字串中傳遞一個與時間相關的規範（如範例 6-6 中的 + 12 years），將對陣列增加一個 relative 的鍵值，其中包含有關相對偏移量的資訊。

以上這些都有助於確保使用者提供的日期是否可作為實際日期。如果遇到任何解析問題，date_parse() 函數會回傳警告和錯誤訊息，因此更容易檢查日期是否有效。有關檢查日期有效性的更多資訊，請參考第 6.7 節。

接著我們重新檢視範例 6-5，並利用 date_parse() 來解釋為什麼 PHP 無法將 2 days from now 的字串解析為相對日期。考慮以下範例：

```
$date = date_parse('2 days from now');

if ($date['error_count'] > 0) {
    foreach ($date['errors'] as $error) {
```

```
        print $error . PHP_EOL;
    }
}
```

前面的程式碼將輸出 The time zone Could not be find in the data base，這表示 PHP 正在嘗試解析日期，但無法辨識 from now 語句中 from 的真正含義。事實上，檢查 $date 陣列本身將回傳一個 relative 的鍵值。其中表明這個相對偏移量正確代表了指定的兩天，這意味著 date_parse()（甚至 strtotime()）能夠解讀相對日期偏移量（2 days），但在最後一關被卡住。

這個額外的錯誤提供了進一步除錯資訊，也許向最終使用者通知應用程式應該提供的某種錯誤訊息。無論如何，它比 strtotime() 本身回傳的錯誤更有幫助。

參閱

關於 date_parse()（*https://oreil.ly/2CECz*）和 strtotime()（*https://oreil.ly/S7qkH*）的文件。

6.7　驗證日期

問題

我們想要確保日期是有效的。例如，我們希望確保使用者定義的出生日期是日曆上的真實日期，而不是 2022 年 11 月 31 日之類的奇怪日期。

解決方案

使用 PHP 的 checkdate() 函數如下：

```
$entry = 'November 31, 2022';
$parsed = date_parse($entry);

if (!checkdate($parsed['month'], $parsed['day'], $parsed['year'])) {
    throw new InvalidArgumentException('Specified date is invalid!');
}
```

討論

這裡的 date_parse() 函數已在第 6.6 節中介紹過了，但將其與 checkdate() 一起使用是新的。第二個函數嘗試根據日曆驗證日期是否是有效的。

它檢查月份（第一個參數）是否在 1 到 12 之間，年份（第三個參數）是否在 1 到 32,767（PHP 中 2 位元整數的最大數值）之間，以及給定月份和年份的天數是否有效。

checkdate() 函數可以正確處理包含 28 天、30 天或 31 天的月份。範例 6-7 顯示它還考慮到閏年，驗證在適當的年份中存在 2 月 29 日。

範例 6-7　驗證閏年

```
$valid = checkdate(2, 29, 2024); // true

$invalid = checkdate(2, 29, 2023); // false
```

參閱

在 PHP 文件中關於 checkdate()（*https://oreil.ly/T2io8*）的說明。

6.8　增加或減去日期

問題

我們想要對固定日期套用特定的偏移量（加法或減法）。例如，我們想要在今天的日期上透過增加天數來計算未來的日期。

解決方案

使用給定 DateTime 物件的 ::add() 或 ::sub() 方法，它們分別增加或減去 DateInterval，如範例 6-8 所示。

範例 6-8　簡單的 DateTime 增加

```
$date = new DateTime('December 25, 2023');

// 聖誕節的 12 天假期什麼時候結束？
$twelve_days = new DateInterval('P12D');
$date->add($twelve_days);

print 'The holidays end on ' . $date->format('F j, Y');

// 顯示 The holidays end on January 6, 2024
```

討論

在 DateTime 物件上的 ::add() 和 ::sub() 方法,都可以透過增加或減去指定的時間區間來修改物件本身的內容。時間區間是使用週期來指定的,標識時間區間所代表的數量。表 6-5 說明用於表示時間區間的格式字元。

表 6-5　DateInterval 使用的指定週期

字元	描述
週期符號	
Y	年
M	月
D	日
W	週
時間週期符號	
H	時
M	分
S	秒

每個格式化日期的間隔週期都以字母 P 作為開頭。接下來是該週期的年 / 月 / 日 / 週的數量。持續時間中的任何時間元素都以字母 T 作為前綴字元。

 月份和分鐘的週期符號均為字母 M。當嘗試辨識指定時間是 15 分鐘或 15 個月時,這可能會導致混亂。如果我們打算使用分鐘,請確保持續期間已正確使用 T 作為前綴符號,以避免應用程式中出現錯誤。

例如,3 週又 2 天的時間間隔將表示為 P3W2D。4 個月又 2 小時 10 秒的時間間隔將表示為 P4MT2H10S。同樣地,1 個月又 2 小時 30 分鐘的時間間隔將表示為 P1MT2H30M。

可變性

在範例 6-8 中,當我們呼叫 ::add() 時,原始 DateTime 物件本身會被修改。在簡單的例子中,這樣運作相當合理。但如果我們嘗試計算多個與相同開始日期的偏移量,則 DateTime 物件的變化會導致問題。

相反地，我們應該使用幾乎相同功能的 DateTimeImmutable 物件。這個類別實作了與 DateTime 相同的介面，但 ::add() 和 ::sub() 方法將回傳該類別的新實體，而不是改變物件本身的內部狀態。

請參考在範例 6-9 中兩種物件型別之間的比較。

範例 6-9　比較 *DateTime* 和 *DateTimeImmutable*

```php
$date = new DateTime('December 25, 2023');
$christmas = new DateTimeImmutable('December 25, 2023');

// 聖誕節的 12 天假期什麼時候結束？
$twelve_days = new DateInterval('P12D');
$date->add($twelve_days);       ❶
$end = $christmas->add($twelve_days);   ❷

print 'The holidays end on ' . $date->format('F j, Y') . PHP_EOL;
print 'The holidays end on ' . $end->format('F j, Y') . PHP_EOL;

// 下一次聖誕節是什麼時候？
$next_year = new DateInterval('P1Y');
$date->add($next_year);
$next_christmas = $christmas->add($next_year);

print 'Next Christmas is on ' . $date->format('F j, Y') . PHP_EOL;
print 'Next Christmas is on ' . $next_christmas->format('F j, Y') . PHP_EOL;   ❸

print 'This Christmas is on ' . $christmas->format('F j, Y') . PHP_EOL;   ❹
```

❶ 由於 $date 是一個可變物件，呼叫它的 ::add() 方法將直接修改物件本身。

❷ 由於 $christmas 是不可變的，呼叫 ::add() 將回傳一個必須儲存在變數中的新物件。

❸ 從將時間添加到 DateTimeImmutable 的結果物件中列印資料，將顯示正確的資料，因為新的物件是使用正確的日期和時間所建立的。

❹ 即使在呼叫 ::add() 之後，DateTimeImmutable 物件也始終包含相同的資料，因為它實際上是不可變的。

不可變的物件其優點是，我們可以放心地視為常數，並且也不用擔心其他人改寫相關資料。唯一的缺點是記憶體的使用。由於 DateTime 修改單一物件，因此記憶體不會隨著我們反覆進行修改而增加額外的空間。然而，每次「修改」DateTimeImmutable 物件時，PHP 都會建立一個新物件，並消耗額外的記憶體。

在典型的 Web 應用程式中，此處的記憶體花費可以忽略不計。沒有理由禁止使用 DateTimeImmutable 物件。

更簡單的修改

在類似的做法中，DateTime 和 DateTimeImmutable 都實現了 ::modify() 方法，此方法使用人類可讀的字串，而不是一個區間的物件。這讓我們可以從指定物件中搜尋相對日期，例如「上週五」或「下星期」。

一個很好的例子是感恩節，在美國感恩節是 11 月的第四個星期四。我們可以使用範例 6-10 中定義的函數，輕鬆計算指定年份的確切日期。

範例 6-10　使用 DateTime 搜尋感恩節

```
function findThanksgiving(int $year): DateTime
{
    $november = new DateTime("November 1, {$year}");
    $november->modify('fourth Thursday');

    return $november;
}
```

也可以使用不可變的日期物件來實現相同的功能，如範例 6-11 所示。

範例 6-11　使用 DateTimeImmutable 搜尋感恩節

```
function findThanksgiving(int $year): DateTimeImmutable
{
    $november = new DateTimeImmutable("November 1, {$year}");
    return $november->modify('fourth Thursday');
}
```

參閱

關於 DateInterval 的文件（*https://oreil.ly/KvluE*）。

6.9 計算跨時區的時間

問題

我們想要確保跨多個時區的特定時間。

解決方案

使用 DateTime 類別的 ::setTimezone() 方法來修改時區，如下所示：

```
$now = new DateTime();
$now->setTimezone(new DateTimeZone('America/Los_Angeles'));

print $now->format(DATE_RSS) . PHP_EOL;

$now->setTimezone(new DateTimeZone('Europe/Paris'));

print $now->format(DATE_RSS) . PHP_EOL;
```

討論

時區是應用程式開發人員最需要擔心且令人沮喪的事情之一。慶幸的是，PHP 允許相對輕鬆地從一個時區轉換到另一個時區。上述範例中使用的 ::setTimezone() 方法說明了只透過指定所需要的時區，就可以將任意 DateTime 從一個時區轉換為另一個時區。

> 請記住，DateTime 和 DateTimeImmutable 都實作了 ::setTimezone() 方法。它們之間的區別在於 DateTime 將修改底層物件的狀態，而 DateTimeImmutable 將始終回傳一個新物件。

理解哪些時區可在程式碼中使用變得非常重要。要列舉的清單太長了，但開發人員可以利用 DateTimeZone::listIdentifiers() 來列出所有可用的命名時區。如果我們的應用程式只關心特定區域，可使用該類別所附帶的預定義的群組常數，來進一步縮減列表。

例如，DateTimeZone::listIdentifiers(DateTimeZone::AMERICA) 回傳一個列出所有美洲可用時區的陣列。在特定的測試系統上，該陣列有一個包含 145 個時區的列表，每個時區都指向當地的一個主要城市，來幫助辨別所代表的時區。我們可以為以下每個區域常數，產生可能的時區標識碼列表：

- DateTimeZone::AFRICA
- DateTimeZone::AMERICA
- DateTimeZone::ANTARCTICA
- DateTimeZone::ARCTIC
- DateTimeZone::ASIA
- DateTimeZone::ATLANTIC
- DateTimeZone::AUSTRALIA
- DateTimeZone::EUROPE
- DateTimeZone::INDIAN
- DateTimeZone::PACIFIC
- DateTimeZone::UTC
- DateTimeZone::ALL

同樣地,也可使用位元運算符號,從這些常數中建構聯集,以檢索跨兩個或多個區域的所有時區列表。例如,DateTimeZone::ANTARCTICA | DateTimeZone::ARCTIC 將代表南極或北極附近的所有時區。

基本的 DateTime 類別讓我們能夠將具有特定時區的物件實體化,而不是接受系統預設數值。只需將 DateTimeZone 實體作為第二個選項參數傳遞給建構函數,新物件就會自動設定為正確的時區。

例如,根據 ISO 8601(*https://oreil.ly/rip_R*)格式的日期時間 2022-12-15T17:35:53,代表是 2022 年 12 月 15 日下午 5 時 35 分 53 秒,但沒有指定特定的時區。DateTime 物件在實體化時,我們可以輕鬆指定這是日本東京的時間,如下所示:

```
$date = new DateTime('2022-12-15T17:35:53', new DateTimeZone('Asia/Tokyo'));

echo $date->format(DateTime::ATOM);
// 2022-12-15T17:35:53+09:00
```

如果正在解析的日期時間字串中缺少時區資訊,提供對應的時區會使事情變得更加明確。在前面的範例中,如果沒有增加時區識別字,PHP 將採用系統配置的時區[2]。

如果時區資訊**出**現在日期時間字串中,PHP 將忽略第二個參數中任何指定的明確時區,並解析所提供的字串。

---

2 我們可以使用 date_default_timezone_get() 函數,檢查系統的目前時區設定。

參閱

關於 `::setTimezone()` 方法（*https://oreil.ly/dk2gQ*）和 `DateTimeZone` 類別（*https://oreil.ly/MkdHB*）的文件。

## 第七章

陣列

陣列（*arrays*）是一種有順序性的映射 —— 將特定數值關聯到易於識別操作的鍵值的結構。這些映射是建立出簡單列表和更複雜的物件集合的有效方法。此外，它們也很容易操作 —— 從陣列中增加或刪除元素非常簡單，並且利用多個功能介面提供支援。

陣列型別

PHP 中有兩種形式的陣列：數值陣列和關聯陣列。當我們定義陣列並且沒有明確設定鍵值時，PHP 將在內部替陣列的每個元素指定一個整數索引。陣列索引從 0 開始，並自動以 1 遞增。

關聯陣列可以有字串或整數的鍵值，但通常使用字串。字串鍵值是用於「搜尋」儲存在陣列中的特定數值的有效方法。

陣列在內部實作雜湊表（hash table），允許鍵值和數值之間進行有效的直接關聯。例如：

```
$colors = [];
$colors['apple']  = 'red';
$colors['pear']   = 'green';
$colors['banana'] = 'yellow';

$numbers = [22, 15, 42, 105];

echo $colors['pear']; // green
echo $numbers[2]; // 42
```

不過，與更簡單的雜湊表不同的地方在於，PHP 陣列還實作了一個可重複疊代的介面，允許我們用迴圈一次走過其中的所有元素。當鍵值為數字時，可疊代的情形相當明顯，但即便使用關聯陣列，元素也具有固定順序，因為它們儲存在記憶體中。在第 7.3 節將詳細介紹作用於這兩種陣列型別中每個元素的不同方法。

許多情況下，我們可能還會遇到看起來像陣列，但實際上卻不是陣列的物件或類別。事實上，任何有實作 ArrayAccess 介面（*https://oreil.ly/kdN4_*）的物件都可以被當作陣列來存取[1]。這些更好的實作方式將陣列的可能性，推向超越了單純的清單與雜湊表的極限。

語法

PHP 支援兩種不同的陣列定義語法。曾經使用過 PHP 工作的人應該瞭解 array()（*https://oreil.ly/v75i9*）構造，它可以在執行時期定義陣列，如下：

```
$movies = array('Fahrenheit 451', 'Without Remorse', 'Black Panther');
```

另一種更簡潔的語法是使用中括號來定義陣列。前面的範例可以使用相同的行為重寫如下：

```
$movies = ['Fahrenheit 451', 'Without Remorse', 'Black Panther'];
```

兩種格式都可用於建立巢狀陣列（其中一個陣列包含另一個陣列），並且可以互換使用，如下所示：

```
$array = array(1, 2, array(3, 4), [5, 6]);
```

儘管像前面的範例一樣混合及比對語法是可能的，但強烈建議使用者在應用程式中保持一致，並且只使用一種形式，而非同時使用兩種形式。在本章中的所有範例，都將使用短陣列的語法（也就是中括號）。

PHP 中的所有陣列都是由鍵值映射到數值。前面的範例中，陣列僅指定數值，並讓 PHP 自動分配鍵值。這些被視為數字陣列，因為鍵值是從 0 開始的整數。更複雜的陣列，如範例 7-1 中所示的巢狀結構，同時指派數值和鍵值。這是透過使用兩個字元的箭頭運算符號（=>），將鍵值映射到數值來完成的。

範例 *7-1* 具有巢狀數值的關聯陣列

```
$array = array(
    'a' => 'A',
    'b' => ['b', 'B'],
```

---

1 在第 8 章中會討論類別繼承，在第 8.7 節中也將詳細介紹物件中的介面。

```
    'c' => array('c', ['c', 'K'])
);
```

雖然不是語法要求，但許多編輯器和整合開發工具（IDE）會自動對齊多行陣列文字中的箭頭運算符號。這使得程式碼更容易閱讀，也是本書採用的標準。

下面的範例說明了開發人員使用陣列（數值陣列和關聯陣列）來完成 PHP 中常見任務及各種方法。

7.1 將陣列中的每個鍵值關聯多個元素

問題

我們希望將多個陣列元素與單一陣列的鍵值相關聯。

解決方案

讓每個陣列數值成為一個獨立的陣列，例如：

```
$cars = [
    'fast'     => ['ferrari', 'lamborghini'],
    'slow'     => ['honda', 'toyota'],
    'electric' => ['rivian', 'tesla'],
    'big'      => ['hummer']
];
```

討論

PHP 對陣列中的數值所使用的資料型別沒有特別要求。但是，鍵值必須是字串或整數。此外，陣列中的每個鍵值都必須是唯一的，這是一個硬性要求。如果我們嘗試為同一個鍵值設定多個數值，則會覆蓋現有的資料，如範例 7-2 所示。

範例 7-2　透過指定數值覆蓋陣列資料

```
$basket = [];

$basket['color']    = 'brown';
$basket['size']     = 'large';
$basket['contents'] = 'apple';
$basket['contents'] = 'orange';
$basket['contents'] = 'pineapple';
```

```
print_r($basket);

// Array
// (
//     [color] => brown
//     [size] => large
//     [contents] => pineapple
// )
```

由於 PHP 只允許陣列中的每個唯一鍵值帶出一個數值，因此如果對該鍵值寫入其他資料將會覆蓋原有數值，就像我們在應用程式中重新指派變數的數值一樣。如果需要在一個鍵值中儲存多個數值，請使用巢狀陣列。

解決方案範例中說明~~每~~個鍵值是如何指向其陣列。然而，PHP 卻不嚴格要求這一點——除了一個鍵值指向一個純量以外，其餘的鍵值都可以指向一個純量，只有需要多個項目的鍵值才指向一個陣列。在範例 7-3 中，將使用巢狀陣列來儲存多個項目，而不是意外地覆蓋掉已存在特定鍵值中的數值。

範例 7-3　將鍵值寫入至陣列之中

```
$basket = [];

$basket['color']    = 'brown';
$basket['size']     = 'large';
$basket['contents'] = [];
$basket['contents'][] = 'apple';
$basket['contents'][] = 'orange';
$basket['contents'][] = 'pineapple';

print_r($basket);

// Array
// (
//     [color] => brown
//     [size] => large
//     [contents] => Array
//         (
//             [0] => apple
//             [1] => orange
//             [2] => pineapple
//         )
// )

echo $basket['contents'][2]; // pineapple
```

要利用巢狀陣列的元素，我們可以如同對父陣列一樣，使用迴圈存取它們。例如，如果要列印範例 7-3 中儲存在 $basket 陣列的所有資料，則需要兩個迴圈，如範例 7-4 所示。

範例 7-4　使用迴圈存取陣列中的資料

```
foreach ($basket as $key => $value) { ❶
    if (is_array($value)) { ❷
        echo "{$key} => [" . PHP_EOL;

        foreach ($value as $item) { ❸
            echo "\t{$item}" . PHP_EOL;
        }

        echo ']' . PHP_EOL;
    } else {
        echo "{$key}: $value" . PHP_EOL;
    }
}

// color: brown
// size: large
// contents => [
//     apple
//     orange
//     pineapple
// ]
```

❶ 父陣列是關聯陣列，我們需要它的鍵值和數值。

❷ 為巢狀陣列使用一種邏輯分支，為純量使用另一種邏輯分支。

❸ 由於巢狀陣列是數字索引的，因此忽略鍵值，只疊代數值。

參閱

在第 7.3 節中將有更多關於陣列疊代的範例。

7.2 透過數字範圍來初始化陣列

問題

我們想要建構一個連續整數的陣列。

解決方案

使用 range() 函數如下：

```
$array = range(1, 10);
print_r($array);

// Array
// (
//      [0] => 1
//      [1] => 2
//      [2] => 3
//      [3] => 4
//      [4] => 5
//      [5] => 6
//      [6] => 7
//      [7] => 8
//      [8] => 9
//      [9] => 10
// )
```

討論

PHP 的 range() 函數會依序自動疊代給定的序列，並根據定義的範圍替每個鍵值分配一個數值。預設情況下，如上述範例中所示，該函數會逐步執行序列。但這並不是函數行為的限制——將第三個參數傳遞給函數會改變它的步長。

我們可以疊代 2 到 100 的所有偶數整數，如下所示：

```
$array = range(2, 100, 2);
```

同樣地，還可以透過將序列的起點修改為 1，來疊代 1 到 100 的所有奇數整數。例如：

```
$array = range(1, 100, 2);
```

range() 函數的起始、結束參數（分別是前兩個參數）可以是整數、浮點數，甚至是字串。這種靈活性使我們可以在程式碼中做一些非常令人驚奇的事情。例如，可以產生一個浮點數陣列，而不是計數自然數（整數），如下所示：

```
$array = range(1, 5, 0.25);
```

若將字串字元傳遞給 range() 時，PHP 會依序列出 ASCII 字元。我們可以利用此功能，快速建構代表英語字母的陣列，如範例 7-5 所示。

> PHP 將依照十進制表示法，在內部使用任何和所有可列印的 ASCII 字元，來完成對 range() 的請求。這是列出可列印字元的有效方法，但需要留意某些特殊字元在 ASCII 表中的位置，如 =、? 和)，尤其是當我們的程式希望陣列中的數值是字母數字字元時。

範例 7-5　建立字母字元陣列

```
$uppers = range('A', 'Z'); ❶
```

```
$lowers = range('a', 'z'); ❷
```

```
$special = range('!', ')'); ❸
```

❶ 回傳 A 到 Z 的所有大寫字元

❷ 回傳 a 到 z 的所有小寫字元

❸ 回傳特殊字元陣列：[!, ", #, $, %, &, ', (,)]

參閱

在 PHP 文件中關於 range()（*https://oreil.ly/qH_iW*）的說明。

7.3　疊代處理陣列中的項目

問題

我們想要對陣列中的每個元素執行操作。

解決方案

對於數值陣列，請使用 foreach，如下所示：

```
foreach ($array as $value) {
    // 對每個 $value 進行操作
}
```

如果是關聯陣列，請使用帶有選項鍵值的 foreach()，如下所示：

```
foreach ($array as $key => $value) {
    // 對每個 $value 和 / 或 $key 進行操作
}
```

討論

PHP 具有可疊代物件（*iterable objects*）的概念，而在內部，陣列正是一個可疊代物件。其他資料結構也可以實現可疊代行為[2]，但任何可疊代表示式都可以提供給 foreach，並在迴圈中逐一回傳包含的項目。

 當離開迴圈時，PHP 不會明顯地取消設定在 foreach 迴圈中使用的變數。所以仍然可以在上述範例迴圈外的程式裡，明顯地引用 $value 中儲存的最後一個數值！

不過，最重要的是要記住，foreach 是一種語言結構，而不是一個函數。作為一個結構，它作用於給定的表達式，並對表達式中的每個項目套用定義的迴圈。預設情況下，迴圈是不會修改陣列的內容。如果想要使陣列的數值是可變的，必須透過在變數名稱前以參考方式增加 & 字元，將它們傳遞到迴圈中，如下所示：

```
$array = [1, 2, 3];

foreach ($array as &$value) {
    $value += 1;
}

print_r($array); // 2, 3, 4
```

---

2 有關處理大量的疊代資料結構範例，請參考第 7.15 節。

PHP 在 8.0 版本之前支援 each() 函數，該函數會維護陣列游標，並在移動游標之前回傳陣列目前的成對鍵值與數值。此函數在 PHP 7.2 中已被棄用，並在 8.0 版本中完全刪除，但可能會在某些書籍和線上資源中找到遺留的範例。將任何出現的 each() 的地方，調整為 foreach 的實作方式，以確保程式碼未來的相容性。

不使用 foreach 迴圈的另一種替代方法是，在陣列的鍵值上建立明確的 for 迴圈。數字陣列是最簡單的方式，因為對應的鍵值是從 0 開始的遞增整數。依序疊代存取陣列就相對簡單多了，如下所示：

```
$array = ['red', 'green', 'blue'];

$arrayLength = count($array);
for ($i = 0; $i < $array_length; $i++) {
    echo $array[$i] . PHP_EOL;
}
```

 雖然可以直接在表示式內呼叫 count() 來辨識 for 迴圈的上限，但最好將陣列的長度儲存在表示式之外。否則，我們將在每次疊代的迴圈中，重新呼叫 count() 來檢查是否仍在範圍內。對於比較小的陣列來說，這並沒有影響；但當我們開始處理大型集合陣列時，重複呼叫 count() 可能成為消耗性能的問題。

還有一點不同的是，在使用 for 迴圈疊代關聯陣列時，我們可以直接疊代陣列的鍵值，而非直接疊代陣列的元素。然後使用每個鍵值從陣列中提取出對應的數值，如下所示：

```
$array = [
    'os'   => 'linux',
    'mfr'  => 'system76',
    'name' => 'thelio',
];

$keys = array_keys($array);
$arrayLength = count($keys);
for ($i = 0; $i < $arrayLength; $i++) {
    $key = $keys[$i];
    $value = $array[$key];

    echo "{$key} => {$value}" . PHP_EOL;
}
```

參閱

在 PHP 文件中關於 foreach（*https://oreil.ly/lmeAe*）和 for（*https://oreil.ly/chSRT*）語言
結構的說明。

7.4　從關聯陣列與數值陣列中刪除元素

問題

我們想要從陣列中刪除一個或多個元素。

解決方案

透過鍵值或數字索引來定位元素，使用 unset() 來刪除該元素：

```
unset($array['key']);
```

```
unset($array[3]);
```

透過將多個鍵值或索引傳遞給 unset() 一次刪除多個元素，如下所示：

```
unset($array['first'], $array['second']);
```

```
unset($array[3], $array[4], $array[5]);
```

討論

在 PHP 中，unset() 會確實銷毀指定變數在記憶體中的任何參考內容。在上述範例中，
該變數是陣列的其中一個元素，因此將會從陣列本身中刪除該元素。在關聯陣列中，是
以刪除指定鍵值及其所代表的數值的形式來呈現。

在數值陣列中，unset() 的作用遠不止於此。它既刪除指定的元素，又可有效的將數值
陣列轉換為具有整數鍵值的關聯陣列。另一方面，這可能是一開始想要的行為，如範例
7-6 中所示。

範例 7-6　取消數值陣列中的元素

```
$array = range('a', 'z');

echo count($array) . PHP_EOL; ❶
echo $array[12] . PHP_EOL; ❷
```

```
echo $array[25] . PHP_EOL; ❸

unset($array[22]);
echo count($array) . PHP_EOL; ❹
echo $array[12] . PHP_EOL; ❺
echo $array[25] . PHP_EOL; ❻
```

❶ 預設情況下，此陣列表示從 a 到 z 的所有英文字元，因此該行列印 26。

❷ 字母表中的第 13 個字母是 m（請記住，陣列索引從 0 開始）。

❸ 字母表中的第 26 個字母是 z。

❹ 刪除該元素後，陣列的大小已減少到 25 ！

❺ 字母表中的第 13 個字母仍是 m。

❻ 字母表中的第 26 個字母仍是 z。此外，索引值依舊有效，因為刪除元素後並不會重新建立陣列的索引。

一般來說，我們可以忽略數值陣列的索引，因為它們是由 PHP 自動設定的。這也使得 unset() 將這些索引隱含地轉換為數字鍵值的行為，讓人感到訝異。對於數值陣列，倘若嘗試存取大於陣列長度的索引會導致錯誤。然而，一旦我們對陣列使用 unset()，並減少其大小，這通常會得到一個數字鍵值大於陣列大小的陣列，如範例 7-6 中所示。

如果我們想在刪除元素後回到數值陣列，則可透過重新索引該陣列的方式。PHP 的 array_values() 函數會回傳一個新的、按數字索引的陣列，其中僅包含指定陣列的數值。例如：

```
$array = ['first', 'second', 'third', 'fourth']; ❶

unset($array[2]); ❷

$array = array_values($array); ❸
```

❶ 預設陣列具有數字索引：[0 => first, 1 => second, 2 => third, 3 => fourth]。

❷ 取消設定元素後，會將其從陣列中刪除，但索引（鍵值）仍保持不變：[0 => first, 1 => second, 3 => fourth]。

❸ 呼叫 array_values() 會回傳一個包含全新的、正確遞增的數字索引的新陣列：[0 => first, 1 => second, 2 => fourth]。

從陣列中刪除元素的另一個選項是使用 array_splice() 函數[3]。該函數將刪除陣列的一小部分，並替換成其他內容[4]。參考範例 7-7，其中 array_splice() 會將陣列中的元素替換移除掉。

範例 7-7　使用 *array_splice()* 刪除陣列元素

```
$celestials = [
    'sun',
    'mercury',
    'venus',
    'earth',
    'mars',
    'asteroid belt',
    'jupiter',
    'saturn',
    'uranus',
    'neptune',
    'pluto',
    'voyagers 1 & 2',
];

array_splice($celestials, 0, 1); ❶
array_splice($celestials, 4, 1); ❷
array_splice($celestials, 8); ❸

print_r($celestials);

// Array
// (
//     [0] => mercury
//     [1] => venus
//     [2] => earth
//     [3] => mars
//     [4] => jupiter
//     [5] => saturn
//     [6] => uranus
//     [7] => neptune
// )
```

❶ 首先，移除 sun 清理太陽系中的行星列表。

3　注意將 array_splice() 與 array_slice() 仔細分清楚。這兩個函數的用途截然不同，後者在第 7.7 節中介紹。

4　如果我們需要使用資料進行其他操作，則 array_splice() 函數會**回傳**從目標陣列中提取的元素。有關這個動作的進一步討論，請參考第 7.7 節。

---

❷ 一旦 sun 消失，所有物體的索引都會發生變化。然而我們仍然想從列表中刪除 asteroid belt，所以使用它的新索引。

❸ 最後，刪除從 Pluto 到陣列最後位置的所有內容來截斷陣列。

與 unset() 不同，由 array_splice() 所建立的修改後的陣列，不會保留數值陣列中的數字索引／鍵值。這樣可避免在從陣列中刪除元素後，還需要額外呼叫 array_values() 的好方法。這也是從數字索引陣列中刪除連續元素最有效的方法，而且無須明確指定每個元素。

參閱

關於 unset()（*https://oreil.ly/-ebRG*）、array_splice()（*https://oreil.ly/g-M9G*）和 array_values()（*https://oreil.ly/9FvTV*）的文件。

7.5　修改陣列的大小

問題

我們想要增加或減少陣列的大小。

解決方案

使用 array_push() 將元素添加到陣列尾端：

```
$array = ['apple', 'banana', 'coconut'];
array_push($array, 'grape');

print_r($array);

// Array
// (
//     [0] => apple
//     [1] => banana
//     [2] => coconut
//     [3] => grape
// )
```

使用 array_splice() 從陣列中刪除元素：

```
$array = ['apple', 'banana', 'coconut', 'grape'];
array_splice($array, 1, 2);
```

```
print_r($array);

// Array
// (
//     [0] => apple
//     [1] => grape
// )
```

討論

與許多其他程式語言不同，PHP 不需要宣告陣列的大小。陣列是動態的——我們可以隨時增加或刪除資料而沒有真正的缺點。

在解決方案第一個範例中，僅將單一元素增加到陣列的尾端。雖然這種方法很簡單，但並不是最有效的處理方式。相反地，我們可以**直接**將單一元素推入陣列，如下所示：

```
$array = ['apple', 'banana', 'coconut'];
$array[] = 'grape';

print_r($array);

// Array
// (
//     [0] => apple
//     [1] => banana
//     [2] => coconut
//     [3] => grape
// )
```

前面的範例與解決方案中記錄的範例之間的主要區別在於函數的呼叫。在 PHP 中，函數的呼叫會比語言結構（如指派數值運算符號）有更多的花費。但僅當在應用程式中多次使用時，前面的範例會比較有效率。

如果我們將多個元素增加到陣列尾端，則透過 array_push() 函數會更快速。它一次接受並附加多個元素，避免多次指定計算。範例 7-8 說明這些方法之間的差異。

範例 7-8　使用 *array_push()* 與附加多個元素

```
$first = ['apple'];
array_push($first, 'banana', 'coconut', 'grape');

$second = ['apple'];
$second[] = 'banana';
$second[] = 'coconut';
```

```
$second[] = 'grape';

echo 'The arrays are ' . ($first === $second ? 'equal' : 'different');

// 結果為 The arrays are equal
```

如果我們不想附加元素,而是想在最前面增加元素,則可以使用 array_unshift(),將指定的項目放置在陣列的開頭,如下所示:

```
$array = ['grape'];
array_unshift($array, 'apple', 'banana', 'coconut');

print_r($array);

// Array
// (
//     [0] => apple
//     [1] => banana
//     [2] => coconut
//     [3] => grape
// )
```

在將元素增加到目標陣列開頭時,PHP 會保留傳遞給 array_unshift() 的元素順序。第一個參數將成為第一個元素,第二個參數將成為第二個元素,依此類推,直到抵達陣列的原始第一個元素。

請記住,PHP 中的陣列沒有固定的大小,並且可以輕鬆地以不同的方式進行操作。前面的所有函數範例(array_push()、array_ splice() 和 array_unshift())都適用於數值陣列,並且不會修改數字索引的順序或結構。我們可以直接參考新的索引資訊,輕鬆地將元素增加到數值陣列最後的位置。例如:

```
$array = ['apple', 'banana', 'coconut'];
$array[3] = 'grape';
```

只要程式碼中,所參考的索引與陣列的其餘部分是連續的,前面的範例就可以完美地運作。但是,如果我們關閉計數行為在索引中產生了間隙,則數值陣列將會轉換為具有數字鍵值的關聯陣列。

雖然本節中使用的所有函數也適合用於關聯陣列,但它們主要操作的對象是數字鍵值,並且在非數字鍵值時可能會導致奇怪的行為。只在數值陣列上使用這些函數是最妥善明智的做法,並根據其鍵值直接操作關聯陣列的大小。

參閱

關 於 array_push()（*https://oreil.ly/DhVgq*）、array_splice()（*https://oreil.ly/eLoTZ*） 和
array_unshift()（*https://oreil.ly/BYisR*）的文件。

7.6　將一個陣列附加到另一個陣列

問題

我們想要將兩個陣列合併為一個新陣列。

解決方案

使用 array_merge() 如下：

```
$first = ['a', 'b', 'c'];
$second = ['x', 'y', 'z'];

$merged = array_merge($first, $second);
```

此外，還可以利用展開運算符號（...）直接組合陣列。將前面的範例調整一下，不再呼
叫 array_merge()，如下所示：

```
$merged = [...$first, ...$second];
```

展開運算符號適合用於數值陣列和關聯陣列。

討論

PHP 中的 array_merge() 函數，會明確地將兩個陣列合併為一個。然而，對於數值陣列
和關聯陣列來說，兩者在行為上仍略有不同。

 任何關於合併陣列的討論都不可避免地會看到 *combine* 這個專業用詞。需
留意，在 PHP 中 array_combine()（*https://oreil.ly/wcM69*）本身就是一個
函數。然而，它並非像本節所示地合併兩個陣列。而是以兩個指定的陣列
來建立一個新陣列——第一個部分成為新陣列的鍵值，第二個部分成為新
陣列的數值。這是一個很有用的函數，但不適合用於合併兩個陣列。

對於數值陣列（如上述範例中所看到的），第二個陣列的所有元素都將附加到第一個陣列之中。該函數忽略兩者的索引，並且新產生的陣列具有連續索引（從 0 開始），就像我們直接建構它一樣。

對於關聯陣列，第二個陣列的鍵值（和數值）將增加到第一個陣列的鍵值（和數值）之中。如果兩個陣列具有相同的鍵值，則第二個陣列的數值將覆蓋掉第一個陣列的數值。範例 7-9 說明了一個陣列中的資料，如何覆蓋另一個陣列中的資料。

範例 7-9　使用 *array_merge()* 覆蓋關聯陣列資料

```
$first = [
    'title'  => 'Practical Handbook',
    'author' => 'Bob Mills',
    'year'   => 2018
];
$second = [
    'year'   => 2023,
    'region' => 'United States'
];

$merged = array_merge($first, $second);
print_r($merged);

// Array
// (
//     [title] => Practical Handbook
//     [author] => Bob Mills
//     [year] => 2023
//     [region] => United States
// )
```

在合併兩個或多個陣列時，可能會出現想要保留原先儲存在重複鍵值的資料的情況。在這種情況下，請使用 array_merge_recursive()。與前面的範例不同，此函數將建立一個包含重複鍵值中定義的資料的陣列，而非用一個數值覆蓋另一個數值。範例 7-10 重新修改前面的範例，來說明這是如何發生的。

範例 7-10　合併具有重複鍵值的陣列

```
$first = [
    'title'  => 'Practical Handbook',
    'author' => 'Bob Mills',
    'year'   => 2018
];
$second = [
    'year'   => 2023,
```

```
    'region' => 'United States'
];

$merged = array_merge_recursive($first, $second);
print_r($merged);

// Array
// (
//     [title] => Practical Handbook
//     [author] => Bob Mills
//     [year] => Array
//         (
//             [0] => 2018
//             [1] => 2023
//         )
//
//     [region] => United States
// )
```

雖然前面的範例只合併了兩個陣列，但使用 array_merge() 或 array_merge_recursive() 來合併的陣列沒有數量上的限制。當我們開始合併兩個以上的陣列時，請記住剛剛介紹的兩個函數如何處理重複的鍵值，才可避免遺失資料。

將兩個陣列合併為一個的第三種、也是最後一種的方法，是使用文字加法運算符號：+。理論上來說，這看起來是將兩個陣列加在一起。而真正做的是將第二個陣列中的任何新的鍵值，增加到第一個陣列的鍵值之中。這與 array_merge() 不同，此操作不會覆蓋資料。如果第二個陣列的鍵值與第一個陣列中的任何鍵值重複，則這些鍵值將被忽略，並使用第一個陣列中原有的資料。

這個運算符號很**明確**是與陣列鍵值一起使用，這表示不適合用於數值陣列。當將兩個相同大小的數值陣列視為關聯陣列時，它們將具有完全相同的鍵值，因為都具有相同的索引。這導致第二個陣列的資料將被完全忽略！

參閱

關 於 array_merge()（*https://oreil.ly/s38Xa*） 和 array_merge_recursive()（*https://oreil.ly/aFQxS*）的文件。

7.7　從現有陣列的片段來建立陣列

問題

我們希望選擇現有陣列的某一部分，並獨立使用它。

解決方案

使用 array_slice() 函數，從現有陣列中選擇一連串的元素，如下所示：

```
$array = range('A', 'Z');
$slice = array_slice($array, 7, 4);

print_r($slice);

// Array
// (
//     [0] => H
//     [1] => I
//     [2] => J
//     [3] => K
// )
```

討論

array_slice() 函數根據定義的偏移量（陣列中的位置）和取得的元素的長度，快速地從給定陣列中提取連續的元素序列。與 array_splice() 不同，它複製陣列中的元素序列，而保持原始陣列不變。

仔細解讀函數簽章來瞭解函數所提供的強大功能是非常重要的：

```
array_slice(
    array $array,
    int   $offset,
    ?$int $length = null,
    $bool $preserve_keys = false
): array
```

函數僅需要前兩個參數——目標陣列和初始偏移量。如果偏移量為正（或 0），則將從陣列開頭的位置開始算起。如果偏移量為負，則將從陣列結束的位置以反方向開始。

陣列偏移量明確地參考陣列中的位置，而非透過鍵值或索引來指定。
array_slice() 函數處理關聯陣列就像處理數值陣列一樣容易，因為它使
用陣列中元素的相對位置，來定義新序列並且忽略陣列的實際鍵值。

當我們定義可選擇的 $length 引數時，這定義了新序列中的最多元素數量。請注意，新
序列受到原始陣列中元素數量的限制，因此如果長度超出陣列尾端，新的序列將比我們
預期的還要短。範例 7-11 是說明這種行為的一個簡單例子。

範例 7-11　將 *array_slice()* 與比較短的陣列一起使用

```
$array = range('a', 'e');
$newArray = array_slice($array, 4, 100);

print_r($newArray);

// Array
// (
//     [0] => e
// )
```

如果指定的長度為負值，則表示從陣列尾端開始的目標，往前計算多少個元素。如果未
指定長度（或為 null），則序列將取得從原始偏移量到目標陣列尾端的所有內容。

最後一個參數 $preserve_keys 用來告訴 PHP 是否重置陣列分割的整數索引。預設情況
下，PHP 將回傳一個具有整數索引鍵值並從 0 開始的新索引陣列。範例 7-12 顯示函數
的行為會根據此參數而有所不同。

array_slice() 函數始終將字串鍵值保留在關聯陣列中，無論 $preserve_
keys 的數值是如何變化的。

範例 7-12　*array_slice()* 鍵值保留的行為

```
$array = range('a', 'e');

$standard = array_slice($array, 1, 2);
print_r($standard);

// Array
// (
//     [0] => b
//     [1] => c
```

```
// )

$preserved = array_slice($array, 1, 2, true);
print_r($preserved);

// Array
// (
//     [1] => b
//     [2] => c
// )
```

記住，PHP 中的數值陣列可以被視為具有從 0 開始並連續遞增的整數鍵值的關聯陣列。有這樣的想法後，很容易看出 array_slice() 在具有字串和整數鍵值的關聯陣列中的相關行為——函數本身基於位置而非依照鍵值進行操作，如範例 7-13 所示。

範例 7-13　在具有混合鍵值的陣列上使用 array_slice()

```
$array = ['a' => 'apple', 'b' => 'banana', 25 => 'cola', 'd' => 'donut'];
print_r(array_slice($array, 0, 3));

// Array
// (
//     [a] => apple
//     [b] => banana
//     [0] => cola
// )

print_r(array_slice($array, 0, 3, true));

// Array
// (
//     [a] => apple
//     [b] => banana
//     [25] => cola
// )
```

在第 7.4 節中，向讀者介紹了 array_splice() 用於從陣列中刪除元素的方法。方便的是，這個函數使用了與 array_slice() 類似的函數簽章：

```
    array_splice(
        array &$array,
        int   $offset,
        ?int  $length = null,
        mixed $replacement = []
    ): array
```

這些函數之間最主要的區別在於，一個函數會對原始陣列進行修改，而另一個則不會。我們可以使用 array_slice() 單獨處理較大陣列的子集，或者將兩個陣列完全分開。在一般情況下，函數都表現出相似的行為和類似結果。

參閱

關於 array_slice()（*https://oreil.ly/9iBvj*）和 array_splice()（*https://oreil.ly/k-h7n*）的文件。

7.8　陣列和字串之間的轉換

問題

我們想要將字串轉換為陣列或將陣列的元素組合為字串。

解決方案

使用 str_split() 將字串轉換為陣列：

```
$string = 'To be or not to be';
$array = str_split($string);
```

使用 join() 將陣列的元素組合成字串：

```
$array = ['H', 'e', 'l', 'l', 'o', ' ', 'w', 'o', 'r', 'l', 'd'];
$string = join('', $array);
```

討論

str_split() 函數是將任何字元組成的字串轉換為具有類似大小區塊的陣列的強大方法。預設情況下，它會將字串分解為字元區塊，但也可以將字串分解為任意數量的字元。陣列中的最後一個區塊只能保證達到指定的長度。例如，範例 7-14 嘗試將字串分解為五個字元的區塊，但請注意最後一個區塊的長度少於五個字元。

範例 7-14　使用 str_split() 處理任意大小的區塊

```
$string = 'To be or not to be';
$array = str_split($string, 5);
var_dump($array);
```

```
// array(4) {
//    [0]=>
//    string(5) "To be"
//    [1]=>
//    string(5) " or n"
//    [2]=>
//    string(5) "ot to"
//    [3]=>
//    string(3) " be"
// }
```

請留意，str_split() 僅適用於字元。當我們處理多字元編碼的字串時，將需要改以使用 mb_str_split() 函數（*https://oreil.ly/ocQi1*）。

在某些情況下，我們可能希望將字串拆分為單獨的單字而不是單一字元。PHP 中的 explode() 函數允許使用者指定分割內容的分隔符號。這有助於將句子拆解為其組成字詞的陣列，如範例 7-15 所示。

範例 *7-15*　將字串拆分為單字陣列

```
$string = 'To be or not to be';
$words = explode(' ', $string);

print_r($words);

// Array
// (
//    [0] => To
//    [1] => be
//    [2] => or
//    [3] => not
//    [4] => to
//    [5] => be
// )
```

雖然 explode() 的功能看起來與 str_split() 類似，但它不能分解空分隔符號的字串（函數的第一個參數）。如果嘗試傳遞空字串，我們將遇到 ValueError。如果想使用字元陣列，請使用 str_split()。

將字串陣列組合成單一字串需要使用 join() 函數，此函數本身只是 implode() 函數的另一個名稱。也就是說，除了是 str_split() 函數的反相功能外，還可以選擇定義一個分隔符號來放置在新連接的程式碼區塊之間。

分隔符號是可選擇的項目，但在 PHP 中因為 implode() 函數的悠久歷史，使得它具有兩種有些不直觀的函數簽章，導致了一些分歧，如下所示：

```
implode(string $separator, array $array): string
```

```
implode(array $array): string
```

如果我們只想將字元陣列組合成一個字串，可以使用範例 7-16 中的等效方法來實現。

範例 7-16　從字元陣列來建立字串

```
$array = ['H', 'e', 'l', 'l', 'o', ' ', 'w', 'o', 'r', 'l', 'd'];

$option1 = implode($array);

$option2 = implode('', $array);

echo 'The two are ' . ($option1 === $option2 ? 'identical' : 'different');

// 兩者效果相同
```

因為我們可以明確地指定分隔符號（當作用於連接每個文字區塊的黏著劑），所以 implode() 可執行的操作幾乎沒有限制。假設讀者的陣列是單字串列而非字元串列，則可以使用 implode() 將它們連接在一起，成為以逗號分隔的字串，如以下範例所示：

```
$fruit = ['apple', 'orange', 'pear', 'peach'];

echo implode(', ', $fruit);

// apple, orange, pear, peach
```

參閱

關於 implode()（*https://oreil.ly/mpdcI*）、explode()（*https://oreil.ly/PScj_*）和 str_split()（*https://oreil.ly/2dTMD*）的文件。

7.9 反轉陣列

問題

我們想要反轉陣列中元素的順序。

解決方案

使用 array_reverse() 函數，如下所示：

```
$array = ['five', 'four', 'three', 'two', 'one', 'zero'];

$reversed = array_reverse($array);
```

討論

array_reverse() 函數會建立一個新陣列，其中每個元素的順序與輸入陣列的順序相反。預設情況下，此函數不保留原始陣列中的數字鍵值，而是重新為每個元素建立索引。非數字鍵值（在關聯陣列中）於重新索引的過程中，陣列與索引值的關係將保持不變；然而，它們的順序仍然如預期反轉。範例 7-17 展示如何透過 array_reverse() 對關聯陣列進行重新排序。

範例 7-17　反轉關聯陣列

```
$array = ['a' => 'A', 'b' => 'B', 'c' => 'C'];
$reversed = array_reverse($array);

print_r($reversed);

// Array
// (
//     [c] => C
//     [b] => B
//     [a] => A
// )
```

由於關聯陣列可以有數字鍵值作為開頭，因此重新索引的動作將可能產生意外的結果。慶幸的是，可以在反轉陣列時，透過傳遞一個可選的 Boolean 參數作為第二個引數來禁用它。範例 7-18 顯示了這種索引行為將如何影響這一類的陣列（以及如何禁用它）。

範例 7-18　使用數字鍵值來反轉關聯陣列

```php
$array = ['a' => 'A', 'b' => 'B', 42 => 'C', 'd' => 'D'];
print_r(array_reverse($array)); ❶

// Array
// (
//     [d] => D
//     [0] => C
//     [b] => B
//     [a] => A
// )

print_r(array_reverse($array, true)); ❷

// Array
// (
//     [d] => D
//     [42] => C
//     [b] => B
//     [a] => A
// )
```

❶ 第二個參數的預設數值為 false，表示陣列反轉後不會保留數字鍵值。

❷ 傳遞 true 作為第二個參數仍將允許陣列反轉，但會在新陣列中保留數字鍵值。

參閱

關於 array_reverse() 的文件（*https://oreil.ly/mI5eG*）。

7.10　對陣列進行排序

問題

我們想要對陣列的元素進行排序。

解決方案

要依據 PHP 中的預設比較規則對元素進行排序，可以使用 sort() 函數，如下所示：

```php
$states = ['Oregon', 'California', 'Alaska', 'Washington', 'Hawaii'];
sort($states);
```

討論

PHP 的原生排序系統是以 Quicksort 為基礎，它是一種常見且相對快速的排序演算法。預設情況下，使用 PHP 比較運算符號定義的規則，來確保陣列中每個元素的順序[5]。我們可以藉由傳遞一個旗標作為 sort() 的第二個選項參數，來使用不同的規則進行排序。表 7-1 中描述了可用的排序旗標。

表 7-1　不同類型的排序旗標

旗標	描述
SORT_REGULAR	使用預設比較操作進行一般比較項目
SORT_NUMERIC	使用數字比較項目
SORT_STRING	將項目視為字串進行比較
SORT_LOCALE_STRING	使用目前系統區域設定，將項目視為字串進行比較
SORT_NATURAL	使用「自然排序」比較項目
SORT_FLAG_CASE	使用位元 OR 運算符號與 SORT_STRING 或 SORT_NATURAL 組合起來比較字串，不分大小寫

排序類型旗標在預設排序比較產生無意義的排序陣列時非常有用。例如，將整數陣列視為字串進行排序，可能會產生錯誤的排序結果。使用 SORT_NUMERIC 旗標將確保整數依照正確的順序排列。範例 7-19 示範了兩種排序類型的不同之處。

範例 7-19　使用一般排序類型與數字排序類型，對整數進行排序

```
$numbers = [1, 10, 100, 5, 50, 500];
sort($numbers, SORT_STRING);
print_r($numbers);

// Array
// (
//     [0] => 1
//     [1] => 10
//     [2] => 100
//     [3] => 5
//     [4] => 50
//     [5] => 500
// )

sort($numbers, SORT_NUMERIC);
```

5　請參考第 13 頁的「比較運算符號」，瞭解更多有關比較運算符號及其用法的詳細說明。

```
print_r($numbers);

// Array
// (
//     [0] => 1
//     [1] => 5
//     [2] => 10
//     [3] => 50
//     [4] => 100
//     [5] => 500
// )
```

sort() 函數忽略陣列鍵值和索引，並且只根據它們的數值對陣列元素進行排序。因此，嘗試使用 sort() 對關聯陣列進行排序時，將會破壞陣列中的鍵值。如果我們想保留陣列中的鍵值，同時仍依照其數值內容進行排序，請使用 asort()。

要做到這一點，sort() 函數與 asort() 函數呼叫的方式完全相同；甚至可以使用與表 7-1 中定義的相同旗標。然而，即使元素的順序不同，結果陣列也將保留與先前相同的鍵值。例如：

```
$numbers = [1, 10, 100, 5, 50, 500];
asort($numbers, SORT_NUMERIC);
print_r($numbers);

// Array
// (
//     [0] => 1
//     [3] => 5
//     [1] => 10
//     [4] => 50
//     [2] => 100
//     [5] => 500
// )
```

此外，sort() 與 asort() 函數也可產生依照遞增排序的陣列。如果想得到一個遞減排序的陣列，我們有兩種選擇：

• 依照遞增方式對陣列進行排序，然後依照第 7.9 節中的例子，將陣列結果反轉。

• 分別利用 rsort() 或 arsort() 來處理數值陣列和關聯陣列。

為了降低程式碼的複雜性，往往會選擇後者的方式來處理。這些函數與 sort()、asort() 有相同的函數簽章，但只是反轉了元素在結果陣列中的放置順序。

參閱

關於 arsort()（*https://oreil.ly/G14ve*）、asort()（*https://oreil.ly/jkl5w*）、rsort()（*https://oreil.ly/Z6p49*）和 sort()（*https://oreil.ly/sHWtt*）的文件。

7.11 根據函數對陣列進行排序

問題

我們想要根據使用者定義的函數或比較運算，對陣列進行排序。

解決方案

將 usort() 與自訂排序的回呼函數一起使用，如下所示：

```
$bonds = [
    ['first' => 'Sean',    'last' => 'Connery'],
    ['first' => 'Daniel',  'last' => 'Craig'],
    ['first' => 'Pierce',  'last' => 'Brosnan'],
    ['first' => 'Roger',   'last' => 'Moore'],
    ['first' => 'Timothy', 'last' => 'Dalton'],
    ['first' => 'George',  'last' => 'Lazenby'],
];

function sorter(array $a, array $b) {
    return [$a['last'], $a['first']] <=> [$b['last'], $b['first']];
}

usort($bonds, 'sorter');

foreach ($bonds as $bond) {
    echo "{$bond['last']}. {$bond['first']} {$bond['last']}" . PHP_EOL;
}
```

討論

usort() 函數藉由使用者定義的函數，作為其排序演算法背後的比較運算。我們可以傳入任何可呼叫的物件作為第二個參數，並透過此函數檢查陣列中的每個元素以確定其適當的排序。上述範例中我們透過一個函數名稱來引用回呼函數，但也可以輕鬆地傳遞一個匿名函數。

此外，上述範例進一步使用 PHP 較新的三路比較運算（spaceship operator）符號，在陣列元素之間進行複雜的比較 [6]。在這種特殊情況下，我們希望先依照姓氏、再來是名字進行排序。同樣的函數可套用於任何名稱集合之中。

一個更強大的例子是在 PHP 中對日期套用自訂排序。日期相對容易排序，因為它們是連續序列的一部分。但可藉由使用定義函數，打破這些既定的排序行為。範例 7-20 嘗試根據星期、年、月的順序，對日期陣列進行排序。

範例 7-20　套用於日期的使用者定義排序

```php
$dates = [
    new DateTime('2022-12-25'),
    new DateTime('2022-04-17'),
    new DateTime('2022-11-24'),
    new DateTime('2023-01-01'),
    new DateTime('2022-07-04'),
    new DateTime('2023-02-14'),
];

function sorter(DateTime $a, DateTime $b) {
    return
        [$a->format('N'), $a->format('Y'), $a->format('j')]
        <=>
        [$b->format('N'), $b->format('Y'), $b->format('j')];
}

usort($dates, 'sorter');

foreach ($dates as $date) {
    echo $date->format('l, F jS, Y') . PHP_EOL;
}

// Monday, July 4th, 2022
// Tuesday, February 14th, 2023
// Thursday, November 24th, 2022
// Sunday, April 17th, 2022
// Sunday, December 25th, 2022
// Sunday, January 1st, 2023
```

與本章討論的其他陣列函數一樣，usort() 會忽略陣列鍵值 / 索引，並重新索引陣列作為其操作的一部分。如果需要保留元素的索引或鍵值關聯，請改用 uasort()。同樣地，該函數與 usort() 具有相同的函數簽章，但在排序後仍保持陣列鍵值不變。

---

[6] 三路比較運算（spaceship operator）符號在第 2.4 節中有較完整的說明，其中還介紹 usort() 的使用範例。

陣列鍵值通常代表有關陣列內部連結資料的重要資訊，因此在排序操作期間保留它們，有時相當重要。此外，我們可能希望實際依照陣列的鍵值、而不是每個元素的數值進行排序。這種情況下，請利用 uksort()。

函數 uksort() 將使用我們定義的函數，依照鍵值對陣列進行排序。與 uasort() 一樣，會保護鍵值並在陣列排序後將它們存留在原處。

參閱

關於 usort()（*https://oreil.ly/TuK1L*）、uasort()（*https://oreil.ly/igH5E*），和 uksort()（*https://oreil.ly/MEyff*）的文件。

7.12　隨機打亂陣列中的元素

問題

我們想要打亂陣列中的元素，讓它們的順序完全隨機排列。

解決方案

使用 shuffle() 如下：

```
$array = range('a', 'e');
shuffle($array);
```

討論

shuffle() 函數透過參考的方式，將現有的陣列傳遞給函數。此函數完全忽略陣列的鍵值，並隨機對元素中的數值進行排序，進而更新陣列。經過打亂洗牌後，陣列鍵值從 0 開始重新索引。

 雖然打亂關聯陣列時不會收到錯誤，但在操作過程中鍵值上的所有資訊都將消失。所以我們應該只用來打亂數值陣列會比較適合。

在內部，shuffle() 使用梅森旋轉演算法（Mersenne Twister）（*https://oreil.ly/86yIo*）的模擬隨機變數產生器，來為陣列中的每個元素確定一個新的、看似隨機的順序。當需要嚴格隨機特性的功能時（例如密碼學或安全場域），就不適合使用這類模擬隨機變數產生器，但其正是快速打亂陣列內容的有效方法。

參閱

關於 shuffle() 的文件（*https://oreil.ly/AkcpO*）。

7.13　將函數套用於陣列中的每個元素

問題

我們希望透過套用函數，依序修改陣列中的每個元素來轉換陣列。

解決方案

要直接修改陣列，請使用 array_walk()，如下所示：

```
$values = range(2, 5);

array_walk($values, function(&$value, $key) {
    $value *= $value;
});

print_r($values);

// Array
// (
//     [0] => 4
//     [1] => 9
//     [2] => 16
//     [3] => 25
// )
```

討論

以迴圈方式存取資料集合是 PHP 應用程式的常見要求。例如，我們可能使用集合來定義重複的任務。或者，希望對集合中的每個項目執行特定操作，例如對數值進行平方計算，或如上述範例中所示。

array_walk() 函數是定義要套用的轉換，並將其套用在陣列的每個元素的數值的有效方式。回呼函數（第二個參數）接受三個引數：陣列中元素的數值和鍵值，以及可選的 $arg 引數。最後一個引數是在一開始呼叫 array_walk() 時所定義，並傳遞給回呼函數來使用。這是將常數數值傳遞給回呼函數的有效方法，如範例 7-21 所示。

範例 7-21　使用額外引數呼叫 array_walk()

```
function mutate(&$value, $key, $arg)
{
    $value *= $arg;
}

$values = range(2, 5);

array_walk($values, 'mutate', 10);

print_r($values);

// Array
// (
//     [0] => 20
//     [1] => 30
//     [2] => 40
//     [3] => 50
// )
```

使用 array_walk() 直接修改陣列，需要將陣列數值透過參考傳遞到回呼函數中（請注意引數名稱前面的 & 符號）。此函數還可以用於遍歷陣列中的每個元素，並執行一些其他函數，而無須修改原始陣列。事實上，這樣的動作應該是函數最常見的用途。

除了遍歷陣列的每個元素之外，我們還可以使用 array_walk_recursive() 函數來遍歷巢狀陣列中的葉節點。與前面的範例不同，array_walk_recursive() 將不斷遍歷巢狀陣列，直到找到非陣列元素，並套用到指定的回呼函數中。範例 7-22 簡單示範了針對巢狀陣列，遞迴函數與非遞迴函數呼叫之間的區別。具體來說，倘若我們正在處理巢狀陣列，則 array_walk() 將會拋出錯誤並且根本無法執行任何操作。

範例 7-22　比較 array_walk() 與 array_walk_recursive() 不同之處

```
$array = [
    'even' => [2, 4, 6],
    'odd'  => 1,
];

function mutate(&$value, $key, $arg)
```

```
{
    $value *= $arg;
}

array_walk_recursive($array, 'mutate', 10);
print_r($array);

// Array
// (
//     [even] => Array
//         (
//             [0] => 20
//             [1] => 40
//             [2] => 60
//         )
//
//     [odd] => 10
// )


array_walk($array, 'mutate', 10);

// PHP Warning: Uncaught TypeError: Unsupported operand types: array * int
```

在許多情況下，我們可能希望建立變更陣列的新副本，而不遺失其原始蹤跡的狀態。在這種情況下，array_map() 可能比 array_walk() 更安全。array_map() 使我們能夠將函數套用於原始陣列中的每個元素，並回傳一個全新的陣列，而非修改原始陣列。這個的優點是，我們可以同時擁有原始陣列和修改後的陣列，並提供進一步使用。以下範例與先前解決方案範例有相同的邏輯，在不修改原始陣列的情況下進行操作：

```
$values = range(2, 5);

$mutated = array_map(function($value) {
    return $value * $value;
}, $values);

print_r($mutated);

// Array
// (
//     [0] => 4
//     [1] => 9
//     [2] => 16
//     [3] => 25
// )
```

以下是這兩個陣列函數之間需要注意的一些關鍵區別：

- array_walk() 希望陣列在前，然後是回呼函數。

- array_map() 希望回呼函數在前，然後才是陣列。

- array_walk() 回傳一個 Boolean 旗標，而 array_map() 回傳一個新陣列。

- array_map() 不會將鍵值傳遞到回呼函數之中。

- array_map() 不會將額外的引數傳遞到回呼函數之中。

- array_map() 沒有遞迴形式。

參閱

關於 array_map()（*https://oreil.ly/fzU_0*）、array_walk()（*https://oreil.ly/OTpL4*）和 array_walk_recursive()（*https://oreil.ly/qCt7G*）的文件。

7.14　將陣列簡化為單一數值

問題

我們希望重複疊代地將數值集合簡化為單一數值。

解決方案

將 array_reduce() 與回呼函數一起使用，如下所示：

```
$values = range(0, 10);

$sum = array_reduce($values, function($carry, $item) {
    return $carry + $item;
}, 0);

// $sum = 55
```

討論

array_reduce() 函數遍歷陣列中的每個元素，並修改其自身的內部狀態，最終得出一個結果。上述範例中遍歷數字列表中的每個元素，並將它們全部添加到初始數值 0，回傳所有數字的最終總和。

回呼函數接受兩個參數。第一個是我們從上次操作中承接過來的數值。第二個是陣列中目前正在疊代的元素的數值。回呼函數回傳的任何內容，都將作為陣列下一個元素中的 $carry 參數傳遞到回呼函數。

第一次開始時，我們將一個可選擇的初始數值（預設為 null）作為 $carry 參數傳遞到回呼函數中。如果我們對陣列套用單純的化簡操作很簡單，則通常可以提供更好的初始數值，如上述範例中所做的那樣。

array_reduce() 函數的最大缺點是它無法處理陣列鍵值。為了利用陣列中的任何鍵值作為化簡操作的一部分，我們需要定義自己的函數版本。

範例 7-23 說明如何改為疊代由 array_keys() 回傳的陣列，以在化簡操作中利用元素的鍵值和數值。我們將陣列和回呼函數傳遞到由 array_reduce() 處理的閉包（closure）之中，這樣就可以引用該鍵值定義的陣列中的元素，並套用到自訂函數。在主程式中，我們可以像減少數值陣列一樣自由地化簡關聯陣列的內容——除非回呼函數中有一個額外的引數，其中包含每個元素的鍵值。

範例 7-23　*array_reduce()* 關聯陣列的替代方案

```
function array_reduce_assoc(
    array $array,
    callable $callback,
    mixed $initial = null
): mixed
{
    return array_reduce(
        array_keys($array),
        function($carry, $item) use ($array, $callback) {
            return $callback($carry, $array[$item], $item);
        },
        $initial
    );
}

$array = [1 => 10, 2 => 10, 3 => 5];

$sumMultiples = array_reduce_assoc(
    $array,
    function($carry, $item, $key) {
        return $carry + ($item * $key);
    },
```

```
        0
);

// $sumMultiples = 45
```

以上的程式碼將回傳 $array 中的每個元素其鍵值乘上對應數值之總和，具體來說就是
1 * 10 + 2 * 10 + 3 * 5 = 45。

參閱

關於 array_reduce() 的文件（*https://oreil.ly/iu_XM*）。

7.15 透過重複疊代來替換無限或龐大的陣列

問題

我們想要重複疊代一個太大而且無法保存在記憶體中或產生速度太慢的元素列表。

解決方案

使用產生器一次為我們的程式生成一個資料區塊，如下所示：

```
function weekday()
{
    static $day = 'Monday';

    while (true) {
        yield $day;

        switch($day) {
            case 'Monday':
                $day = 'Tuesday';
                break;
            case 'Tuesday':
                $day = 'Wednesday';
                break;
            case 'Wednesday':
                $day = 'Thursday';
                break;
            case 'Thursday':
                $day = 'Friday';
```

```
                    break;
                case 'Friday':
                    $day = 'Monday';
                    break;
            }
        }
    }

    $weekdays = weekday();
    foreach ($weekdays as $day) {
        echo $day . PHP_EOL;
    }
```

討論

產生器（generator）是在 PHP 中處理大量數據資料的一種節省記憶體的方法。在上述範例中，產生器依照順序產生無限次數的工作日（週一到週五）。PHP 的可用記憶體是無法容納無限序列，然而產生器的結構，允許我們一次建構一個段落。

與實例化一個過大的陣列不同，我們產生第一個資料片段，並透過 yield 關鍵字將其回傳至呼叫產生器的位置。這會鎖定住產生器的狀態，並將執行的控制權交還給主應用程式。與回傳一次性資料的傳統函數不同之處在於，產生器可以提供多次資料，只要它仍然有效。

在上述範例中，yield 出現在無限的 while 迴圈內，因此將永遠持續條列工作日。如果我們希望離開產生器，則可以在程式尾端使用空 return 語句（或者僅僅打破迴圈並隱含回傳）。

 從產生器回傳的資料與一般函數呼叫時傳入的資料有所不同。我們通常使用 yield 關鍵字回傳資料，並使用空的 return 語句離開產生器。但是，如果產生器最後確實需要回傳，則必須透過在產生器物件上呼叫 ::getReturn() 來存取資料。這種額外的呼叫方法通常看起來很奇怪，除非我們的產生器有一個在典型的 yield 操作之外回傳資料的原因，否則使用產生器時應該盡量避免。

由於產生器可以不停地提供資料，因此我們可以使用標準的 foreach 迴圈來重複疊代相關資料內容。同樣地，可以利用有限的 for 迴圈來避免無限狀態。以下程式碼利用有限迴圈和先前範例中的產生器：

```
$weekdays = weekday();
for ($i = 0; $i < 14; $i++) {
    echo $weekdays->current() . PHP_EOL;
    $weekdays->next();
}
```

儘管產生器被定義為函數，但 PHP 內部除了將其識別為產生器，還會將其轉換為 Generator 類別的實體（*https://oreil.ly/R_geQ*）。此類別讓我們可以存取 ::current() 與 ::next() 方法，並允許一次逐步遍歷產生的資料。

應用程式內的控制流程會在主程式與產生器的 yield 語句之間來回傳遞。第一次存取產生器時，會在內部執行直到 yield，然後將控制權（可能還有其餘資料）回傳給主應用程式。對產生器的後續呼叫從 yield 關鍵字之後開始。為了再次 yield，使用迴圈來強制產生器回到一開始的位置。

參閱

請查閱產生器相關文件（*https://oreil.ly/cR4-V*）。

## 第八章

類別和物件

在最早的 PHP 版本中是不支援類別定義和物件導向的概念。到了 PHP 4 才對物件介面有第一次真正的嘗試 [1]。然而，直到 PHP 5，開發人員才擁有他們今天所理解和操作的複雜物件介面。

類別是使用 class 關鍵字定義的，之後緊接著該類別既有的常數、屬性與方法的完整描述。範例 8-1 介紹了 PHP 中的基本類別構造，包括常數數值作用範圍、屬性和可呼叫的方法。

範例 8-1　具有屬性和方法的基本 PHP 類別

```
class Foo
{
    const SOME_CONSTANT = 42;

    public string $hello = 'hello';

    public function __construct(public string $world = 'world') {}

    public function greet(): void
    {
        echo sprintf('%s %s', $this->hello, $this->world);
    }
}
```

1　PHP 3 包含了一些原始的物件功能，但直到 4.0 的發佈，大多數開發人員才真正認定這個語言是物件導向的。

可以使用 new 關鍵字和類別名稱來實體化物件；這個過程看起來有點像函數呼叫。傳遞到此實體化物件中的任何參數，都會明顯地傳遞到類別建構函數（__construct() 方法），來定義物件的初始狀態。範例 8-2 說明了如何使用範例 8-1 的程式碼類別定義來實體化物件，無論是否使用預設屬性數值。

範例 8-2　實體化基本 PHP 類別

```
$first = new Foo; ❶
$second = new Foo('universe'); ❷

$first->greet(); ❸
$second->greet(); ❹

echo Foo::SOME_CONSTANT; ❺
```

❶ 實體化物件的過程中若不傳遞參數，仍然會使用呼叫建構函數，但會利用其預設參數。如果函數簽章中未提供預設值，會導致錯誤產生。

❷ 實體化物件的過程中傳遞參數，會將此參數提供給建構函數。

❸ 這將會使用建構函數中的預設數值，列印出 hello world。

❹ 這將會在控制台中列印出 hello universe。

❺ 直接透過類別名稱引用常數。其結果將會列印 42 到控制台。

在接下來的第 8.1 和 8.2 節中，將介紹建構函數及屬性。

程序化程式設計

大多數開發人員，對 PHP 的第一次體驗是透過更加程序化的介面。像是流程、簡單的指令稿、教學——所有這些通常都在全域的範圍中定義函數和變數。雖然這並非是一件壞事，但的確限制了我們程式的靈活性。

程序化程式設計通常會導致無狀態的應用程式。在函數呼叫之間很少或幾乎沒有能力追蹤之前發生的事情，因此我們會在整個程式碼中傳遞應用程式狀態的一些參考。再次強調，這不一定是壞事。唯一的缺點是越複雜的應用程式，將會變得更難以分析或理解。

物件導向程式設計

另一種設計形式是藉由物件作為狀態容器。一個常見的實際例子是將物件視為定義事物的方式。如：汽車是一個物件，公車、自行車亦是物件。它們都是具有特徵（如：顏色、輪子數量和驅動方式）和功能（如：行駛、停止和轉彎）的離散事物。

在程式設計的世界中，這是描述物件最簡單的方法之一。在 PHP 中，我們首先透過定義一個類別來描述物件的型別以建立物件。類別描述了此型別的物件應該具有的屬性（特徵）和方法（功能）。

這與現實世界中的事物一樣，程式設計世界中的物件可以從更原始的型別描述中繼承。汽車、公車和自行車都是車輛型別，因此它們都可以源自於特定型別。範例 8-3 示範了 PHP 如何建構這種物件繼承的方式。

範例 8-3　*PHP 中的類別抽象化*

```
abstract class Vehicle
{
    abstract public function go(): void;

    abstract public function stop(): void;

    abstract public function turn(Direction $direction): void;
}

class Car extends Vehicle
{
    public int $wheels = 4;
    public string $driveType = 'gas';

    public function __construct(public Color $color) {}

    public function go(): void
    {
        // ...
    }

    public function stop(): void
    {
        // ...
    }

    public function turn(Direction $direction): void
    {
        // ...
```

```
    }
}

class Bus extends Vehicle
{
    public int $wheels = 4;
    public string $driveType = 'diesel';

    public function __construct(public Color $color) {}

    public function go(): void
    {
        // ...
    }

    public function stop(): void
    {
        // ...
    }

    public function turn(Direction $direction): void
    {
        // ...
    }
}

class Bicycle extends Vehicle
{
    public int $wheels = 2;
    public string $driveType = 'direct';

    public function __construct(public Color $color) {}

    public function go(): void
    {
        // ...
    }

    public function stop(): void
    {
        // ...
    }

    public function turn(Direction $direction): void
    {
        // ...
    }
}
```

在實體化物件過程中會建立一個型別變數，該變數表示初始狀態及操作的方法。物件繼承（*inheritance*）提供了在其他程式碼中，使用一種或多種型別作為彼此替代的可能性。範例 8-4 說明了在範例 8-2 中加入的三種車輛型別是如何藉由繼承來相互切換使用。

範例 8-4　具有相似繼承的類別可以互換使用

```php
function commute(Vehicle $vehicle) ❶
{
    // ...
}

function exercise(Bicycle $vehicle) ❷
{
    // ...
}
```

❶ 這三種車輛子型別都可以作為在函數呼叫中 Vehicle 的有效替換。這表示我們可以乘坐公車、汽車或自行車上下班通勤，選擇任何一種都有相同功能。

❷ 有時我們可能需要更精確且更直接操作子型別。除了 Bicycle 外，Bus、Car 或任何其他 Vehicle 類別的子類別，都不能當作鍛鍊身體的工具。

在第 8.6、8.7 和 8.8 節中，將更深入地介紹類別繼承。

多重範式語言

PHP 被認為是一種多重範式（*multiparadigm*）語言，因為我們可以按照上述任何一種範式撰寫程式碼。一個有效的 PHP 程式可以是純程序化的。或者也可以嚴格專注在物件定義和自訂類別。最終該程式可以混合使用兩種不同的範式來運作。

開放原始碼的 WordPress 內容管理系統（CMS）是網路上最受歡迎的 PHP 專案之一[2]。其中的程式碼透過大量利用物件來實作常見抽象事物，例如資料庫物件或遠端請求。然而，WordPress 也源自於長期程序化程式設計的歷史——大部分程式碼或函式庫仍然存在這種風格。WordPress 不僅是 PHP 本身成功的關鍵例子，而且還能靈活地支援多重範式。

2　在撰寫本書時，有 43% 的網站是透過 WordPress 所建立的（*https://oreil.ly/tEaN8*）。

對於如何組裝應用程式，其實沒有唯一正確的答案。大多數都是受益於 PHP 對多種範式的強大支援所形成的混合方法。即使在大多數程序化的應用程式中，我們仍然會看到一些物件，這是因為 PHP 語言的標準函式庫實作大部分的功能（*https://oreil.ly/krXrW*）。

第 6 章說明了 PHP 日期系統中的函數和物件導向介面的使用。第 13 章詳細介紹了錯誤處理，大量利用了內部的 Exception 和 Error 類別。在其他程序化的實作中，yield 關鍵字會自動建立 Generator 類別的實體。

即使我們從未在程式中直接定義類別，但也很可能使用 PHP 本身定義的類別或程式所需的第三方函式庫定義的類別[3]。

可見性

類別還將*可見性*（*visibility*）的概念引入到 PHP 中。其中的屬性、方法甚至常數都可以使用可選的可見性修飾符號定義，來改變它們在應用程式中的存取權限。任何宣告為 public 的內容，都可以被應用程式中的任何其他類別或函數存取。方法和屬性宣告為 protected，會使得它們只能在類別本身或其衍生的類別實體存取。最後，宣告為 private 表示類別的成員只能透過類別本身的實體來存取。

 在預設情況下，任何未明確限定為 private 或 protected 的內容都會自動公開，因此我們可能會看到一些開發人員完全跳過宣告成員可見性的步驟。

雖然成員可見性可以透過反射機制直接覆蓋過去[4]，但那通常是澄清類別介面中，有哪些部分打算由其他程式碼操作的另一個方式。範例 8-5 說明了如何利用每個可見性修飾符號，來建構複雜的應用程式。

範例 8-5　類別成員可見性概述

```
class A
{
    public    string $name  = 'Bob';
    public    string $city  = 'Portland';
    protected int    $year  = 2023;
    private   float  $value = 42.9;
```

---

3 函式庫和額外的擴充功能，在第 15 章中進行詳細討論。
4 有關反射機制（reflection API）的更多討論，請參考第 8.12 節。

```php
    function hello(): string
    {
        return 'hello';
    }

    public function world(): string
    {
        return 'world';
    }

    protected function universe(): string
    {
        return 'universe';
    }

    private function abyss(): string
    {
        return 'the void';
    }
}

class B extends A
{
    public function getName(): string
    {
        return $this->name;
    }

    public function getCity(): string
    {
        return $this->city;
    }

    public function getYear(): int
    {
        return $this->year;
    }

    public function getValue(): float
    {
        return $this->value;
    }
}

$first = new B;
echo $first->getName() . PHP_EOL; ❶
echo $first->getCity() . PHP_EOL; ❷
```

```
echo $first->getYear() . PHP_EOL; ❸
echo $first->getValue() . PHP_EOL; ❹

$second = new A;
echo $second->hello() . PHP_EOL; ❺
echo $second->world() . PHP_EOL; ❻
echo $second->universe() . PHP_EOL; ❼
echo $second->abyss() . PHP_EOL; ❽
```

❶ 列印 Bob

❷ 列印 Portland

❸ 列印 2023 年

❹ 回傳 Warning，因為 ::$value 屬性是私有且不可存取的

❺ 列印 hello

❻ 列印 world

❼ 拋出 Error，因為 ::universe() 方法受到保護，並且在類別實體之外是無法存取的

❽ 由於上一行拋出的錯誤，這一行根本不會執行。如果上一行沒有拋出錯誤，那麼此
行也會拋出錯誤，因為 ::abyss() 方法是私有的，並且在類別實體之外無法存取

接下來的章節將進一步說明前面的概念，並涵蓋了一些 PHP 中物件最常見的案例與
實作。

8.1　從自訂類別實體化物件

問題

我們想要定義一個自訂類別，並從中建立一個新的物件實體。

解決方案

使用 class 關鍵字定義類別及其屬性和方法，然後使用 new 建立實體，如下所示：

```
class Pet
{
    public string $name;
    public string $species;
    public int $happiness = 0;
```

```php
    public function __construct(string $name, string $species)
    {
        $this->name = $name;
        $this->species = $species;
    }

    public function pet()
    {
        $this->happiness += 1;
    }
}

$dog = new Pet('Fido', 'golden retriever');
$dog->pet();
```

討論

上述範例中說明了物件的幾個關鍵特徵：

- 物件可以具有定義物件本身內部狀態的屬性。

- 這些物件可以具有特定的可見性。在上述範例中，物件使用 public，這表示應用程式中的任何程式碼都可以存取它們[5]。

- 只有第一次實體化物件時，神奇的 ::__construct() 方法才能接受參數。這些參數可用於定義物件的初始狀態。

- 方法也可以具有可見性，與物件屬性類似。

自 PHP 5 首次加入真正的物件導向原始型別的概念以來，許多開發人員一直在使用這種特定版本的類別定義。然而，範例 8-6 示範了一種更新且更簡單的方法來定義簡單物件（如解決方案範例中的方法）。在 PHP 8（及往後的版本）允許在建構函數本身內部定義所有內容，而非獨立宣告後再指定物件狀態和屬性。

範例 8-6　PHP 8 中的建構函數提升

```php
class Pet
{
    public int $happiness = 0;

    public function __construct(
        public string $name,
        public string $species
```

5　請查閱第 172 頁的「可見性」，瞭解關於類別內部可見性的更多背景訊息。

```
    ) {}

    public function pet()
    {
        $this->happiness += 1;
    }
}

$dog = new Pet('Fido', 'golden retriever');
$dog->pet();
```

前面兩個範例在功能上是完全相同的，並且在執行時期建立具有相同內部結構的物件。然而，PHP 將建構函數中的引數提升為物件屬性的能力，大幅度減少定義類別時需要輸入的重複程式碼數量。

每個建構函數中的引數，還允許指定與物件屬性相同的可見性（`public`、`protected`、`private`）[6]。縮寫語法表示我們不需要宣告屬性，再定義參數，然後在物件實體化時將參數對映到這些屬性上。

參閱

關於類別和物件的文件（*https://oreil.ly/TfrNb*）和建構函數提升的原始 RFC（*https://oreil.ly/nzD0s*）。

8.2 建構物件來定義預設數值

問題

我們想要替物件的屬性定義預設數值。

解決方案

為建構函數的引數定義預設數值，如下所示：

```
class Example
{
    public function __construct(
        public string $someString = 'default',
        public int $someNumber = 5
    ) {}
```

---

6 有關如何進一步將這些屬性設定為唯讀狀態的詳細說明，請參考第 8.3 節。

```
}

$first = new Example;
$second = new Example('overridden');
$third = new Example('hitchhiker', 42);
$fourth = new Example(someNumber: 10);
```

討論

類別定義中的建構函數之行為，或多或少與 PHP 中的任何其他函數類似，只是它不回傳數值。我們可以像使用標準函數一樣定義預設引數。甚至可以引用建構函數中的引數名稱來接受某些參數的預設數值，並在函數簽章中定義其他參數的預設數值。

為了更簡單扼要，上述範例透過建構函數提升來明確定義類別屬性，但舊式的詳細建構函數定義有同樣效果，如下所示：

```
class Example
{
    public string $someString;
    public int $someNumber;

    public function __construct(
        string $someString = 'default',
        int $someNumber = 5
    )
    {
        $this->someString = $someString;
        $this->someNumber = $someNumber;
    }
}
```

同樣地，如果不使用建構函數提升，我們仍然可以透過在定義物件屬性時，指定預設數值來完成初始化。倘若這樣做，我們通常會將這些參數保留在建構函數之外，並在程式的其他位置操作它們，如以下範例所示：

```
class Example
{
    public string $someString = 'default';
    public int $someNumber = 5;
}

$test = new Example;
$test->someString = 'overridden';
$test->someNumber = 42;
```

正如將在第 8.3 節中討論的一樣，我們無法直接使用預設數值來初始化唯讀的類別屬性。這相當於類別常數，因此不可以使用這樣的語法。

參閱

在第 3.2 節中有更多關於預設函數參數的說明、在第 3.3 節中關於命名函數參數，以及關於建構函數和解構函數的文件（*https://oreil.ly/WJvYY*）。

8.3　在類別中定義唯讀屬性

問題

我們希望以這樣的方式定義類別，使得在實體化時定義的屬性，在物件存在後便無法修改。

解決方案

對型別屬性使用 readonly 關鍵字：

```
class Book
{
    public readonly string $title;

    public function __construct(string $title)
    {
        $this->title = $title;
    }
}

$book = new Book('PHP Cookbook');
```

如果使用建構函數提升，請將關鍵字與屬性型別一起放置在建構函數中：

```
class Book
{
    public function __construct(public readonly string $title) {}
}

$book = new Book('PHP Cookbook');
```

討論

readonly 關鍵字是在 PHP 8.1 中加入的,目的在減少原本需要更詳細解決方法來實現相同功能的需求。使用此關鍵字,屬性只能在實體化物件時初始化,並只能用數值初始化一次。

 唯讀屬性不能有預設數值。這將使得它們在功能上等同於已經存在的類別常數,因此不會有語法的支援。然而提升的建構函數屬性可以利用引數定義中的預設數值,因為這些數值是在執行時期被計算的。

此關鍵字也只有對型別屬性有效。在 PHP 中,型別通常是可選擇的(除非使用嚴格型別 [7])以提高靈活性,因此我們的類別屬性可能*無法*設定成某種型別。倘若是這樣的情況,請改用 mixed 型別,如此才可以設定一個沒有其他型別限制的唯讀屬性。

 在撰寫本書時,靜態屬性不支援唯讀宣告。

由於唯讀屬性只能實體化一次,因此不能由其他後續程式碼移除或修改。範例 8-7 中的所有程式碼都會引發拋出 Error 例外。

範例 8-7 嘗試修改唯讀屬性產生錯誤

```
class Example
{
    public readonly string $prop;
}

class Second
{
    public function __construct(public readonly int $count = 0) {}
}

$first = new Example; ❶
$first->prop = 'test'; ❷

$test = new Second;
$test->count += 1; ❸
```

---

7 有關強制的嚴格型別,請參考第 3.4 節。

```
$test->count++;  ❹
++$test->count;  ❺
unset($test->count);  ❻
```

❶ Example 物件將具有無法存取的未初始化 ::$prop 屬性（在初始化之前存取屬性會引發 Error 例外）。

❷ 由於物件已經實體化，嘗試寫入唯讀屬性會引發 Error。

❸ 屬性 ::$count 是唯讀的，因此我們無法在沒有 Error 的情況下為其指派新值。

❹ 由於 ::$count 屬性是唯讀的，因此不能直接增加它。

❺ 我們不能透過唯讀屬性在任何方向上做增加。

❻ 我們無法取消設定的唯讀屬性。

然而，一個類別中的屬性可以是來自其他類別。在這種情況下，對屬性的唯讀宣告表示該屬性不能被覆蓋或取消設定，但對子類別的屬性卻沒有影響。例如：

```
class First
{
    public function __construct(public readonly Second $inner) {}
}

class Second
{
    public function __construct(public int $counter = 0) {}
}

$test = new First(new Second);
$test->inner->counter += 1;  ❶

$test->inner = new Second;  ❷
```

❶ 在內部的計數器增加數值將會成功，因為 ::$counter 屬性未宣告成唯讀。

❷ ::$inner 屬性是唯讀的，不能被覆蓋。嘗試這樣做會導致 Error 例外。

參閱

關於唯讀屬性的文件（*https://oreil.ly/P-AwN*）。

8.4 對不再需要的物件進行解構清理

問題

在我們的類別定義中包裝了昂貴的資源，當物件離開使用範圍時必須仔細清理該資源。

解決方案

定義一個類別解構函數，以在將物件從記憶體中刪除後進行清理，如下所示：

```
class DatabaseHandler
{
    // ...

    public function __destruct()
    {
        dbo_close($this->dbh);
    }
}
```

討論

當一個物件離開使用範圍時，PHP 會自動將用來表示該物件的任何記憶體或其他資源進行垃圾收集。然而，有時我們也可能希望在物件離開使用範圍時強制執行特定操作。這可能會釋放資料庫的控制代碼，如上述範例所示。也可以將事件明確地記錄到檔案中。或者從系統中刪除一個暫存檔案，如範例 8-8 所示。

範例 8-8 在解構函數中刪除暫存檔案

```
class TempLogger
{
    private string $filename;
    private mixed  $handle;

    public function __construct(string $name)
    {
        $this->filename = sprintf('tmp_%s_%s.tmp', $name, time());
        $this->handle = fopen($this->filename, 'w');
    }

    public function writeLog(string $line): void
    {
        fwrite($this->handle, $line . PHP_EOL);
    }
```

```
    public function getLogs(): Generator
    {
        $handle = fopen($this->filename, 'r');
        while(($buffer = fgets($handle, 4096)) !== false) {
            yield $buffer;
        }
        fclose($handle);
    }

    public function __destruct()
    {
        fclose($this->handle);
        unlink($this->filename);
    }
}

$logger = new TempLogger('test'); ❶
$logger->writeLog('This is a test'); ❷
$logger->writeLog('And another');

foreach($logger->getLogs() as $log) { ❸
    echo $log;
}

unset($logger); ❹
```

❶ 該物件將自動在目前目錄中建立一個名稱類似於 *tmp_test_1650837172.tmp* 的暫存檔案。

❷ 每個新的日誌條目,都會成為新的一行寫入暫存日誌檔案中。

❸ 存取日誌將在同一檔案中建立第二個控制代碼,但只用於讀取。該物件透過列舉檔案中的每一行的產生器公開了這個控制代碼。

❹ 當日誌記錄器從範圍中刪除(或明確取消設定)時,解構函數將關閉已開啟的檔案控制代碼,並自動刪除該檔案。

這個更複雜的範例,示範如何撰寫解構函數以及如何呼叫它。當任何物件離開範圍時,PHP 會在該物件上搜尋 ::__destruct() 方法,並在該時間點呼叫它。解構函數透過呼叫 unset() 明確地取消引用該物件,以將其從程式中刪除。使用者也可以輕鬆地將引用物件的變數設定為 null,來達到相同的結果。

與物件的建構函數不同,解構函數不接受任何參數。如果物件需要在清理完本身的同時,對任何外部狀態進行操作,請確保是透過物件本身的屬性來引用狀態。否則,將無法存取該資訊。

參閱

關於建構和解構函數的文件（*https://oreil.ly/fJMGM*）。

8.5 使用神奇方法所提供的動態屬性

問題

我們想要定義自訂類別，而不事先定義類別支援的屬性。

解決方案

使用神奇的 getter 和 setter 方式來處理動態定義的屬性，如下所示：

```
class Magical
{
    private array $_data = [];

    public function __get(string $name): mixed
    {
        if (isset($this->_data[$name])) {
            return $this->_data[$name];
        }

        throw new Error(sprintf('Property `%s` is not defined', $name));
    }

    public function __set(string $name, mixed $value)
    {
        $this->_data[$name] = $value;
    }
}

$first = new Magical;
$first->custom = 'hello';
$first->another = 'world';

echo $first->custom . ' ' . $first->another . PHP_EOL;

echo $first->unknown; // Error
```

討論

當我們引用不存在的物件屬性時，PHP 會依靠一組*神奇方法*（*magic methods*）來填補實作上的空白之處。當嘗試引用屬性時，會自動使用 getter；而在指派屬性數值時，會使用對應的 setter。

 透過神奇方法進行的屬性多載僅適用於已實體化物件。不適用於靜態的類別定義。

然後，我們就可以在內部完全控制取得和設定資料的行為。上述範例將其資料儲存在私有的關聯陣列中。我們可以透過完全實現處理 isset() 和 unset() 的神奇方法，來進一步充實這個範例。範例 8-9 將示範如何使用神奇方法，來完全複製標準類別定義的行為，並且無須事先宣告所有屬性。

範例 8-9　使用神奇方法的完整物件定義

```
class Basic
{
    public function __construct(
        public string $word,
        public int $number
    ) {}
}

class Magic
{
    private array $_data = [];

    public function __get(string $name): mixed
    {
        if (isset($this->_data[$name])) {
            return $this->_data[$name];
        }

        throw new Error(sprintf('Property `%s` is not defined', $name));
    }

    public function __set(string $name, mixed $value)
    {
        $this->_data[$name] = $value;
    }
```

```php
    public function __isset(string $name): bool
    {
        return array_key_exists($name, $this->_data);
    }

    public function __unset(string $name): void
    {
        unset($this->_data[$name]);
    }
}

$basic = new Basic('test', 22);

$magic = new Magic;
$magic->word = 'test';
$magic->number = 22;
```

在範例 8-9 中，倘若 Magic 在實體上使用的唯一動態屬性是 Basic 已定義的動態屬性，那麼兩者在功能上是等效的。這種動態特性有其價值存在，即使類別需要經過冗長的定義。我們可以選擇將遠端 API 包裝在實現神奇方法的類別之中，這樣便以物件導向的方式將 API 的資料公開給應用程式。

參閱

關於神奇方法的文件（*https://oreil.ly/1ZtlE*）。

8.6 擴充類別來定義附加的功能

問題

我們想要定義一個類別，來增加現有類別定義的功能。

解決方案

使用 extends 關鍵字，定義附加的方法或覆蓋現有的功能，如下所示：

```php
class A
{
    public function hello(): string
    {
        return 'hello';
    }
}
```

```
class B extends A
{
    public function world(): string
    {
        return 'world';
    }
}

$instance = new B();
echo "{$instance->hello()} {$instance->world()}";
```

討論

物件繼承是任何進階的程式語言都有的共同概念;這是一種在簡單的物件定義之上建構新物件的方法。上述範例說明了類別的方法定義,是如何從父類別繼承(*inherit*)過來,這是 PHP 繼承模型的核心功能。

 PHP 不支援從多個父類別繼承。為了從多個來源取得程式碼實作,PHP 利用了 *traits*,這在第 8.13 節中會完整介紹。

事實上,子類別從其父類別(擴充它的類別)繼承每個 public 和 protected 的方法、屬性和常數。private 方法、屬性和常數永遠不會被子類別繼承[8]。

子類別還可以覆蓋其父類別對特定方法的實作。實際上,我們可以藉由這樣的機制來修改特定方法的內部邏輯,但子類別公開的方法函數簽章必須與父類別定義的相符。範例 8-10 將示範子類別如何覆蓋其父類別的方法實作。

範例 *8-10* 覆蓋父類別的方法實作

```
class A
{
    public function greet(string $name): string
    {
        return 'Good morning, ' . $name;
    }
}

class B extends A
{
```

---

8 請查閱第 172 頁的「可見性」,瞭解更多關於屬性和方法可見性的說明。

```php
    public function greet(string $name): string
    {
        return 'Howdy, ' . $name;
    }
}

$first = new A();
echo $first->greet('Alice'); ❶

$second = new B();
echo $second->greet('Bob'); ❷
```

❶ 列印 Good morning, Alice

❷ 列印 Howdy, Bob

然而，子類別的覆蓋方法並不會失去父類別在方法實作上的意義。在類別中，我們可以引用 $this 變數來參考物件本身的特定實體。同樣地，我們可以引用 parent 關鍵字來參考函數父類別的實作。例如：

```php
class A
{
    public function hello(): string
    {
        return 'hello';
    }
}

class B extends A
{
    public function hello(): string
    {
        return parent::hello() . ' world';
    }
}

$instance = new B();
echo $instance->hello();
```

參閱

關於 PHP 物件繼承模型的文件和討論（*https://oreil.ly/nsAM3*）。

8.7 強制類別表現出特定行為

問題

我們希望在類別中定義方法，該方法將在應用程式的其他地方使用，也就是將方法實作留給其他人。

解決方案

定義一個物件介面並在應用程式中加以利用，如下所示：

```
interface ArtifactRepository
{
    public function create(Artifact $artifact): bool;
    public function get(int $artifactId): ?Artifact;
    public function getAll(): array;
    public function update(Artifact $artifact): bool;
    public function delete(int $artifactId): bool;
}

class Museum
{
    public function __construct(
        protected ArtifactRepository $repository
    ) {}

    public function enumerateArtifacts(): Generator
    {
        foreach($this->repository->getAll() as $artifact) {
            yield $artifact;
        }
    }
}
```

討論

介面看起來相似於類別定義，只不過它只定義特定方法的簽章（*signatures*）樣式，而無須實作它們。然而，介面也確實定義了一個可以在應用程式的其他地方使用的型別——只要類別直接實作出指定的介面，該類別的實體就可以像介面本身的型別一樣使用。

在各種情況下，我們可能會有兩個類別實作相同的方法，並在應用程式中公開相同的簽章。然而，除非這些類別明確地實現相同的介面（透過 implements 關鍵字表示），否則它們不能在嚴格型別的應用程式中互換使用。

實作必須使用 implements 關鍵字來告訴 PHP 編譯器發生了什麼事。上述範例說明了如何定義介面、以及程式碼的另一部分如何利用該介面。範例 8-11 將說明如何使用記憶體中的陣列來實作 ArtifactRepository 介面以儲存資料。

範例 8-11　明確地實作介面

```
class MemoryRepository implements ArtifactRepository
{
    private array $_collection = [];

    private function nextKey(): int
    {
        $keys = array_keys($this->_collection);
        $max = array_reduce($keys, function($c, $i) {
            return max($c, $i);
        }, 0);

        return $max + 1;
    }

    public function create(Artifact $artifact): bool
    {
        if ($artifact->id === null) {
            $artifact->id = $this->nextKey();
        }

        if (array_key_exists($artifact->id, $this->_collection)) {
            return false;
        }

        $this->_collection[$artifact->id] = $artifact;
        return true;
    }
    public function get(int $artifactId): ?Artifact
    {
        return $this->_collection[$artifactId] ?? null;
    }
    public function getAll(): array
```

```
    {
        return array_values($this->_collection);
    }
    public function update(Artifact $artifact): bool
    {
        if (array_key_exists($artifact->id, $this->_collection)) {
            $this->_collection[$artifact->id] = $artifact;
            return true;
        }

        return false;
    }
    public function delete(int $artifactId): bool
    {
        if (array_key_exists($artifactId, $this->_collection)) {
            unset($this->_collection[$artifactId]);
            return true;
        }

        return false;
    }
}
```

在整個應用程式中，任何方法都可以使用介面本身來宣告參數的型別。在解決方案範例中的 Museum 類別，將 ArtifactRepository 的具體實作視為其唯一參數。然後，此類別可以在知道儲存庫公開的 API 是什麼樣子的情況下進行操作。程式碼不在乎每個方法是如何實作的，只關心介面定義的簽章是否完全相符。

一個類別定義可以同時實作許多不同的介面。這允許不同的程式碼片段，在不同的情況下使用複雜的物件。請注意，如果兩個或多個介面定義了相同的方法名稱，則它們定義的簽章必須相同，如範例 8-12 所示。

範例 8-12　一次實作多個介面

```
interface A
{
    public function foo(): int;
}

interface B
{
    public function foo(): int;
}
```

```
interface C
{
    public function foo(): string;
}

class First implements A, B
{
    public function foo(): int ❶
    {
        return 1;
    }
}

class Second implements A, C
{
    public function foo(): int|string ❷
    {
        return 'nope';
    }
}
```

❶ 由於 A 和 B 定義了相同的方法函數簽章，因此實作是有效的。

❷ 由於 A 和 C 定義了不同的回傳型別，因此即便使用聯集型別，也無法定義實作這兩個介面的類別。嘗試這樣做會導致嚴重錯誤。

要記住，介面看起來有點像類別，因此如同類別一樣，它們可以擴充 [9]。這是透過 extends 關鍵字來達成的，並且產生一個由兩個或多個介面組成的介面，如範例 8-13 所示。

範例 8-13　複合式介面

```
interface A ❶
{
    public function foo(): void;
}

interface B extends A ❷
{
    public function bar(): void;
}

class C implements B
{
```

9　請參考第 8.6 節，瞭解有關類別繼承和擴充的更多內容。

```
    public function foo(): void
    {
        // …確切實作的內容
    }

    public function bar(): void
    {
        // …確切實作的內容
    }
}
```

❶ 任何實作 A 的類別，都必須定義 foo() 方法。

❷ 任何實作 B 的類別，都必須實作 A 中的 bar()、foo() 方法。

參閱

關於物件介面的文件（*https://oreil.ly/A8hkg*）。

8.8　建立抽象基礎類別

問題

我們希望一個類別實現特定的介面，但又希望可以定義某些其他特定的功能。

解決方案

定義一個可以擴充的抽象基礎類別，而不是實作的介面，如下所示：

```
abstract class Base
{
    abstract public function getData(): string;

    public function printData(): void
    {
        echo $this->getData();
    }
}

class Concrete extends Base
{
    public function getData(): string
    {
        return bin2hex(random_bytes(16));
```

```
    }
}

$instance = new Concrete;
$instance->printData(); ❶
```

❶ 會列印出類似 `6ec2aff42d5904e0ccef15536d8548dc` 的內容

討論

抽象類別看起來有一點像是介面與一般類別定義的組合版本。它有一些未實作的方法與部分已實現的功能一起存在著。與介面一樣,我們不能直接實體化抽象類別,反而必須先擴充後並實作其中定義的任何抽象方法。另一方面,與類別一樣,我們將自動擁有子類別實體中,基礎類別的任何 public 或 protected 的成員之存取權限 [10]。

介面和抽象類別之間的一個關鍵區別是,後者可以將屬性及方法定義整個打包在一起。事實上,抽象類別只是一種不完整實作的類別。介面不能有屬性——因為它僅僅定義任何實作物件所必須遵守的功能介面。

另一個區別是我們可以同時實作多個介面,但一次只能擴充一個類別。單就這樣的限制,就有助於描述何時利用抽象的基礎類別與介面,但也可以混合兩者一起使用!

抽象類別也可以定義 *private* 成員(私有成員不被任何子類別所繼承),否則這些成員會被可存取方法使用,如下所示:

```
abstract class A
{
    private string $data = 'this is a secret'; ❶

    abstract public function viewData(): void;

    public function getData(): string
    {
        return $this->data; ❷
    }
}

class B extends A
{
    public function viewData(): void
    {
        echo $this->getData() . PHP_EOL; ❸
```

---

10 有關類別繼承的更多內容,請參考第 8.6 節。

```
        }
    }

    $instance = new B();
    $instance->viewData(); ❹
```

❶ 透過將資料設為 private，只能在 A 的範圍中存取。

❷ 由於 ::getData() 本身是由 A 定義的，因此 $data 屬性仍然可以存取。

❸ 雖然 ::viewData() 是在 B 的範圍內定義的，但它是從 A 的範圍存取 public 方法。在 B 中的任何程式碼，都無法直接存取 A 的 private 成員。

❹ 這將在控制台中輸出 this is a secret。

參閱

關於類別抽象的文件（*https://oreil.ly/FMkcT*）。

8.9　防止修改類別及方法

問題

我們希望防止任何人修改類別的實作，或是透過子類別來擴充它們。

解決方案

使用 final 關鍵字來表示一個類別是不可加以擴充的，如下：

```
final class Immutable
{
    // 類別定義
}
```

或使用 final 關鍵字，將特定方法標記為不可修改，如下所示：

```
class Mutable
{
    final public function fixed(): void
    {
        // 方法定義
    }
}
```

討論

final 關鍵字是一種明確防止物件被擴充的方法，就像前兩個範例中所討論的機制一樣。當我們想要確保在整個程式碼中，使用方法或整個類別的特定實作時將非常有效。

將方法標記為 final 表示任何類別擴充都無法覆寫既有方法的實作。以下範例由於 Child 類別嘗試覆寫 Base 類別中的 final 方法，將引發嚴重錯誤：

```
class Base
{
    public function safe()
    {
        echo 'safe() inside Base class' . PHP_EOL;
    }

    final public function unsafe()
    {
        echo 'unsafe() inside Base class' . PHP_EOL;
    }
}

class Child extends Base
{
    public function safe()
    {
        echo 'safe() inside Child class' . PHP_EOL;
    }

    public function unsafe()
    {
        echo 'unsafe() inside Child class' . PHP_EOL;
    }
}
```

在前面的範例中，只需從子類別中省略 unsafe() 的定義就可以讓程式碼如預期般執行。但是，如果我們想阻止任何類別對基礎類別進行擴充，則可以將 final 關鍵字添加到類別定義本身中，如下所示：

```
final class Base
{
    public function safe()
    {
        echo 'safe() inside Base class' . PHP_EOL;
    }

    public function unsafe()
```

```
    {
        echo 'unsafe() inside Base class' . PHP_EOL;
    }
}
```

只有當覆寫特定方法或類別實作會破壞我們的應用程式時，才需要在程式碼中利用
final 來避免。這在實際遇到的情況中其實並不多見，但在建立靈活的介面時卻很有
用。一個具體的例子是，當應用程式引入一個介面以及該介面的具體實作時，我們的
API 將被建構成可接受任何有效的介面實作，但可能希望防止對自己的具體實作進行子
類別化（同樣是因為這樣做可能會破壞應用程式）[11]。範例 8-14 示範了如何在實際應用
程式中建構這些依賴關係。

範例 8-14　介面和具體的類別

```
interface DataAbstraction ❶
{
    public function save();
}

final class DBImplementation implements DataAbstraction ❷
{
    public function __construct(string $databaseConnection)
    {
        // 連接到一個資料庫
    }

    public function save()
    {
        // 儲存一些檔案
    }
}

final class FileImplementation implements DataAbstraction ❸
{
    public function __construct(string $filename)
    {
        // 開啟一個檔案寫入資料
    }

    public function save()
    {
        // 將資料寫入檔案
    }
}
```

---

11 有關介面的更多討論，請參考第 8.7 節。

```
    }

    class Application
    {
        public function __construct(
            protected DataAbstraction $datalayer ❹
        ) {}
    }
```

❶ 應用程式描述了任何資料抽象層都必須實作的介面。

❷ 一種具體實作將資料明確地儲存在資料庫中。

❸ 另一種實作方式使用文字檔案進行資料儲存。

❹ 應用程式並不關心我們使用什麼方式來實作，只要求完成基本介面的實作即可。我們可以使用所提供的（final）類別或定義自己的實作。

在某些情況下，我們也可能會遇到無論如何都需要擴充的 final 類別。這時可以使用的唯一方法是裝飾器（decorator）。裝飾器（*decorator*）是一個類別，它將另一個類別作為建構函數的屬性，並用附加的方式「修飾」其方法。

 然而還是可能會發生，裝飾器不允許我們迴避 final 類別的原本性質的特殊情況。這會發生在如果型別提示和嚴格型別需要將明確的類別的實體，傳遞給應用程式中的函數或另一個物件時。

例如，假設在應用程式中的函式庫定義了一個 Note 類別，該類別實作 ::publish() 方法，並將方法指定的資料發佈到社群媒體（例如 Twitter）。我們也希望這個方法還能產生指定資料的靜態 PDF 文件，通常會針對類別本身進行擴充，如範例 8-15 所示。

範例 8-15　代表性的類別擴充，沒有使用 *final* 關鍵字

```
    class Note
    {
        public function publish()
        {
            // 將 Note 的資料發佈到 Twitter…
        }
    }

    class StaticNote extends Note
    {
        public function publish()
        {
```

```
        parent::publish();

        // 同時產生 Note 資料的靜態 PDF…
    }
}

$note = new StaticNote(); ❶
$note->publish(); ❷
```

❶ 我們可以直接實體化 StaticNote 而非實體化 Note 物件。

❷ 當呼叫物件的 ::publish() 方法時，兩個類別定義都會被使用到。

如果 Note 類別是關鍵字 final 修飾的話，則我們將無法直接擴充該類別。範例 8-16 示範了如何建立一個新類別來裝飾 Note 類別，並間接擴充其功能。

範例 8-16 使用裝飾器自訂 final 類別的行為

```
final class Note
{
    public function publish()
    {
        // 將 Note 的資料發佈到 Twitter…
    }
}

final class StaticNote
{
    public function __construct(private Note $note) {}

    public function publish()
    {
        $this->note->publish();

        // 同時產生 Note 資料的靜態 PDF…
    }
}

$note = new StaticNote(new Note()); ❶
$note->publish(); ❷
```

❶ 我們可以使用此類別來包裝（或裝飾）一般的 Note 實體，而不是直接實體化 StaticNote。

❷ 當呼叫物件的 ::publish() 方法時，兩個類別定義都會被使用到。

參閱

關於 final 關鍵字的文件（*https://oreil.ly/k2ZGz*）。

8.10 clone（複製）物件

問題

我們想要建立一個物件特有的副本。

解決方案

使用 clone 關鍵字來建立物件的第二個副本，例如：

```
$dolly = clone $roslin;
```

討論

預設情況下，當物件被指定給新的變數時，PHP 將藉由參考（*by reference*）來複製物件。這表示新變數實際上是指向記憶體中的同一個物件。範例 8-17 說明了即使看起來我們已經建立了一個物件的副本，但實際上只是在處理相同資料的兩個參考。

範例 8-17 指派運算符號透過參考複製物件

```
$obj1 = (object) [ ❶
    'propertyOne' => 'some',
    'propertyTwo' => 'data',
];
$obj2 = $obj1; ❷

$obj2->propertyTwo = 'changed'; ❸

var_dump($obj1); ❹
var_dump($obj2);
```

❶ 這個特殊語法是縮寫的形式，從 PHP 5.4 開始有效，會動態地將新的關聯陣列轉換為內建 stdClass 類別的實體。

❷ 嘗試使用指派運算符號，將第一個物件複製到新實體之中。

❸ 變更「副本」物件的內部狀態。

❹ 檢查原始物件，確認其內部狀態已變更。$obj1 和 $obj2 都指向記憶體中的同一個位置；我們只是複製了對該物件的參考，而非整個物件本身！

clone 關鍵字不是複製物件參考，而是藉由數值（*by value*）將物件複製到新變數之中。這說明了所有屬性都將被複製到同一種類別的新實體之中，並且也具有原始物件的所有方法。範例 8-18 說明了這兩個物件現在是如何完全解耦的。

範例 *8-18   clone* 關鍵字藉由數值來複製物件

```
$obj1 = (object) [
    'propertyOne' => 'some',
    'propertyTwo' => 'data',
];
$obj2 = clone $obj1; ❶

$obj2->propertyTwo = 'changed'; ❷

var_dump($obj1); ❸
var_dump($obj2); ❹
```

❶ 不使用嚴格方式指派數值，而是利用 clone 關鍵字依照物件的數值建立副本。

❷ 再次變更副本的內部狀態。

❸ 檢查原始物件的狀態，顯示沒有任何變化。

❹ 然而被複製和修改的物件，顯示了先前進行的屬性修改。

如前面的範例所示，這裡需要注意的一個重要問題是，clone 是資料的淺層複製（*shallow clone*）。該操作不會向下傳遞到更深入的屬性（例如巢狀物件）。即使我們使用正確的 clone 方式，也仍然可能會形成兩個不同變數參考到記憶體中的同一個物件。範例 8-19 說明了如果要複製的物件包含更複雜的物件會發生什麼情況。

範例 *8-19   複雜資料結構的淺層複製*

```
$child = (object) [
    'name' => 'child',
];
$parent = (object) [
    'name'  => 'parent',
    'child' => $child
];
```

```php
$clone = clone $parent;

if ($parent === $clone) { ❶
    echo 'The parent and clone are the same object!' . PHP_EOL;
}

if ($parent == $clone) { ❷
    echo 'The parent and clone have the same data!' . PHP_EOL;
}

if ($parent->child === $clone->child) { ❸
    echo 'The parent and the clone have the same child!' . PHP_EOL;
}
```

❶ 比較物件時，嚴格比較只有在比較兩側的語句參考相同物件時，才會解析為 true。在這種情況下，我們已經正確地複製物件，並建立了一個全新的實體，因此比較的結果是 false。

❷ 當運算子的兩側**數值**相同，物件之間進行鬆散型別比較，其結果為 true，即使在分散的實體之間也是如此。該語句的計算結果為 true。

❸ 由於 clone 是淺層操作，因此兩個物件上的 ::$child 屬性都指向記憶體中的同一個子物件。因此該語句的計算結果為 true！

為了支援更深層的複製方式，被複製的類別必須實作一個 __clone() 神奇方法，告訴 PHP 在 clone 時要做些什麼處理。如果此方法是存在的，PHP 會在關閉類別的實體時自動呼叫它。範例 8-20 準確地呈現了在仍然使用動態類別的情況下是如何執行的。

 無法在 stdClass 實體上動態定義方法。如果要在應用程式中支援物件的深度複製，則必須直接定義一個類別或利用匿名類別，如範例 8-20 所示。

範例 8-20　物件的深度複製

```php
$parent = new class {
    public string $name = 'parent';
    public stdClass $child;

    public function __clone()
    {
        $this->child = clone $this->child;
    }
```

```
};
$parent->child = (object) [
    'name' => 'child'
];

$clone = clone $parent;

if ($parent === $clone) { ❶
    echo 'The parent and clone are the same object!' . PHP_EOL;
}

if ($parent == $clone) { ❷
    echo 'The parent and clone have the same data!' . PHP_EOL;
}

if ($parent->child === $clone->child) { ❸
    echo 'The parent and the clone have the same child!' . PHP_EOL;
}

if ($parent->child == $clone->child) { ❹
    echo 'The parent and the clone have the same child data!' . PHP_EOL;
}
```

❶ 引用的物件並不相同；因此，其結果為 false。

❷ 父物件和複製的物件具有相同的資料，因此結果為 true。

❸ ::$child 屬性也在內部複製，因此這些屬性參考不同的物件實體。這結果為 false。

❹ 兩個 ::$child 屬性都包含相同的資料，因此結果為 true。

在大多數應用程式中，我們通常會使用自訂類別定義而非匿名類別。在這種情況下，仍然可以實作神奇的 __clone() 方法來告訴 PHP，如何在必要時複製物件中更複雜的屬性。

參閱

關於 clone 關鍵字的文件（*https://oreil.ly/LqOE2*）。

8.11 定義靜態屬性與方法

問題

我們想要在類別上定義一個可用於該類別的所有實體的方法或屬性。

解決方案

使用 static 關鍵字來定義，可在物件實體外部存取的屬性或方法，例如：

```
class Foo
{
    public static int $counter = 0;

    public static function increment(): void
    {
        self::$counter += 1;
    }
}
```

討論

類別的靜態成員，可以直接從類別定義中存取程式碼的任何部分（前提是假設具有適當的可見性層級），無論該類別的實體是否以物件的形式存在。靜態屬性很有用，因為它們的行為或多或少等同於全域變數，但範圍僅限於特定的類別定義。範例 8-21 說明了在另一個函數中，呼叫全域變數與靜態類別屬性的差異。

範例 8-21　靜態屬性與全域變數

```
class Foo
{
    public static string $name = 'Foo';
}

$bar = 'Bar';

function demonstration()
{
    global $bar; ❶

    echo Foo::$name . $bar; ❷
}
```

❶ 若要存取另一個作用範圍內的全域變數，必須明確地引用全域作用範圍。鑑於我們可以在較狹窄的範圍內擁有與全域變數名稱相符的獨立變數，實際上這會令人感到困惑。

❷ 然而，可以根據類別本身的名稱直接存取類別範圍內的屬性。

更好的方式是，靜態方法提供了在直接實體化該類別的物件之前，呼叫繫結到類別的實用功能。一個常見的例子是，在建構表示序列化資料的數值物件時，很難直接從頭開始建構物件。

範例 8-22 示範了一個不允許直接實體化的類別。相反地，必須透過反序列化一些固定資料來建立實體。建構函數在類別的內部範圍之外是無法存取的，因此靜態方法是建立物件的唯一方法。

範例 8-22　靜態方法的物件實體化

```php
class BinaryString
{
    private function __construct(private string $bits) {} ❶

    public static function fromHex(string $hex): self
    {
        return new self(hex2bin($hex)); ❷
    }

    public static function fromBase64(string $b64): self
    {
        return new self(base64_decode($b64));
    }

    public function __toString(): string ❸
    {
        return bin2hex($this->bits);
    }
}

$rawData = '48656c6c6f20776f726c6421';
$binary = BinaryString::fromHex($rawData); ❹
```

❶ 私有建構函數只能在類別本身內部存取。

❷ 在靜態方法中，我們仍然可以透過特殊的 self 關鍵字來引用該類別以建立新的物件實體。這允許存取私有建構函數。

❸ 每當 PHP 嘗試直接將物件強制轉換為字串時（如嘗試將其內容 echo 到控制台），就會呼叫神奇的 __toString() 方法。

❹ 不要使用 new 關鍵字建立物件，而是直接使用專屬建構的靜態反序列化方法。

靜態方法和屬性都受到與它們的非靜態對等物相同的可見性限制。請注意，將任一標記為 private 表示它們只能被彼此引用，或被類別本身內的非靜態方法引用。

由於靜態方法和屬性不會直接繫結到物件實體中，因此我們無法以一般的物件繫結存取器來存取它們。相反地，直接使用類別名稱和作用域解析運算子（雙冒號或 ::），例如，存取屬性使用 Foo::$bar，存取方法使用 Foo::bar()。在類別定義本身中，我們可使用 self 作為類別名稱的縮寫，或使用 parent 作為父類別名稱的縮寫（如果使用繼承）。

如果我們有權存取該類別的物件實體，就可以使用該物件的名稱（而非類別名稱）來存取其靜態成員。例如，可以使用 $foo::bar() 來存取名為 $foo 在物件類別定義上的靜態 bar() 方法。雖然方式是正確的，但可能會使其他開發人員更難以理解我們正在使用哪個類別定義，因此如果有需要，應該謹慎使用這種語法。

參閱

關於 static 關鍵字的文件（*https://oreil.ly/tlxjn*）。

8.12　列舉在物件中的私有屬性或方法

問題

我們想要列舉物件的屬性或方法，並使用其私有成員。

解決方案

使用 PHP 的 Reflection API 列舉屬性和方法。例如：

```
$reflected = new ReflectionClass('SuperSecretClass');

$methods = $reflected->getMethods(); ❶
$properties = $reflected->getProperties(); ❷
```

討論

PHP 的 Reflection API 賦予開發人員強大的能力，來檢查其應用程式的所有元素。我們可以列舉方法、屬性、常數、函數引數等等。也可以忽略提供給每個物件的私有性，直接呼叫物件上的 private 方法。範例 8-23 說明了如何使用 Reflection API 直接呼叫明確的私有方法。

範例 8-23　使用 Reflection 違反類別私有性

```
class Foo
{
    private int $counter = 0; ❶

    public function increment(): void
    {
        $this->counter += 1;
    }

    public function getCount(): int
    {
        return $this->counter;
    }
}

$instance = new Foo;
$instance->increment(); ❷
$instance->increment(); ❸

echo $instance->getCount() . PHP_EOL; ❹

$instance->counter = 0; ❺

$reflectionClass = new ReflectionClass('Foo');
$reflectionClass->getProperty('counter')->setValue($instance, 0); ❻

echo $instance->getCount() . PHP_EOL; ❼
```

❶ 範例的類別有一個單獨的私有屬性，用來維護內部計數器。

❷ 我們希望將計數器增加一點，超過其預設數值。目前是 1。

❸ 額外的增加將計數器設定為 2。

❹ 此時，列印出計數器的狀態將確認為 2。

❺ 嘗試直接與計數器互動，將導致拋出 Error，因為該屬性是私有的。

---

❻ 透過 Reflection API，我們可以與物件成員進行互動，無論其隱私設定為何。

❼ 現在我們可以將計數器確實重置為 0。

Reflection API 是一種強大的方法，可以繞過類別公開 API 中的可見性修飾符號。然而，在生產應用程式中使用它，表示可能是介面或系統結構設計不良。如果程式碼需要存取類別的 private 成員，則一開始就應該是 public，或者需要建立適當的存取方法。

Reflection API 的唯一合法用途是用來檢查和修改物件的內部狀態。在應用程式中，這樣的行為應僅限於類別的公開 API。然而在測試過程中，可能需要以 API 在一般操作期間不支援的方式，調整測試執行時期的物件狀態[12]。這些罕見的情況可能需要重置內部計數器，或呼叫其他類別中所包含的私有清理方法。這時 Reflection 就證明了它的功能。

不過，在一般應用程式開發過程中，Reflection 與像 var_dump() 的函數呼叫（*https://oreil.ly/HXVwr*）相結合，有助於消除從廠商所匯入的程式碼中，定義的類別的內部操作所產生的歧義。對於自識序列化物件或第三方整合可能會很有用，但請注意不要將這種自識延伸到產品中。

參閱

PHP 的 Reflection API 概述（*https://oreil.ly/C49RP*）。

8.13　在類別之間重複使用任意程式碼

問題

我們希望在多個類別之間共用特定的功能，而不是透過類別來擴充。

解決方案

使用 use 語句來匯入 Trait（特徵），例如：

```
trait Logger
{
    public function log(string $message): void
    {
        error_log($message);
    }
```

---

12 在第 13 章會詳細討論測試和除錯。

```
    }

    class Account
    {
        use Logger; ❶

        public function __construct(public int $accountNumber)
        {
            $this->log("Created account {$accountNumber}.");
        }
    }

    class User extends Person
    {
        use Logger; ❷

        public function authenticate(): bool
        {
            // ...
            $this->log("User {$userId} logged in.");
            // ...
        }
    }
```

❶ Account 類別會從我們的 Logger 特徵匯入記錄的功能，並且可以使用其方法，就好像它們是自己定義的原生方法一樣。

❷ 同樣地，User 類別對 Logger 方法具有原生等級存取權限，即使擴充成為具有附加功能的 Person 類別。

討論

如第 8.6 節所討論的內容，PHP 中的一個類別最多可以從另一個類別衍生出來。這稱為**單一繼承**（*single inheritance*），這也是 PHP 以外其他語言的一種特性。幸運的是，PHP 公布了一種名為 *Traits*（特徵）的程式碼重複使用的附加機制。Trait 機制允許將某些功能封裝在單獨的近似類別定義之中，可以輕鬆匯入這個定義，而不會破壞單一繼承。

Trait 看起來有點像類別，但不能直接實體化。相反地，由 Trait 定義的方法需要透過 use 語句匯入到另一個類別定義中。在不共用繼承樹的情況下，允許類別之間重複使用程式碼。

Trait 使我們能夠定義通用的方法（具有不同的方法可見性）和定義之間共用的屬性。也可以在匯入 Trait 的類別中覆寫所預設的可見性。範例 8-24 說明了如何將 Trait 中定義的 public 方法匯入到另一個類別中作為 protected 方法或甚至是 private 方法。

範例 8-24　覆蓋 Trait 中定義的方法的可見性

```
trait Foo
{
    public function bar()
    {
        echo 'Hello World!';
    }
}

class A
{
    use Foo { bar as protected; } ❶
}

class B
{
    use Foo { bar as private; } ❷
}
```

❶ 此語法將匯入 Foo 中定義的每個方法，但會明確地使其 ::bar() 方法在類別 A 的範圍內受到保護。這表示只有類別 A（或其子類別）的實體才能呼叫此方法。

❷ 同樣地，類別 B 將其匯入的 ::foo() 方法的可見性修改為私有，因此只有類別 B 的實體可以直接存取該方法。

Trait 可以依照我們想要的深度層級結合在一起，這意味著一個 Trait 可以像類別一樣輕鬆地使用另一個 Trait。同樣地，無論是透過其他 Trait 或類別定義所匯入的 Trait，在數量上也沒有限制。

如果匯入一個 Trait（或多個 Trait）的類別定義了與 Trait 同名的方法，則類別的版本將優先並預設使用。範例 8-25 說明了優先順序在預設下是如何執行的。

範例 8-25　Traits 中的方法優先順序

```
trait Foo
{
    public function bar(): string
    {
        return 'FooBar';
    }
```

```php
}

class Bar
{
    use Foo;
    public function bar(): string
    {
        return 'BarFoo';
    }
}

$instance = new Bar;
echo $instance->bar(); // 輸出 BarFoo
```

在某些情況下，我們可能會匯入多個定義了相同方法的 Trait。在這些情況下，我們可以在定義 use 語句時，明確地指定要在最終類別中使用哪個版本的方法，如下所示：

```php
trait A
{
    public function hello(): string
    {
        return 'Hello';
    }

    public function world(): string
    {
        return 'Universe';
    }
}

trait B
{
    public function world(): string
    {
        return 'World';
    }
}

class Demonstration
{
    use A, B {
        B::world insteadof A;
    }
}

$instance = new Demonstration;
echo "{$instance->hello()} {$instance->world()}!"; // 輸出 Hello World!
```

與類別定義一樣，Trait 也可以定義屬性甚至靜態成員。它們提供了一種有效的方式，讓我們可以將操作邏輯定義轉換為可重複使用的程式碼區塊，並在應用程式中的類別之間共用相關邏輯。

參閱

關於 Trait 的文件（*https://oreil.ly/syk0E*）。

## 第九章

安全性與加密

由於執行時期的寬容性，PHP 是一種非常易於使用的語言。即使犯了某些錯誤，PHP 也會嘗試推斷我們想要做什麼，並且通常會以正常方式繼續執行我們的程式。不幸的是，這種優勢也被一些開發人員視為主要缺點。因為太過寬容，PHP 允許大量「壞」程式碼像正確的程式碼一樣繼續執行。

更糟的是，大部分「壞」程式碼都在一些教學網站中出現，導致開發人員將其複製、貼上到自己的專案中，因此掉入惡性循環之中。PHP 在執行時期的寬容性和悠久的歷史，導致人們誤認為 PHP 本身是不安全的。事實上，任何程式語言都很容易以不安全的方式被使用。

PHP 原生支援快速、輕鬆地過濾惡意輸入和清理使用者資料的能力。在網路環境中，這種實用性對於保護使用者資訊免受惡意輸入或攻擊格外重要。PHP 還公開了定義良好的函數，用於在身分驗證期間安全地進行雜湊和密碼驗證。

PHP 的預設密碼雜湊和驗證函數，都利用了安全雜湊演算法和常數時間的安全實作。這可以保護我們的應用程式免受立即的攻擊，例如使用計時資訊來嘗試擷取內容的攻擊。倘若自行實作雜湊（或驗證）的功能，可能會使應用程式面臨 PHP 先前已考慮過的風險。

這個語言使得密碼學——無論是加密還是簽章——對開發人員來說都變得簡單。提供原生的進階介面，可以避免受其他容易犯錯的地方所影響[1]。事實上，PHP 是最簡單的語言之一，開發人員可以在其中利用強大的現代加密技術，而無須依賴第三方額外擴充或實作！

傳統加密

早期的 PHP 版本中，附帶了一個名稱為 mcrypt 的擴充（*https://oreil.ly/I7stH*）。此擴充功能公開了較低階的 mcrypt 函式庫，使開發人員能夠輕鬆利用各種密碼和雜湊演算法。它在 PHP 7.2 中被刪除，以較新的 Sodium 擴展取而代之，但仍然可以透過 PHP 擴充社群函式庫（PHP Extension Community Library，PECL）手動安裝[2]。

 雖然 mcrypt 函式庫仍然可用，但十多年來沒有更新，並不建議用於新專案。對於任何新的加密需求，請使用 PHP 對 OpenSSL 的繫結或原生的 Sodium 擴充功能。

PHP 也支援透過擴充直接使用 OpenSSL 函式庫（*https://oreil.ly/cYNB2*）。這在建置需要與舊有的加密函式庫保有互通性的系統時就相當重要了。然而該擴充並未將 OpenSSL 的完整功能提供給 PHP，因此需要檢視一下公開的函數（*https://oreil.ly/Y8xEK*）和特性，有助於確保 PHP 在應用程式的實作上是否有用。

無論如何，較新的 Sodium 介面支援 PHP 中廣泛的加密操作，並且應該優先於 OpenSSL、mcrypt。

Sodium

PHP 於 2017 年底發佈的版本 7.2 中，正式加入了 Sodium（*https://oreil.ly/gH1Va*）擴充（也稱為 *LibSodium*）作為核心擴充[3]。該函式庫支援加密、加密簽章、密碼雜湊等的進階抽象功能。它本身是早期的專案的開放原始碼分支，該專案是由 Daniel J. Bernstein 建立的網路和密碼函式庫（NaCl，Networking and Cryptography Library）（*https://nacl.cr.yp.to*）。

---

1 2022 年的 OpenJDK Psychic Signatures 錯誤（*https://oreil.ly/uvYXZ*）說明了，加密身分驗證中的錯誤不僅可能會暴露應用程式，而且可能暴露**整個語言的實作**給惡意行為者的潛在濫用。這個錯誤主要是由於實作錯誤所造成的，這進一步強調了在使用加密系統時，需要依賴可靠、經過驗證、充分測試過的原始型別是多麼重要。

2 有關原生擴充功能的討論，請參考第 15 章。

3 有關將此擴充功能添加到 PHP 核心的過程的完整細節，請參考原始 RFC（*https://oreil.ly/6X4AF*）。

這兩個專案都為需要處理加密的開發人員，提供了易於使用、高速的工具。其公開介面明確、嚴格的特性旨在希望強化密碼學的**安全性**，並且可避免其他低階工具所帶來的陷阱。提供明確、嚴格的介面定義，可以幫助開發人員對演算法實作和預設數值做出正確的選擇，因為在這些選擇（和潛在的錯誤）已被完全抽象化，並以安全、簡單的函數形式呈現以提供日常使用。

> Sodium 及其公開的介面的唯一問題是缺乏簡潔性。每個函數都以 sodium_ 為前綴字串，並且每個常數也都以 SODIUM_ 為前綴字串。函數和常數的名稱的強烈描述性，使得很容易理解程式碼中發生的事情。然而，這也會導致非常冗長並且分散注意力的函數名稱，例如 sodium_crypto_sign_ keypair_from_secretkey_and_publickey()。

雖然 Sodium 被打包成為 PHP 的核心擴充，但它也公開幾種其他語言的繫結方式（*https://oreil.ly/L9JPp*）。可以與從 .NET 到 Go、Java 到 Python 的所有語言完全互通。

與許多其他加密函式庫不同，Sodium 主要關注需要經過身分驗證（*authenticated*）的加密。每個資料片段都會自動與一個身分驗證標籤做配對，讓函式庫可使用該身分驗證標籤來驗證底層明文的完整性。如果此標籤遺失或無效，則函式庫會拋出錯誤，來提醒開發人員關聯的明文是不可靠的。

這種身分驗證的使用並不是唯一的，例如進階加密標準（Advanced Encryption Standard，AES）的伽羅瓦 / 計數器模式（Galois/Counter Mode，GCM）等，都有效地執行相同的操作。然而，其他函式庫通常將身分驗證和身分驗證標籤的驗證留給開發人員處理。有許多教學、書籍和堆疊溢位的討論，都說明 AES 的正確實作，但忽略對附加訊息的 GCM 標籤的驗證！Sodium 擴充抽象化了身分驗證（authentication）和驗證（validation），並提供了清晰、簡潔的實現，如範例 9-1 所示。

範例 *9-1 Sodium* 中經過身分驗證的加密和解密

```
$nonce = random_bytes(SODIUM_CRYPTO_SECRETBOX_NONCEBYTES); ❶

$key = random_bytes(SODIUM_CRYPTO_SECRETBOX_KEYBYTES); ❷

$message = 'This is a super secret communication!';

$ciphertext = sodium_crypto_secretbox($message, $nonce, $key); ❸

$output = bin2hex($nonce . $ciphertext); ❹

// 解碼、解密與前面的步驟相反
```

```
$bytes = hex2bin($input);  ❺
$nonce = substr($bytes, 0, SODIUM_CRYPTO_SECRETBOX_NONCEBYTES);
$ciphertext = substr($bytes, SODIUM_CRYPTO_SECRETBOX_NONCEBYTES);

$plaintext = sodium_crypto_secretbox_open($ciphertext, $nonce, $key);  ❻

if ($plaintext === false) {  ❼
    throw new Exception('Unable to decrypt!');
}
```

❶ 加密演算法是可預估的——相同的輸入總是產生相同的輸出。為了確保使用相同金鑰，加密同樣資料會傳回不同輸出，我們需要使用隨機的 *nonce*（使用一次的數字）每次初始化演算法。

❷ 對於對稱加密，可以利用單一共用金鑰來加密和解密資料。雖然此範例中的金鑰是隨機的，但我們可能會將此加密金鑰儲存在應用程式以外的某個位置，進行妥善保管。

❸ 加密步驟非常簡單。Sodium 為我們選擇演算法和密碼模式，只需提供訊息、隨機 nonce 和對稱金鑰。底層函式庫會完成剩下的工作！

❹ 匯出加密數值（無論是發送給另一方或儲存在磁碟上）時，我們需要追蹤隨機 nonce 和後續的密文。隨機 nonce 本身並非秘密，因此將其與加密數值一起以明文形式儲存是安全的（並且被鼓勵的）。將原始位元從二進制轉換為十六進制，是為 API 請求準備資料或儲存在資料庫欄位中的有效方法。

❺ 由於加密內容以十六進制編碼作為輸出，因此我們必須先將內容解碼回原始位元，然後分離 nonce 和密文部分再繼續解密。

❻ 若要從加密欄位中取出明文內容，需要提供密文及其關聯的 nonce、原始加密金鑰。函式庫取出明文位元資料並傳回給我們。

❼ 在內部，加密函式庫也會在每個加密訊息上新增（並驗證）身分驗證標籤。如果在解密過程中無法驗證，Sodium 將傳回 false 而非原始明文。這是通知我們，表示訊息已被篡改（無論有意或無意），都不應該信任。

Sodium 還採用了一種高效處理公鑰加密的有效方法。在此範例中，加密使用一個金鑰（已知或公開的金鑰），而解密則使用了只有訊息接收者知道的完全不同的金鑰。當兩個獨立通訊窗口藉由不受信任的媒介交換資料時（例如透過公共網際網路使用者與其銀行之間交換資訊），這種由兩個部分所組成的金鑰是非常理想的系統。事實上，現代網路上大多數網站使用的 HTTPS 連線，都在瀏覽器內部運用了公鑰加密技術。

在 RSA 等舊有的系統中，我們需要產生相對較大的加密金鑰才能安全地交換資訊。2022 年，RSA 的最小建議金鑰大小為 3,072 位元；在許多情況下，開發人員將預設使用 4,096 位元，以保持金鑰的安全性以應對未來運算能力的增強。在某些情況下，處理這種大小的金鑰可能會很困難。此外傳統的 RSA 只能加密 256 位元的資料。如果我們想要加密較大的訊息，則必須執行以下操作：

1. 建立 256 位元隨機金鑰。

2. 使用該 256 位元金鑰對稱（*symmetrically*）加密訊息。

3. 使用 RSA 加密對稱金鑰。

4. 共用加密訊息和保護它的加密金鑰。

這是一個可實現的解決方案，但所涉及的步驟很容易變得複雜，並為一個正在建構恰好匯入加密功能的專案的開發團隊，帶來不必要的複雜性。慶幸的是，Sodium 幾乎完全解決了這個問題！

Sodium 的公鑰介面利用橢圓曲線加密技術（Elliptic-Curve Cryptography，ECC）而非 RSA。RSA 使用質數和指數運算，來建立用於加密的雙金鑰系統的已知（公用）和未知（私有）部分。相反地，ECC 使用幾何和特定的算術形式來完善定義橢圓曲線。RSA 的公有和私有部分是用來指數運算的數字，而 ECC 的公用和私有部分是幾何曲線上的文字 *x* 和 *y* 座標。

有了 ECC，256 位元金鑰的強度相當於 3,072 位元 RSA 金鑰（*https://oreil.ly/o2kne*）。此外，Sodium 選擇的加密原始型別表示它的金鑰只是數字（而不是像大多數其他 ECC 實作那樣的 *x*、*y* 座標）——256 位元 ECC 金鑰對 Sodium 來說只是一個 32 位元整數！

Sodium 完全抽象化開發人員所需要「建立隨機對稱金鑰並單獨加密」的工作流程，使得非對稱加密在 PHP 中就更加單純，如範例 9-1 所示的對稱加密。範例 9-2 更明確地說明了這種形式的加密是如何執行的，以及訊息雙方之間所需的金鑰交換。

範例 9-2　Sodium 中的非對稱加密與解密

```
$bobKeypair = sodium_crypto_box_keypair(); ❶
$bobPublic = sodium_crypto_box_publickey($bobKeypair); ❷
$bobSecret = sodium_crypto_box_secretkey($bobKeypair);

$nonce = random_bytes(SODIUM_CRYPTO_SECRETBOX_NONCEBYTES); ❸

$message = 'Attack at dawn.';
```

```
$alicePublic = '...'; ❹

$keyExchange = sodium_crypto_box_keypair_from_secretkey_and_publickey( ❺
    $bobSecret,
    $alicePublic
);

$ciphertext = sodium_crypto_box($message, $nonce, $keyExchange); ❻

$output = bin2hex($nonce . $ciphertext); ❼

// 反相解密訊息金鑰交換過程
$keyExchange2 = sodium_crypto_box_keypair_from_secretkey_and_publickey( ❽
    $aliceSecret,
    $bobPublic
);

$plaintext = sodium_crypto_box_open($ciphertext, $nonce, $keyExchange2); ❾

if ($plaintext === false) { ❿
    throw new Exception('Unable to decrypt!');
}
```

❶ 實際上，雙方將在本機端產生其成對的公鑰、私鑰，並直接發佈其公鑰。函數 sodium_crypto_box_keypair() 每次都會建立一組隨機成對金鑰，因此，我們只需執行一次操作，只要密鑰保持私有狀態即可。

❷ 成對的公鑰、密鑰部分都可以單獨提取。這使得只需提取公鑰部分，並將其傳送給第三方變得更加容易，而且還使得私鑰可單獨用於之後的交換操作中。

❸ 與對稱加密一樣，每個非對稱加密操作都需要一個隨機 nonce。

❹ Alice 的公鑰可能是直接透過通訊管道發佈的，或者已經是已知的。

❺ 這裡的金鑰交換不是用來協商新的金鑰。其目的只是將 Bob 的密鑰與 Alice 的公鑰結合起來，為 Bob 加密一則只能由 Alice 讀取的訊息做準備。

❻ 同樣地，Sodium 選擇所涉及的演算法和密碼模式。我們需要做的就是提供資料、隨機 nonce 和金鑰，函式庫會完成剩下的工作。

❼ 發送訊息時，將隨機 nonce 和密文連接在一起，然後將原始位元編碼為更容易透過 HTTP 通道發送的內容是很有用的。十六進制是常見選擇，但 Base64 編碼也同樣有效。

❽ 在接收端，Alice 需要將自己的密鑰與 Bob 的公鑰結合起來，才能解密只能由 Bob 加密的訊息。

❾ 取出明文，就像第 6 步中的加密一樣簡單！

❿ 與對稱加密一樣，此操作是經過身分驗證的。如果加密因任何原因失敗（例如 Bob 的公鑰無效）或身分驗證標籤無法通過驗證，Sodium 會傳回數值 `false`，表示訊息為不可信的。

隨機性

在加密領域中，利用適當的隨機來源對於保護任何型別的資料至關重要。過去的教學文件中大量參考 PHP 的 `mt_rand()`（*https://oreil.ly/HeBSd*）函數，這是一個基於梅森旋轉演算法（Mersenne Twister algorithm）的模擬隨機數產生器。

不幸的是，雖然這個函數的輸出，對於不經意的使用者來說似乎是隨機的，但它並非是加密安全的隨機來源。相反地，PHP 的 `dom_bytes()`（*https://oreil.ly/_eYh6*）和 `random_int()`（*https://oreil.ly/YWQs8*）函數可用於任何關鍵值的操作。這兩個函數都利用了內建於本機作業系統中的加密安全的隨機來源。

 偽加密安全隨機數產生器（*cryptographically secure pseudorandom number generator*，CSPRNG）是一種輸出與隨機雜訊無法區分的產生器。像 Mersenne Twister 這樣的演算法，稱得上是「足夠隨機」，可以愚弄一般人，讓他們誤認為自己是安全的。事實上，只需要一系列先前的輸出，電腦很容易預測甚至破解它們。如果攻擊者能夠可靠地預測隨機數生器的輸出數值，就可以解密我們試圖基於產生器保護的任何內容！

以下章節涵蓋了 PHP 中一些最重要的安全和加密相關概念。我們將學習輸入驗證、正確的密碼儲存以及使用 PHP 的 Sodium 介面。

9.1 過濾、驗證和清理使用者輸入

問題

我們希望將來自不受信任的使用者所提供的特定數值，用於應用程式的其他地方之前，對其進行驗證。

解決方案

使用 filter_var() 函數，驗證該數值是否符合特定期望，如下所示：

```
$email = $_GET['email'];

$filtered = filter_var($email, FILTER_VALIDATE_EMAIL);
```

討論

PHP 的過濾擴充功能，可讓我們驗證資料是否與特定格式及型別進行比對，或清理未通過驗證的任何資料。驗證（validation）與清理（sanitization）這兩個選項之間的細微區別在於，清理會從數值中剔除無效字元，而如果最終清理後的輸入不是有效型別，則驗證會回傳 false。

在上述範例中，不受信任的使用者輸入，被明確地驗證為有效的電子郵件地址。範例 9-3 呈現這種形式的驗證在多個潛在輸入上的行為。

範例 9-3　測試驗證電子郵件

```
function validate(string $data): mixed
{
    return filter_var($data, FILTER_VALIDATE_EMAIL);
}

validate('blah@example.com'); ❶
validate('1234'); ❷
validate('1234@example.com<test>'); ❸
```

❶ 回傳 blah@example.com

❷ 回傳 false

❸ 回傳 false

前面範例的替代方法是清理使用者輸入的資料，以便從中刪除無效字元。清理的結果是與特定字元集進行比對，但不能保證結果是有效輸入。例如範例 9-4 會正確清理每個可能的輸入字串，即使有兩個結果都是無效的電子郵件地址。

範例 9-4　測試清理電子郵件

```
function sanitize(string $data): mixed
{
    return filter_var($data, FILTER_SANITIZE_EMAIL);
```

```
    }

    sanitize('blah@example.com');  ❶
    sanitize('1234');  ❷
    sanitize('1234@example.com<test>');  ❸
```

❶ 回傳 blah@example.com

❷ 回傳 1234

❸ 回傳 1234@example.comtest

使用者想要對輸入資料進行清理或驗證，很大程度上取決於期望將資料結果用於什麼目的。如果我們只想將無效字元排除在資料儲存引擎之外，那麼清理可能是正確的方法。如果想確保資料在預期的字元集內，並且又是有效的內容，資料驗證就是一種安全的工具。

基於 PHP 中各種類型的過濾器，filter_var() 函數同樣支援這兩種方法。具體來說，PHP 支援驗證過濾器（見表 9-1）、清理過濾器（見表 9-2），以及不屬於任何類別的過濾器（見表 9-3）。filter_var() 函數還支援可選擇的第三個旗標參數，可以更精細地控制過濾操作的整體輸出。

表 9-1　PHP 支援的驗證過濾器

ID	選項	旗標	描述
FILTER_ VALIDATE_ BOOLEAN	default	FILTER_NULL_ON_FAILURE	對於真值（1、true、on 以及 yes）傳回 true，否則傳回 false。
FILTER_ VALIDATE_ DOMAIN	default	FILTER_FLAG_HOSTNAME、 FILTER_NULL_ON_FAILURE	驗證網域名稱長度是否對各種 RFC 有效。
FILTER_ VALIDATE_ EMAIL	default	FILTER_FLAG_EMAIL_UNICODE、 FILTER_NULL_ON_FAILURE	根據 RFC 822（*https://oreil.ly/iHPaR*）文件中的語法驗證電子郵件地址。
FILTER_ VALIDATE_ FLOAT	default、 decimal、 min_range、 max_range	FILTER_FLAG_ALLOW_THOUSANDS、 FILTER_NULL_ON_FAILURE	驗證數值是否為浮點數，可選擇是否在指定範圍內，並在成功時轉換為該類型。
FILTER_ VALIDATE_ INT	default、 max_range、 min_range	FILTER_FLAG_ALLOW_OCTAL、 FILTER_FLAG_ALLOW_HEX、 FILTER_NULL_ON_FAILURE	驗證數值是否為整數，可選擇是否在指定範圍內，並在成功時轉換為該類型。

ID	選項	旗標	描述
FILTER_ VALIDATE_IP	default	FILTER_FLAG_IPV4、 FILTER_FLAG_IPV6、 FILTER_FLAG_NO_PRIV_RANGE、 FILTER_FLAG_NO_RES_RANGE、 FILTER_NULL_ON_FAILURE	驗證數值是否為 IP 位址。
FILTER_ VALIDATE_ MAC	default	FILTER_NULL_ON_FAILURE	驗證數值是否為 MAC 位址。
FILTER_ VALIDATE_ REGEXP	default、 regexp	FILTER_NULL_ON_FAILURE	對 Perl 相容的正規表示式驗證數值。
FILTER_ VALIDATE_ URL	default	FILTER_FLAG_SCHEME_REQUIRED、 FILTER_FLAG_HOST_REQUIRED、 FILTER_FLAG_PATH_REQUIRED、 FILTER_FLAG_QUERY_REQUIRED、 FILTER_NULL_ON_FAILURE	根據 RFC 2396 驗證是否為 URL（*https://oreil.ly/KiLd3*）。

表 9-2　PHP 支援的清理過濾器

ID	旗標	描述
FILTER_SANITIZE_EMAIL		刪 除 字 母、 數 字 和 +!#$%&'*+-=?^_`{|}~@.[] 之外的所有字元。
FILTER_SANITIZE_ENCODED	FILTER_FLAG_STRIP_LOW、 FILTER_FLAG_STRIP_HIGH、 FILTER_FLAG_STRIP_BACKTICK、 FILTER_FLAG_ENCODE_HIGH、 FILTER_FLAG_ENCODE_LOW	URL 編碼字串，可選擇刪除或編碼特殊字元。
FILTER_ SANITIZE_ADD_SLASHES		套用於 addslashes()。
FILTER_SANITIZE_ NUMBER_FLOAT	FILTER_FLAG_ALLOW_FRACTION、 FILTER_FLAG_ALLOW_THOUSANDS、 FILTER_FLAG_ALLOW_SCIENTIFIC	刪除數字、加號和減號以及可選擇的句點、逗號、大寫和小寫科學記號 *E* 之外的所有字元。
FILTER_SANITIZE_ NUMBER_INT		刪除數字和加減號之外的所有字元。
FILTER_SANITIZE_ SPECIAL_CHARS	FILTER_FLAG_STRIP_LOW、 FILTER_FLAG_STRIP_HIGH、 FILTER_FLAG_STRIP_BACKTICK、 FILTER_FLAG_ENCODE_HIGH	HTML 編碼 '"<>& 以及 ASCII 數值小於 32 的字元，可選擇刪除或編碼其他特殊字元。

ID	旗標	描述
FILTER_SANITIZE_FULL_SPECIAL_CHARS	FILTER_FLAG_NO_ENCODE_QUOTES	等同於使用 ENT_QUOTES 設定呼叫 htmlspecialchars() 函數。
FILTER_SANITIZE_URL		刪除 URL 中有效字元之外的所有字元。

表 9-3　PHP 支援的雜項過濾器

ID	選項	旗標	描述
FILTER_CALLBACK	callable 函數或方法	所有旗標將被忽略	呼叫使用者定義的函數來過濾資料。

驗證過濾器還可以在執行時期接受一個選項陣列。這使我們能夠對特定範圍（用於數字檢查）編碼，甚至在特定使用者輸入未通過的驗證時，回到預設數值。

例如，假設正在建立一個購物車，允許使用者指定他們想要購買的商品數量。顯然地，數值必須大於零且小於可用的總庫存數。範例 9-5 中所示的方法，將強制該數值成為特定邊界之間的整數，否則將退回到 1。如此使用者就不會意外訂購超出我們所擁有的商品數量、負值的商品數量、部分商品數量或某些非數字的數量。

範例 9-5　驗證具有邊界和預設數值的整數數值

```php
function sanitizeQuantity(mixed $orderSize): int
{
    return filter_var(
        $orderSize,
        FILTER_VALIDATE_INT,
        [
            'options' => [
                'min_range' => 1,
                'max_range' => 25,
                'default'   => 1,
            ]
        ]
    );
}

echo sanitizeQuantity(12) . PHP_EOL; ❶
echo sanitizeQuantity(-5) . PHP_EOL; ❷
echo sanitizeQuantity(100) . PHP_EOL; ❸
echo sanitizeQuantity('banana') . PHP_EOL; ❹
```

❶ 數量檢查並回傳 12。

❷ 負整數驗證出現錯誤，因此回傳預設數值 1。

❸ 輸入超出最大範圍，因此回傳預設數值 1。

❹ 非數字輸入將回傳預設數值 1。

參閱

關於 PHP 資料過濾的擴充功能的文件（*https://oreil.ly/UX_Hs*）。

9.2　將敏感憑證排除在應用程式碼之外

問題

我們的應用程式需要利用密碼或 API 金鑰，並且希望避免將該敏感憑證寫入程式碼中，或提交至版本控制。

解決方案

將憑證儲存在執行應用程式的伺服器公開的環境變數中。然後在程式碼中參考相關的環境變數。例如：

```
$db = new PDO($database_connection, getenv('DB_USER'), getenv('DB_PASS'));
```

討論

許多開發人員在起初的職業生涯中，常見的一個錯誤就是將敏感系統的憑證資料寫死在常數或應用程式碼的其他位置。雖然這樣的做法可讓這些憑證對應用程式邏輯輕鬆使用，但也為我們帶來了嚴重的風險。

我們可能會意外地使用到開發帳戶中的生產憑證。攻擊者可能會在意外的公開儲存庫中發現索引的憑證。員工可能會濫用他們對憑證的知識，因此超出了預期的用途。

在生產環境中，最好的憑證是那些人類未知和未接觸的憑證。只將這些憑證資料保留在產品執行的環境中，並使用**單獨的帳號**進行開發及測試是個好主意。利用程式碼中的環境變數，讓我們的應用程式能夠更加靈活，可以在任何地方執行，因為其使用的是繫結到環境本身的憑證，而非寫死的憑證。

PHP 的內建資訊系統 phpinfo() 函數,時常用於開發時期的除錯,會自動
條列所有環境變數。一旦我們開始使用系統環境來儲存敏感憑證資訊,需
要格外小心,避免在應用程式的公開可存取部分使用到詳細的除錯工具,
例如 phpinfo()!

配置環境變數的方法會因系統而異。在 Apache 驅動的系統中,我們可以使用
<VirtualHost> 指令中的 SetEnv 關鍵字來設定環境變數,如下所示:

```
<VirtualHost myhost>
...
SetEnv DB_USER "database"
SetEnv DB_PASS "password1234"
...
</VirtualHost>
```

在 NGINX 驅動的系統中,只有當 PHP 作為 FastCGI 行程執行時,我們才能為 PHP 設
定環境變數。與 Apache 的 SetEnv 類似,會透過 NGINX 配置設定的 location 指令的關
鍵字來完成,如下所示:

```
location / {
    ...
    fastcgi_param DB_USER database
    fastcgi_param DB_PASS password1234
    ...
}
```

另外,Docker 驅動的系統在其 Compose 檔案(以 Docker Swarm 而言)或系統部署配置
(以 Kubernetes 而言)中設定環境變數。在所有這些情況下,我們都應該在本身環境中
定義憑證,而非在應用程式裡。

另一個選項是使用 PHP 的 dotenv 套件(*https://oreil.ly/a4TQp*)[4]。這個第三方套件允許
我們在 *.env* 的檔案中定義環境配置設定,它會自動填入環境變數和 $_SERVER 全域變數。
這種方法的最大優點是點檔案(以 . 為前綴字串的檔案)很容易從版本控制中排除,並
且一開始就隱藏在伺服器上。我們可以在本機上使用 *.env* 來定義開發中的憑證,並在伺
服器上保留獨立的 *.env*,來定義產品用於上線運作的憑證。

在這樣的情況下,根本不需要直接管理 Apache 或 NGINX 設定檔!

---

4 透過 Composer 載入 PHP 套件的相關細節,將在第 15.3 節中討論。

在解決方案範例中使用的資料庫憑證的 .env 檔案，如下所示：

```
DB_USER=database
DB_PASS=password1234
```

接著，載入函式庫依賴項目，並呼叫套用至程式碼中，如下所示：

```
$dotenv = Dotenv\Dotenv::createImmutable(__DIR__);
$dotenv->load();
```

最後，我們可以利用 getenv() 在需要存取的地方參考環境變數。

參閱

關於 getenv() 的文件（*https://oreil.ly/t6ncZ*）。

9.3 雜湊和驗證密碼

問題

我們想要利用只有使用者知道的密碼進行身分驗證，以防止我們的應用程式儲存敏感資料。

解決方案

使用 password_hash() 儲存密碼的安全雜湊數值：

```
$hash = password_hash($password, PASSWORD_DEFAULT);
```

使用 password_verify() 來驗證明文密碼是否產生給定的、儲存的雜湊數值，如下所示：

```
if (password_verify($password, $hash)) {
    // 建立有效的使用者階段…
}
```

討論

以明文形式儲存密碼始終是一個壞主意。如果我們的應用程式或資料儲存遭到破壞，這些明文密碼可能會被攻擊者濫用。為了確保使用者的安全，並且保護相關資訊在發生洩漏時避免潛在的濫用，當我們將這些密碼儲存在資料庫時，必須始終對這些密碼進行雜湊處理。

更方便的是，PHP 附帶了一個原生函數 password_hash() 完成此操作。此函數採用明文密碼，並自動從資料產生可辨別卻又看似隨機的雜湊數值。我們不會儲存密碼明文的部分，而是儲存對應的雜湊數值。稍後，當使用者選擇登入應用程式時，可以將明文密碼與儲存的雜湊值進行比較（使用 hash_equals() 等安全的比較函數），並判斷其結果。

PHP 一般支援三種雜湊演算法，請參考表 9-4。在撰寫本書時，預設的演算法是 bcrypt（基於 Blowfish 密碼），但我們可以在執行時期，透過傳遞第二個參數給 password_hash() 來選擇特定演算法。

表 9-4　密碼雜湊演算法

常數	描述
PASSWORD_DEFAULT	使用預設的 bcrypt 演算法。預設演算法可能會在未來版本中修改。
PASSWORD_BCRYPT	使用 CRYPT_BLOWFISH 演算法。
PASSWORD_ARGON2I	使用 Argon2i 雜湊演算法（只有在 PHP 已使用 Argon2 支援編譯時才可用）。
PASSWORD_ARGON2ID	使用 Argon2id 雜湊演算法（只有在 PHP 已使用 Argon2 支援編譯時才可用）。

每個雜湊演算法都支援一組選項，這些選項可以確保在伺服器上計算雜湊的難度。預設（也就是 bcrypt）演算法支援整數的「計算花費」——數字越大，操作的計算花費就越高。Argon2 系列演算法支援兩個計算花費：一個是記憶體花費，另一個是計算雜湊所需的時間。

> 增加雜湊數值的計算花費，是保護應用程式避免受到大量身分驗證攻擊的一種方式。如果計算雜湊數值需要 1 秒，那麼合法方至少也需要 1 秒來進行身分驗證（這很容易）。然而，攻擊者每秒最多可以嘗試一次身分驗證。這使得暴力攻擊在時間和運算能力上都相對昂貴。

當我們首次建立應用程式時，最好測試一下即將運行的伺服器環境，並設定適當的計算花費。計算花費需要在即時環境中測試 password_hash() 的效能，如範例 9-6 所示。這裡的程式碼將使用越來越大的可變因子，來測試系統的雜湊性能，並且識別出達到所需時間目標的計算花費。

範例 9-6　測試 *password_hash()* 所需的計算花費

```
$timeTarget = 0.5; // 500 毫秒

$cost = 8;
do {
    $cost++;
    $start = microtime(true);
    password_hash('test', PASSWORD_BCRYPT, ['cost' => $cost]);
    $end = microtime(true);
} while(($end - $start) < $timeTarget);

echo "Appropriate cost factor: {$cost}" . PHP_EOL;
```

函數 password_hash() 的輸出設計是完全向下相容。該函數不僅會產生雜湊數值，還會在內部產生 Salt 數值使雜湊具有唯一性。然後函數傳回一個類似以下內容的字串：

- 使用的演算法

- 計算花費或選項

- 產生的隨機 Salt 數值

- 產生的雜湊數值

圖 9-1 顯示了此字串輸出的範例。

 每次呼叫 password_hash() 時，PHP 都會在內部產生一個獨特的隨機 Salt 數值。這可以為相同的明文密碼產生不同的雜湊數值。這樣就無法以雜湊數值來識別哪些帳戶使用相同的密碼。

圖 9-1　password_hash() 的範例輸出

將所有資訊透過 password_hash() 編碼後輸出，其優點在於我們不用在應用程式中維護這些資料。未來，我們可能會修改雜湊演算法或調整雜湊的計算花費。可以藉由 PHP 一開始產生的雜湊設定進行編碼，以可靠的方式重新建立雜湊進行比較。

當使用者登入時，只提供明文的密碼。應用程式需要重新計算密碼的雜湊數值，並將計算數值與資料庫中儲存的數值進行比較。鑑於計算雜湊所需的資訊、與雜湊一起儲存，這整個過程變得相對簡單。

不過，我們還可以利用 PHP 的 password_verify() 函數，以可靠安全的方式，完成所有的操作，而不必自行實作比較。

參閱

關於 password_hash() 函數（*https://oreil.ly/gZwBC*）和 password_verify() 函數（*https://oreil.ly/gf3O9*）的文件。

9.4 加密與解密資料

問題

我們希望利用加密來保護敏感資料，並在之後可靠地解密該資訊。

解決方案

使用 Sodium 的 sodium_crypto_secretbox() 函數，藉由已知的對稱（又稱共用）金鑰來加密資料，如範例 9-7 所示。

範例 9-7 Sodium 對稱金鑰的加密範例

```
$key = hex2bin('faae9fa60060e32b3bbe5861c2ff290f' .
               '2cd4008409aeb7c59cb3bad8a8e89512'); ❶

$message = 'Look to my coming on the first light of ' .
           'the fifth day, at dawn look to the east.';

$nonce = random_bytes(SODIUM_CRYPTO_SECRETBOX_NONCEBYTES); ❷

$ciphertext = sodium_crypto_secretbox($message, $nonce, $key); ❸
$output = bin2hex($nonce . $ciphertext); ❹
```

❶ 金鑰必須是長度為 SODIUM_CRYPTO_SECRETBOX_KEYBYTES（32 位元）的隨機數值。如果要建立一個新的隨機字串，我們可以透過 sodium_crypto_secretbox_keygen() 來產生。請務必將其儲存在某個地方，以便稍後用於解密訊息。

❷ 每個加密操作都應該使用唯一的隨機 nonce。PHP 中的 random_bytes() 函數可以可靠地透過內建常數產生適當長度的資料。

❸ 加密操作利用隨機 nonce 和固定密鑰來保護訊息內容,並回傳原始位元作為結果。

❹ 通常,我們希望透過網路協定交換加密資訊,因此以十六進制編碼原始位元內容,使其便於傳遞。此外,還需要隨機 nonce 來解密交換得到的資料,因此與密文一起儲存。

當我們解密資料時,請使用 sodium_crypto_secretbox_open() 來提取和驗證資料內容,如範例 9-8 所示。

範例 9-8   *Sodium* 對稱金鑰的解密範例

```php
$key = hex2bin('faae9fa60060e32b3bbe5861c2ff290f' .
               '2cd4008409aeb7c59cb3bad8a8e89512'); ❶

$encrypted = '8b9225c935592a5e95a9204add5d09db' .
             'b7b6473a0aa59c107b65f7d5961b720e' .
             '7fc285bd94de531e05497143aee854e2' .
             '918ba941140b70c324efb27c86313806' .
             'e04f8e79da037df9e7cb24aa4bc0550c' .
             'd7b2723cbb560088f972a408ffc973a6' .
             '2be668e1ba1313e555ef4a95f0c1abd6' .
             'f3d73921fafdd372'; ❷
$raw = hex2bin($encrypted);

$nonce = substr($raw, 0, SODIUM_CRYPTO_SECRETBOX_NONCEBYTES); ❸
$ciphertext = substr($raw, SODIUM_CRYPTO_SECRETBOX_NONCEBYTES);

$plaintext = sodium_crypto_secretbox_open($ciphertext, $nonce, $key);
if ($plaintext === false) { ❹
   echo 'Error decrypting message!' . PHP_EOL;
} else {
   echo $plaintext . PHP_EOL;
}
```

❶ 使用與加密相同的金鑰進行解密。

❷ 此處重複使用在範例 9-7 中產生的密文,並從十六進制編碼的字串中提取出來。

❸ 由於我們將 nonce 和密文連接在一起,因此必須將這兩個段落分開,才能與 sodium_crypto_secretbox_open() 一起使用。

❹ 整個加密、解密操作都經過身分驗證。如果底層資料發生任何修改，身分驗證步驟將失敗，並且函數將傳回一個文字 false 來標記操作。如果有回傳任何其他內容，則表示解密成功，我們可以信任輸出！

討論

在 Sodium 中的 secretbox 一系列函數，使用固定的對稱金鑰來實現整個驗證的加密 / 解密過程。每次加密訊息時，都應該使用隨機 nonce 來完全保護加密訊息的隱私。

 這個 nonce 本身在加密過程中並不是秘密或敏感數值。但是要留意，不要重複使用相同對稱加密金鑰的 nonce。nonce 是「使用一次性質的數字」，目的在為加密演算法增加更多的隨機性，因此使用相同金鑰加密兩次同樣的數值，可以產生出不同的密文。重複使用特定金鑰的 nonce，會降低你想要保護的資料的安全性。

這裡的對稱性，指的是使用相同的金鑰來加密、解密訊息。當同一個系統負責這兩種操作時，這是最有價值的——例如，當 PHP 應用程式儲存資料至資料庫中時需要先經過加密，然後在讀取資料時再解密資料。

加密利用了 XSalsa20 串流密碼（*https://oreil.ly/DSUAQ*）來保護資料。密碼使用 32 位元組（256 位元）金鑰和 24 位元組（192 位元）的 nonce。不過，開發人員並不需要追蹤這些資訊，因為它們被安全地抽象在 secretbox 的函數和常數後面。我們無須追蹤金鑰大小和加密模式，只需建立或開啟一個具有匹配金鑰和 nonce 的盒子即可。

這種方法的另一個優點是身分驗證。每個加密操作也會透過 Poly1305 演算法，產生對應的資訊認證標籤（*https://oreil.ly/tSgmq*）。解密後，Sodium 將驗證身分認證標籤是否與受保護的資料相符。如果比對不符，則資料可能是意外損毀或被故意變更。無論哪種情況，密文都是不可靠的（即使是可解密為明文亦是如此），並且 sodium_crypto_secretbox_open() 函數將傳回 false。

非對稱加密

當同一方需要同時加密和解密時，對稱加密最為簡單。但在現代許多環境中，發送端或接收端可能是獨立的，並透過一些不可信任的媒體進行資料交換。這需要不同形式的加密，因為兩端不能直接共用對稱加密金鑰。相反地，每一方都可以建立一對公鑰和私鑰，並利用金鑰交換來達成加密金鑰協議。

金鑰交換是一個複雜的議題。幸運的是，Sodium 公開了在 PHP 中用於執行操作的簡單介面。在下面的範例中，雙方將執行以下操作：

1. 建立成對的公鑰 / 私鑰

2. 直接交換公鑰

3. 使用這些非對稱金鑰來協議對稱金鑰

4. 交換加密資料

範例 9-9 說明了各方如何建立成對的公鑰 / 私鑰。儘管程式碼範例位於單個區塊中，但每一方都將獨立建立其金鑰，並且僅會相互交換其公鑰。

範例 9-9　建立非對稱金鑰

```
$aliceKeypair = sodium_crypto_box_keypair();
$alicePublic = sodium_crypto_box_publickey($aliceKeypair); ❶
$alicePrivate = sodium_crypto_box_secretkey($aliceKeypair); ❷

$bethKeypair = sodium_crypto_box_keypair(); ❸
$bethPublic = sodium_crypto_box_publickey($bethKeypair);
$bethPrivate = sodium_crypto_box_secretkey($bethKeypair);
```

❶ Alice 建立一個成對的金鑰，並分別從中提取本身的公鑰、私鑰。與 Beth 分享了她的公鑰。

❷ Alice 對她的私鑰保密。這是她用來為 Beth 加密資料並從她那裡解密資料的金鑰。同樣地，Alice 也會使用她的私鑰為任何與她共用公鑰的人來加密資料。

❸ Beth 獨立地做與 Alice 相同的事情，並分享自己的公鑰。

一旦 Alice 和 Beth 分享了他們的公鑰，他們就可以私下進行通訊。Sodium 中的 cryptobox 系列函數，利用這些非對稱金鑰來計算可用於機密通訊的對稱金鑰。對稱金鑰不會直接將所有資訊暴露給任何一方，但仍允許雙方輕鬆地相互通訊。

請注意，Alice 傳給 Beth 的加密內容只能由 Beth 解密。即使 Alice 也無法解密這些內容，因為 Alice 她沒有 Beth 的私鑰！範例 9-10 說明了 Alice 如何利用她自己的私鑰和 Beth 公開的公鑰來加密一條簡單的訊息。

範例 9-10 非對稱加密

```
$message = 'Follow the white rabbit';
$nonce = random_bytes(SODIUM_CRYPTO_BOX_NONCEBYTES);
$encryptionKey = sodium_crypto_box_keypair_from_secretkey_and_publickey(
    $alicePrivate,
    $bethPublic
); ❶

$ciphertext = sodium_crypto_box($message, $nonce, $encryptionKey); ❷

$toBeth = bin2hex($nonce . $ciphertext); ❸
```

❶ 這裡使用的加密金鑰其實是由 Alice 和 Beth 各自的公 / 私金鑰資訊組合所成的配對金鑰。

❷ 與對稱加密一樣，我們可以利用 nonce 來將隨機性引入到加密輸出中。

❸ 我們將 nonce 和加密的密文連接起來，以便 Alice 可以同時將兩者傳送給 Beth。

成對金鑰是涉及到有關橢圓曲線上的點，特別是 Curve25519。Sodium 使用非對稱加密的初始化操作中，會在其中兩個點之間定義固定且秘密的數字，以進行金鑰交換。此操作使用 X25519 金鑰交換演算法（*https://oreil.ly/OAqeF*），會根據 Alice 的私鑰和 Beth 的公鑰產生一個數字。

然後將該數字作為 XSalsa20 的串流密碼（與對稱加密所使用的密碼相同）的金鑰來加密訊息。後續的處理其實與先前討論 secret box 系列的對稱加密功能一樣，cryptobox 將利用 Poly1305 訊息驗證標籤來保護其中的內容免遭篡改或損壞。

此時，Beth 透過利用她自己的私鑰、Alice 的公鑰和訊息 nonce，自行重現所有這些步驟來解密訊息。執行過程類似 X25519 金鑰的交換來產生相同的共用金鑰，然後使用該金鑰進行解密。

值得慶幸的是，Sodium 已經抽象化整個金鑰交換和衍生的繁瑣步驟，使得非對稱解密相對簡單。請參考範例 9-11。

範例 9-11 非對稱解密

```
$fromAlice = hex2bin($toBeth);
$nonce = substr($fromAlice, 0, SODIUM_CRYPTO_BOX_NONCEBYTES); ❶
$ciphertext = substr($fromAlice, SODIUM_CRYPTO_BOX_NONCEBYTES);
```

```
$decryptionKey = sodium_crypto_box_keypair_from_secretkey_and_publickey(
    $bethPrivate,
    $alicePublic
); ❷

$decrypted = sodium_crypto_box_open($ciphertext, $nonce, $decryptionKey); ❸
if ($decrypted === false) { ❹
    echo 'Error decrypting message!' . PHP_EOL;
} else {
    echo $decrypted . PHP_EOL;
}
```

❶ 與 secretbox 操作步驟類似，首先從 Alice 提供的十六進制編碼的內容中，提取出 nonce 和密文。

❷ Beth 使用她自己的私鑰和 Alice 的公鑰來建立適合解密訊息的成對金鑰。

❸ 金鑰交換和解密操作被抽象化為一個簡單的「開放」介面來讀取訊息。

❹ 與對稱加密一樣，Sodium 的非對稱介面將在解密並傳回明文之前，驗證接收內容上的 Poly1305 驗證標籤。

無論是對稱、非對稱加密機制，Sodium 的功能介面都有很好的支援和清晰的步驟。這有助於避免實作過去舊有機制（如 AES 或 RSA）時，所遇到的常見錯誤。Libsodium（支援 Sodium 擴充的 C 級別函式庫）也廣泛支援其他語言，在 PHP、Ruby、Python、JavaScript，甚至 C 和 Go 等較低階語言，提供可靠的互通性。

參閱

關於 sodium_crypto_secretbox() 函數（*https://oreil.ly/3IZZM*）、sodium_crypto_secretbox_open() 函數（*https://oreil.ly/qNDqx*）、sodium_crypto_box() 函數（*https://oreil.ly/-apZN*）和 sodium_crypto_box_open() 函數（*https://oreil.ly/5lT_D*）的文件。

9.5 在檔案中儲存加密資料

問題

我們想要加密（或解密）一個龐大而無法放入記憶體的檔案。

解決方案

使用 Sodium 公開的 *push* 串流介面，一次加密一個檔案的區塊，如範例 9-12 所示。

範例 9-12　Sodium 串流加密

```
define('CHUNK_SIZE', 4096);

$key = hex2bin('67794ec75c56ba386f944634203d4e86' .
               '37e43c97857e3fa482bb9dfec1e44e70');

[$state, $header] = sodium_crypto_secretstream_xchacha20poly1305_init_push($key); ❶

$input = fopen('plaintext.txt', 'rb'); ❷
$output = fopen('encrypted.txt', 'wb');

fwrite($output, $header); ❸

$fileSize = fstat($input)['size']; ❹

for ($i = 0; $i < $fileSize; $i += (CHUNK_SIZE - 17)) { ❺
    $plain = fread($input, (CHUNK_SIZE - 17));
    $cipher = sodium_crypto_secretstream_xchacha20poly1305_push($state, $plain); ❻

    fwrite($output, $cipher);
}

sodium_memzero($state); ❼

fclose($input); ❽
fclose($output);
```

❶ 初始化串流的操作過程中會產生兩個數值：標頭和串流的目前狀態。標頭本身包含一個隨機 nonce，並且解密使用該串流加密的任何內容都需要這個標頭。

❷ 以二進制串流開啟輸入和輸出檔案。處理檔案時想要發出原始位元而不是利用十六進制或 Base64 編碼來包裝加密輸出，是少數幾次需要這樣做的。

❸ 為了確保可解密檔案，請先儲存固定長度的標頭，供後續檢查。

❹ 在開始疊代檔案中的位元區塊之前，需要確保輸入檔案的大小。

❺ 與其他 Sodium 函數操作一樣，串流加密使用的密碼會建立在 Poly1305 驗證標籤（長度為 17 個位元）之上。因此，我們讀取的資料長度，比標準區塊的 4,096 位元少了 17 個位元，因此將輸出總共 4,081 個位元寫入檔案。

❻ 使用 Sodium 的 API 加密明文，並自動更新狀態變數（透過傳遞 $state 來完成）。

❼ 完成加密後，將狀態變數的記憶體清空為零。PHP 的垃圾收集器（garbage collector）將進行清理動作，但我們要確保系統中的其他地方，不會因為編碼錯誤而無意中洩漏該數值。

❽ 最後，因為加密已完成，關閉檔案處理程序。

若要解密檔案，請使用 Sodium 的 *pull* 串流介面，如範例 9-13 所示。

範例 9-13 Sodium 串流解密

```
define('CHUNK_SIZE', 4096);

$key = hex2bin('67794ec75c56ba386f944634203d4e86' .
               '37e43c97857e3fa482bb9dfec1e44e70');

$input = fopen('encrypted.txt', 'rb');
$output = fopen('decrypted.txt', 'wb');

$header = fread($input, SODIUM_CRYPTO_SECRETSTREAM_XCHACHA20POLY1305_HEADERBYTES); ❶

$state = sodium_crypto_secretstream_xchacha20poly1305_init_pull($header, $key); ❷

$fileSize = fstat($input)['size'];
try {
    for (
        $i = SODIUM_CRYPTO_SECRETSTREAM_XCHACHA20POLY1305_HEADERBYTES;
        $i < $fileSize;
        $i += CHUNK_SIZE
    ) { ❸
        $cipher = fread($input, CHUNK_SIZE);

        [$plain, ] = sodium_crypto_secretstream_xchacha20poly1305_pull(
            $state,
            $cipher
        ); ❹

        if ($plain === false) { ❺
            throw new Exception('Error decrypting file!');
        }
        fwrite($output, $plain);
    }
```

```
    } finally {
        sodium_memzero($state); ❻

        fclose($input);
        fclose($output);
    }
```

❶ 在開始解密之前，我們必須從一開始加密的檔案中明確取得標頭數值。

❷ 有了加密標頭和金鑰，就可以初始化串流狀態。

❸ 請記住，檔案會以標頭為前綴，因此我們可以跳過這些位元，然後一次提取 4,096 位元的區塊。這將包括 4,079 位元的密文和 17 位元的身分驗證標籤。

❹ 實際的串流解密操作中，會傳回明文的元組和可選擇的狀態標籤（例如用於識別需要轉換金鑰的情況）。

❺ 然而，如果加密訊息上的身分驗證無法通過，則函數將傳回 false 來表示失敗。如果發生這種情況，請立即停止解密。

❻ 同樣地，操作完成後，我們應該將儲存串流狀態的記憶體清零，並關閉檔案處理程序。

討論

Sodium 公開的串流密碼介面並不是實際的 PHP 串流[5]。具體來說，它們是串流密碼，其工作方式類似於帶有內部計數器的區塊密碼。XChaCha20 是 sodium_crypto_secretstream_xchacha20poly1305_*() 這一系列函數所使用的加密演算法，如範例所呈現，將資料推送到加密串流中和從加密串流中提取資料。在 PHP 中的實作明確地將一個長訊息（一個檔案）分解為一系列相關訊息。每個訊息都使用底層密碼進行加密，但依照特定順序單獨標記。

這些訊息不能以任何方式被截斷、刪除、重新排序或操縱，否則解密操作會檢測到篡改。作為這個串流的一部分，可以加密的訊息總數量沒有實際限制，這表示透過解決方案範例傳遞的檔案是沒有大小的限制。

此外，在解決方案範例中使用 4,096 位元（4 KB）的區塊大小，但其他範例可使用 1,024、8,096 或任何其他位元大小。這裡唯一的條件是 PHP 可用的記憶體總容量——在較小的檔案區塊上疊代，將在加密和解密期間使用更少的記憶體。範例 9-12 說明

---

5 PHP 串流（在第 11 章會有更廣泛的介紹），公開了處理大資料區塊而不會耗盡系統可用記憶體的有效方法。

了 sodium_crypto_secretstream_xchacha20poly1305_push() 是如何一次加密一個資料區塊，透過加密演算法「推送」資料，並更新演算法的內部狀態。配對的 sodium_crypto_secretstream_xchacha20poly1305_pull() 以相反方式執行同樣的操作，將對應的明文從串流中拉回，並更新演算法的狀態。

另一種檢視此操作的方法是使用更低階原始的 sodium_crypto_stream_xchacha20_xor() 函數。此函數直接利用 XChaCha20 加密演算法，依照指定的金鑰和隨機 nonce 產生看似隨機的位元串流。然後，在位元串流和指定訊息之間執行 XOR 運算以產生密文 [6]。範例 9-14 說明了使用此函數的一種方法——加密資料庫中的電話號碼。

範例 9-14　用於資料保護的簡單串流加密

```
function savePhoneNumber(int $userId, string $phone): void
{
    $db = getDatabase();

    $statement = $db->prepare(
        'INSERT INTO phones (user, number, nonce) VALUES (?, ?, ?)'
    );

    $key = hex2bin(getenv('ENCRYPTION_KEY'));
    $nonce = random_bytes(SODIUM_CRYPTO_STREAM_XCHACHA20_NONCEBYTES);

    $encrypted = sodium_crypto_stream_xchacha20_xor($phone, $nonce, $key);

    $statement->execute([$userId, bin2hex($encrypted), bin2hex($nonce)]);
}
```

以這種方式使用加密串流的優點是密文與明文的長度會完全相符。然而，這也意味著沒有可用的身分驗證標籤（密文可能被第三方破壞或操縱，並危及任何密文在解密後的可靠性）。

因此，我們不太可能直接使用範例 9-14。它確實提供了更詳細的 sodium_crypto_secretstream_xchacha20poly1305_push() 函數在幕後是如何執行的。兩個函數都使用相同的演算法，但變體的「秘密串流」會產生自己的 nonce，並在重複使用時追蹤其內部狀態（以便加密多個資料區塊）。當使用簡單的 XOR 版本時，需要自己手動管理狀態並重複呼叫！

6　有關運算符號和 XOR 的更多資訊，請查閱第 2 章。

參閱

關於處理檔案加密的 sodium_crypto_secretstream_xchacha20poly1305_init_push() 函數
（*https://oreil.ly/chGJC*）、sodium_crypto_secretstream_xchacha20poly1305_init_pull() 函
數（*https://oreil.ly/ogGvJ*）和 sodium_crypto_stream_xchacha20_xor() 函數（*https://oreil.ly/yQBBC*）的文件。

9.6 對要傳送到另一個應用程式的資料進行加密簽章

問題

我們想要在將訊息或資料片段發送到另一個應用程式之前，對其進行簽章處理，以便其
他應用程式可以驗證我們在資料上的簽章。

解決方案

使用 sodium_crypto_sign() 將加密簽章附加到明文訊息之中，如範例 9-15 所示。

範例 9-15 將訊息附加上加密簽章

```
$signSeed = hex2bin('eb656c282f46b45a814fcc887977675d' .
                    'c627a5b1507ae2a68faecee147b77621'); ❶
$signKeys = sodium_crypto_sign_seed_keypair($signSeed);

$signSecret = sodium_crypto_sign_secretkey($signKeys);
$signPublic = sodium_crypto_sign_publickey($signKeys);

$message = 'Hello world!';
$signed = sodium_crypto_sign($message, $signSecret);
```

❶ 實際上，我們的簽章種子應該是由我們保密的隨機數值。也可能是從已知密碼衍生
的安全雜湊數值。

討論

加密簽章是一種驗證特定訊息（或資料字串）是否源自於指定來源的方法。只要用於
簽署訊息的私鑰保密，任何有權存取公開金鑰的人都可以驗證該資訊是否來自金鑰的
所有者。

同樣地，只有該金鑰的管理者才能對資料進行簽署。這有助於驗證管理者對訊息的簽署。它也奠定了不可否認的基礎：金鑰的所有者不能聲稱其他人使用了他們的金鑰，否則將使其金鑰（以及它建立的任何簽名）無效。

在上述範例中，根據密鑰和訊息內容計算簽章。然後簽署的位元被附加到訊息本身之前，並且這兩個元素會同時一起被傳遞給希望驗證簽章的任何一方。

也可以產生分離的簽章，有效地產生簽名的原始位元，而不是將其連接到訊息中。如果訊息和簽章要獨立傳送給第三方驗證者（例如作為 API 請求中的不同元素），這會非常實用。

 雖然原始位元對於儲存在磁碟或資料庫中的資訊非常有用，但它們可能會導致遠端 API 出現問題。將整個有效內容（簽章和訊息）傳送到遠端時，需要進行 Base64 編碼。否則，當兩個部分一起發送時，需要單獨對簽章進行編碼（例如十六進制）。

我們可以使用如範例 9-16 中的 sodium_crypto_sign_detached() 函數，而非使用解決方案範例中的 sodium_crypto_sign()。

範例 9-16　建立分離的訊息簽章

```
$signSeed = hex2bin('eb656c282f46b45a814fcc887977675d' .
                    'c627a5b1507ae2a68faecee147b77621');
$signKeys = sodium_crypto_sign_seed_keypair($signSeed);

$signSecret = sodium_crypto_sign_secretkey($signKeys);
$signPublic = sodium_crypto_sign_publickey($signKeys);

$message = 'Hello world!';
$signature = sodium_crypto_sign_detached($message, $signSecret);
```

簽章的長度始終為 64 位元，無論簽章是否附加到其明文之中。

參閱

關於 sodium_crypto_sign() 的文件（*https://oreil.ly/3eqTz*）。

9.7　驗證加密簽章

問題

我們想要驗證第三方發送之資料的數位簽章。

解決方案

使用 sodium_crypto_sign_open() 函數驗證訊息上的簽章，如範例 9-17 所示。

範例 9-17　加密簽章的驗證

```
$signPublic = hex2bin('d58c47ddb986dcb2632aa5395e8962d3' .
                      'e636ee236b38a8dc880e409c19374a5f');

$message = sodium_crypto_sign_open($signed, $signPublic); ❶

if ($message === false) { ❷
    throw new Exception('Invalid signature on message!');
}
```

❶ 在 $signed 中的資料是連接原始簽章和明文訊息，如 sodium_crypto_sign() 的回傳結果一樣。

❷ 如果簽章無效，函數將傳回 false 表示錯誤。如果簽章有效，函數將傳回明文訊息。

討論

由 sodium_crypto_sign() 函數回傳的文字來看，簽章驗證其實很簡單。只需將資料和簽發者的公鑰傳遞到 sodium_crypto_sign_open() 函數之中，將會得到一個 Boolean 的錯誤或是原始明文的結果。

如果我們正在使用 Web API，則訊息和簽章很可能是單獨分開傳送的（例如使用 sodium_crypto_sign_detached() 函數）。在這種情況下，需要將簽章和訊息連接在一起，然後傳遞給 sodium_crypto_sign_open()，如範例 9-18 所示。

範例 9-18　分離的簽章驗證

```
$signPublic = hex2bin('d58c47ddb986dcb2632aa5395e8962d3' .
                      'e636ee236b38a8dc880e409c19374a5f');

$signature = hex2bin($_POST['signature']);
$payload = $signature . $_POST['message'];

$message = sodium_crypto_sign_open($payload, $signPublic);

if ($message === false) {
    throw new Exception('Invalid signature on message!');
}
```

參閱

關於 sodium_crypto_sign_open() 函數的文件（*https://oreil.ly/UG5ja*）。

第十章

檔案的處理

Unix、Linux 最常見的設計理念之一是「一切都是檔案」。這說明無論我們正在與什麼資源進行互動，作業系統都會將其視為本機磁碟上的檔案。這也包括對其他系統的遠端請求，以及對電腦上執行各種行程輸出的處理。

PHP 也以類似的方式處理請求、行程和資源，但這種語言不將所有內容視為檔案，而是將所有內容視為串流資源。在第 11 章會詳細介紹串流，但本章理解串流的重點是 PHP 在記憶體中處理它們的方式。

存取檔案時，PHP 不一定會將檔案的全部資料讀入記憶體之中。相反地，它在記憶體中建立一個資源，該資源引用磁碟上的檔案位置，並選擇性地緩衝記憶體中該檔案的位元。然後 PHP 直接將這些緩衝位元作為串流進行存取或操作。然而，串流的基礎知識並非是本章所要討論的重點。

PHP 的檔案方法——`fopen()`、`file_get_contents()` 等——都在底層使用 `file://` 串流包裝器。但請記住，如果 PHP 中的所有內容都是串流，那麼我們也可以輕鬆地使用其他串流協議，包括 `php://` 和 `http://`。

Windows 與 Unix

PHP 可以在 Windows 和 Unix 風格的作業系統（包括 Linux 和 macOS）上使用。重要的是要理解 Windows 背後的底層檔案系統，與 Unix 風格的系統有很大不同。Windows 並不認為「一切都是檔案」，有時會以意想不到的方式在檔案和目錄名稱中尊重大小寫敏感性。

正如在第 10.6 節中所看到的那樣，作業系統之間的差異也會導致函數行為方式的微小不同。具體來說，如果程式在 Windows 上執行，由於底層作業系統呼叫的差異，檔案鎖定的工作方式也會不一樣。

下面的範例涵蓋了我們在 PHP 中可能遇到的最常見的檔案系統操作，從開啟和操作檔案，到鎖定檔案免被其他行程觸及。

10.1　建立或開啟本機檔案

問題

我們需要在本機檔案系統中開啟一個檔案，用來進行資料的讀取或寫入。

解決方案

使用 fopen() 開啟檔案並回傳資源參考變數，以供後續進一步使用：

```
$fp = fopen('document.txt', 'r');
```

討論

開啟的檔案在 PHP 的內部表示為串流。我們可以根據目前檔案指標的位置，從串流中的任何位置讀取資料或將資料寫入到任何位置。在上述範例中，我們開啟了一個唯讀串流（嘗試將資料寫入串流將會失敗）並將指標定位在檔案的開頭。

範例 10-1 展示了如何從檔案中讀取任意數量的位元，然後將檔案的參考變數傳遞給 fclose() 來關閉串流。

範例 10-1　從緩衝區讀取位元

```
while (($buffer = fgets($fp, 4096)) !== false) { ❶
    echo $buffer; ❷
}

fclose($fp); ❸
```

❶ fgets() 函數從指定的資源中讀取一行，當遇到換行字元或從底層串流讀取指定位元數（4,096）時停止。如果沒有資料可供讀取，則函數傳回 false。

---

❷ 一旦將資料緩衝到變數中，我們就可以用它做任何事情。在本例中，將單一行的內容列印到控制台。

❸ 在使用檔案的內容後，我們應該明確關閉並清理所建立的資源。

除了讀取檔案之外，`fopen()` 還允許任意寫入、檔案附加、覆寫內容或截斷資料等動作。每個操作都由傳遞的第二個參數模式來決定，也就是在解決方案範例中傳遞 r 來表示唯讀模式。表 10-1 中描述了其他模式。

表 10-1　fopen() 可用的檔案模式

模式	說明
r	檔案僅供讀取；將指標放在檔案的開頭。
w	檔案僅供寫入；將指標放在檔案開頭，並截斷檔案使其長度為 0。如果檔案不存在，會嘗試建立它。
a	檔案僅供寫入；將指標放在檔案末端。如果檔案不存在，會嘗試建立它。在此模式下，fseek() 無法作用，並且始終附加寫入。
x	建立並開啟僅供寫入的檔案；將指標放在檔案的開頭。如果檔案已存在，則 fopen() 呼叫將失敗並傳回 false，並產生 E_WARNING 級別的錯誤。如果檔案不存在，會嘗試建立它。
c	開啟檔案僅用於寫入。如果檔案不存在，則會建立該檔案。如果存在，則它既不會被截斷（與 w 不同），也不會在呼叫函數時失敗（與 x 的情況相同）。檔案指標位於檔案的開頭。
e	在開啟的控制代碼上設定 close-on-exec 旗標。

在表 10-1 所列出的檔案模式中，除了 e 以外，我們可以在每個模式後面附加一個文字 + 符號，讓開啟的檔案可以進行讀取和寫入，而不單純只有其中一種操作。

`fopen()` 函數不僅可用於本機檔案。預設情況下，函數會假設我們想要使用的是本機檔案系統，這就是為什麼不需要在程式中明確指定 `file://` 協定。但是，我們也可以使用 `http://` 或 `ftp://` 處理程式輕鬆地引用遠端檔案，如下所示：

```
$fp = fopen('https://eamann.com/', 'r');
```

 雖然匯入遠端檔案是可能的，但在許多情況下可能很危險，因為我們無法有效控制遠端檔案系統中所回傳的內容。通常建議透過在系統配置設定中切換 `allow_url_include`，來停用遠端檔案存取。請參考 PHP 執行時期配置檔案（*https://oreil.ly/-gXR-*），其中有更多關於配置變更的說明。

可選的第三個參數允許 fopen() 在系統中搜尋檔案，如果需要的話，包含路徑（*https://oreil.ly/3S1lo*）。預設情況下，PHP 只會搜尋本機目錄（如果有指定，則使用絕對路徑）。從系統匯入路徑中來載入檔案，可鼓勵程式碼重複使用，因為可以指定單獨的類別或配置檔，而無須在整個專案中複製它們。

參閱

關於 PHP 檔案系統的文件（*https://oreil.ly/oGJTp*），特別是 fopen()（*https://oreil.ly/7yQG-*）。

10.2　將檔案讀入字串

問題

我們希望將整個檔案讀入變數，以在應用程式的其他位置使用。

解決方案

使用 file_get_contents() 函數如下：

```
$config = file_get_contents('config.json');

if ($config !== false) {
    $parsed = json_decode($config);

    // ...
}
```

討論

file_get_contents() 函數會開啟一個檔案進行讀取，並且將該檔案的全部資料讀取到變數中，然後關閉檔案並允許我們將所獲得的資料作為字串使用。這在功能上相當於使用 fread() 手動將整個檔案讀入字串，如範例 10-2 所示。

範例 *10-2　使用* fread() *手動實作* file_get_contents()

```
function fileGetContents(string $filename): string|false
{
    $buffer = '';
    $fp = fopen($filename, 'r');
```

```
    try {
        while (!feof($fp)) {
            $buffer .= fread($fp, 4096);
        }
    } catch(Exception $e) {
        $buffer = false;
    } finally {
        fclose($fp);
    }

    return $buffer;
}

$config = fileGetContents('config.json');
```

雖然可以手動將檔案讀入記憶體，如範例 10-2 所示，但最好專注於撰寫簡單的程式，並使用語言的公開函數來進行處理複雜的操作。file_get_contents() 函數是以 C 語言實作的，可為應用程式提供高水準的效能。此外，函數是二進制安全的，並利用作業系統的記憶體映射功能來實現最佳效能。

與 fread() 一樣，file_get_contents() 可以將本機或遠端檔案讀取到記憶體中。如果可選的第二個參數設為 true，還可以在系統匯入路徑中搜尋檔案。

與 fread() 相對功能的 fwrite() 一樣，有一個名為 file_put_contents() 的自動寫入等效函數。此函數抽象化開啟檔案，並藉由變數中的字串資料覆蓋其內容的複雜性。以下示範如何將物件編碼為 JSON 格式，並寫入靜態檔案：

```
$config = new Config(/** ... **/);
$serialized = json_encode($config);

file_put_contents('config.json', $serialized);
```

參閱

關於 file_get_contents() 函數（*https://oreil.ly/5pRBt*）和 file_put_contents() 函數（*https://oreil.ly/4W0rG*）的文件。

10.3 讀取檔案的特定片段

問題

我們想要從檔案中的特定位置，讀取一組特定的位元。

解決方案

使用 fopen() 建立檔案資源，再使用 fseek() 重新定位檔案的指標，最後使用 fread() 從檔案中的該位置讀取資料，如下所示：

```
$fp = fopen('document.txt', 'r');
fseek($fp, 32, SEEK_SET);

$data = fread($fp, 32);
```

討論

預設情況下，fopen() 會以讀取模式將檔案視為資源將其打開，並將指標放置在檔案的開頭。當我們開始從檔案中讀取位元時，指標會前進，直到抵達檔案結尾處。我們也可使用 fseek() 將指標設定在資源中的任意位置，預設位置是在檔案的開頭。

第三個參數（上述範例中的 SEEK_SET）告訴 PHP 在何處添加偏移量。我們有以下三種選擇：

- SEEK_SET（預設）從檔案開頭設置指標。
- SEEK_CUR 將偏移量添加到目前指標位置。
- SEEK_END 將偏移量添加到檔案的結尾處。這對於透過將負偏移量作為第二個參數來讀取檔案中的最後幾個位元很有用。

假設我們想要在 PHP 中從一個長日誌檔案中讀取最後幾個位元。可以使用類似上述範例中讀取任意位元的方式，但使用負偏移量，如下所示：

```
$fp = fopen('log.txt', 'r');
fseek($fp, -4096, SEEK_END);

echo fread($fp, 4096);

fclose($fp);
```

請注意，即使前面片段中的日誌檔案長度小於 4,096 位元，PHP 也不會讀取超過檔案開頭的部分。直譯器會將指標放置在檔案的開頭，並從該位置開始讀取位元。同樣地，無論我們在呼叫 fread() 時指定了多少位元，都不能讀取超過檔案結尾處的部分。

參閱

在 第 10.1 節 中 關 於 fopen() 的 更 多 資 訊， 以 及 關 於 fread() 檔 案（*https://oreil.ly/ Gb2m5*）和 fseek()（*https://oreil.ly/Tl6gs*）的文件。

10.4　直接修改檔案

問題

我們想要修改檔案中的特定部分。

解決方案

使用 fopen() 開啟檔案進行讀寫，然後使用 fseek() 將指標移到要更新的位置上，並且從該位置開始，覆寫一定數量的位元內容。例如：

```
$fp = fopen('resume.txt', 'r+');
fseek($fp, 32);

fwrite($fp, 'New data', 8);

fclose($fp);
```

討論

就像第 10.3 節一樣，利用 fseek() 函數將指標移到檔案中的任意位置。移動至該處後，使用 fwrite() 將一組特定的位元寫入檔案的該位置，並關閉資源。

傳遞給 fwrite() 的第三個參數告訴 PHP 要寫入多少位元。預設情況下，系統將寫入第二個參數中傳遞的所有資料，但我們仍然可以透過指定位元數來限制寫入的資料量。在上述範例中，寫入長度設定為等於資料長度，其實這是多餘動作。此功能更實際的範例如下所示。

```
$contents = 'the quick brown fox jumped over the lazy dog';
fwrite($fp, $contents, 9);
```

另外請注意，上述範例在一般的讀取模式中添加一個加號（+）；表示開啟檔案進行讀取和寫入。以其他模式開啟檔案，將會導致不同的行為：

- w（寫入模式），無論是否具有讀取能力，都會對檔案執行任何操作之前截斷檔案內容！

- a（附加模式），無論是否具有讀取能力，都會強制檔案指標指向檔案末端。呼叫 fseek() 將不會依照預期的方式移動檔案指標，並且始終將新內容以附加形式寫入到檔案中。

參閱

在第 10.3 節中有更多關於 PHP 檔案隨機 I/O 的資訊。

10.5　同時寫入多個檔案

問題

我們想要同時將資料寫入多個檔案。例如，我們想要同時寫入本機檔案系統和控制台。

解決方案

使用 fopen() 開啟多個檔案資源參考，並在迴圈中全部寫入：

```
$fps = [
    fopen('data.txt', 'w'),
    fopen('php://stdout', 'w')
];

foreach ($fps as $fp) {
    fwrite($fp, 'The wheels on the bus go round and round.');
}
```

討論

PHP 通常是單一執行緒的系統，一次只能執行一個操作[1]。雖然在上述範例中將產生兩個檔案參考的輸出，但會依序一次寫入一個檔案。在實際情況中，這將足夠快而可以被接受，但還是要明白這並非是真正同時執行的。

1　第 17 章詳細介紹平行和非同步執行，來解釋如何突破單執行緒的方法範例。

即使有此限制，知道我們可以輕鬆地將相同的資料寫入多個檔案，使得可以相當簡單地處理多個潛在的輸出。我們甚至可以將這種操作抽象為一個類別，而不是像上述範例中以有限數量的檔案進行程序化處理，如範例 10-3 所示：

範例 *10-3*　一個用於抽象化多個檔案操作的簡單類別

```php
class MultiFile
{
    private array $handles = [];

    public function open(
        string $filename,
        string $mode = 'w',
        bool $use_include_path = false,
        $context = null
        ): mixed
    {
        $fp = fopen($filename, $mode, $use_include_path, $context);

        if ($fp !== false) {
            $this->handles[] = $fp;
        }

        return $fp;
    }

    public function write(string $data, ?int $length = null): int|false
    {
        $success = true;
        $bytes = 0;

        foreach($this->handles as $fp) {
            $out = fwrite($fp, $data, $length);
            if ($out === false) {
                $success = false;
            } else {
                $bytes = $out;
            }
        }

        return $success ? $bytes : false;
    }

    public function close(): bool
    {
        $return = true;
```

```
        foreach ($this->handles as $fp) {
            $return = $return && fclose($fp);
        }

        return $return;
    }
}
```

範例 10-3 定義的類別，可讓我們輕鬆地將寫入操作繫結到多個檔案控制代碼，並在完成後根據需要清理它們。我們無須依次打開每個檔案並手動疊代它們，只需將類別實體化，添加檔案後即可操作。例如：

```
$writer = new MultiFile();
$writer->open('data.txt');
$writer->open('php://stdout');

$writer->write("Row, row, row your boat\nGently down the stream.");

$writer->close();
```

PHP 對於資源指標的內部處理的效率非常高，使我們能夠以最小的開銷寫入盡可能多的檔案或串流。如範例 10-3 的抽象一樣，同樣可以讓我們很容易地專注在應用程式的業務邏輯，同時 PHP 會處理資源控制代碼（和相關的記憶體分配）。

參閱

關於 PHP 標準輸出串流的文件（*https://oreil.ly/i0kSI*）。

10.6 鎖定檔案以防止其他行程存取或修改

問題

我們希望防止另一個 PHP 行程在指令稿執行時期操作檔案。

解決方案

使用 flock() 函數來鎖定檔案，如下所示：

```
$fp = fopen('myfile.txt', 'r');

if (flock($fp, LOCK_EX)) {
```

```
    // ...做任何我們需要的讀取動作

    flock($fp, LOCK_UN);
} else {
    echo 'Could not lock file!';
    exit(1);
}
```

討論

通常，我們會需要開啟一個檔案來讀取資料或對其寫入內容，但仍須確保我們在使用該檔案時，沒有其他指令稿也同時對該檔案進行操作。執行此操作最安全的方法是明確地鎖定檔案。

 在 Windows 上，PHP 利用作業系統本身強制執行的強制性鎖定。一旦檔案被鎖定，任何其他行程都不允許開啟這個檔案。而在 Unix 的系統（包括 Linux 和 macOS）上，PHP 使用詢問性鎖定。在這種模式下，作業系統可以選擇忽略不同行程之間的鎖定。雖然多個 PHP 指令稿通常會看到這樣的鎖定方式，但其他行程仍可能會完全忽略它。

明確地鎖定檔案可以防止其他行程讀取或寫入同一檔案，取決於具體鎖定的型態。PHP 支援兩種鎖定方式：仍允許讀取的共用鎖定（LOCK_SH）和完全阻止其他行程存取檔案的排它鎖定（LOCK_EX）。

倘若在電腦上操作解決方案中的程式碼兩次（並在解鎖檔案之前呼叫諸如 sleep() 之類的長時間阻塞操作），則第二個行程將會被暫停，並等待鎖定解除釋放後才能再繼續執行。如範例 10-4 所示。

範例 10-4 長時間執行檔案鎖定

```
$fp = fopen('myfile.txt', 'r');

echo 'Getting a lock ...' . PHP_EOL;
if (flock($fp, LOCK_EX)) {
    echo 'Sleeping ...' . PHP_EOL;
    for($i = 0; $i < 3; $i++) {
        sleep(10);
        echo '  Zzz ...' . PHP_EOL;
    }

    echo 'Unlocking ...' . PHP_EOL;
    flock($fp, LOCK_UN);
```

```
    } else {
        echo 'Could not lock file!';
        exit(1);
    }
```

在兩個單獨的終端機中並排執行上述程式,可說明鎖定的工作原理,如圖 10-1 所示。第
一個執行行程將取得檔案鎖定,並繼續依照預期的狀況執行。而第二個行程將等待直到
鎖可用,然後在獲取鎖之後繼續執行下去。

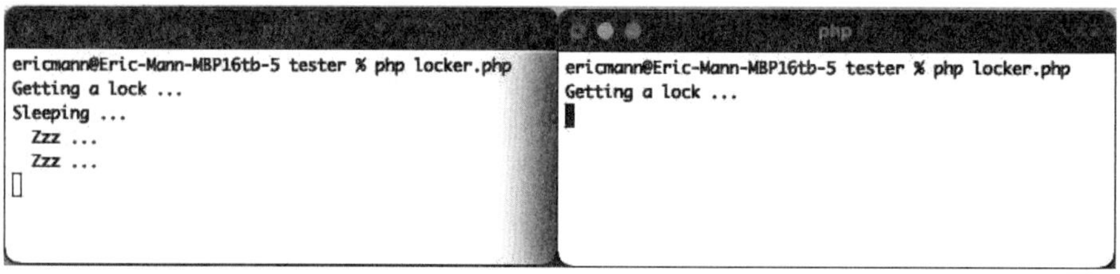

圖 10-1　兩個行程無法在單一檔案上取得相同的鎖

參閱

關於 flock() 函數的文件(*https://oreil.ly/BRBO5*)。

## 第十一章

串流

PHP 中的**串流**（*streams*）表示可以用連續、線性的方式，寫入或讀取資料資源的通用介面。對內部而言，每個串流都可以用一種「水桶」概念的物件集合來表示。每個水桶代表來自底層串流的一大塊數據資料，並且被視為一種老式水桶隊的數位重建，如圖 11-1 所示。

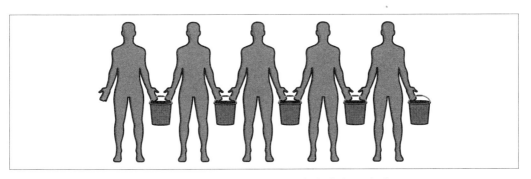

圖 11-1　水桶隊（Bucket Brigade）將資料桶依序從一個人傳遞到另一個人

水桶隊（Bucket Brigade）是古代用於救火的隊形，將水從河流、溪邊、湖泊，倚靠人力輸送到火源。當時沒有軟管輸送水源時，人們會排成一排，將水桶從一個人傳遞到另一個人來滅火。在水源處的第一人裝滿一桶水，然後將水桶傳遞給排隊的下一個人。排隊的人並沒有移動，只是將水桶依序從一個人傳遞給下一個人，直到最後一個人能把水潑到起火位置。這個過程將持續下去，直到火被撲滅或水源耗盡。

儘管我們沒有使用 PHP 來救火，但串流的內部結構類似這樣的概念，因為資料透過處理資料的任何程式碼元件，一次傳遞一個區塊（桶）。

產生器（generator）也類似於這種模式[1]。然而，產生器並不是一次性將整個資料集合載入到記憶體中，而是提供了另一種將資料縮減為更小的區塊，並且一次只對一個資料進行操作的方法。這使得 PHP 應用程式能夠對資料進行操作，否則載入資料時便會耗盡系統記憶體。串流支援類似的功能，但處理的是連續資料，而非離散資料點的集合或陣列。

包裝器和協定

在 PHP 中，串流透過在系統註冊，並在特定協議上執行的包裝器（*wrappers*）來實現。我們可能與之互動的最常見的包裝器是用於檔案存取或 HTTP URL 的包裝器，分別在系統中註冊為 file://、http://。每一種包裝器會針對不同類型的資料進行操作，但它們都支援相同的基本功能。表 11-1 列出了 PHP 原生公開的包裝器和協定。

表 11-1　原生串流包裝器和協議

協定	描述
file://	用於存取本機檔案系統
http://	透過 HTTP(S) 存取遠端 URL
ftp://	透過 FTP(S) 存取遠端檔案系統
php://	存取各種本機 I/O 串流（記憶體、stdin、stdout 等）
zlib://	壓縮
data://	原始資料（根據 RFC 2397（*https://oreil.ly/EBJv6*））
glob://	尋找與樣式相符的路徑名稱
phar://	操作 PHP 檔案
ssh2://	透過安全 shell 連線
rar://	RAR 壓縮
ogg://	音頻串流

每個包裝器都會產生一個串流資源，使我們能夠以線性方式讀取或寫入資料，並具有「搜尋」串流中任意位置的額外能力。例如，file:// 串流允許存取磁碟上任意位置的位元資料。同樣地，php:// 協定提供對本機系統記憶體中保存的各種位元串流的讀寫存取。

1　有關產生器的更多說明，請查閱第 7.15 節。

過濾器

PHP 的串流過濾器（filter）提供了一種構造，允許在讀取或寫入期間，動態操作串流中的位元。一個簡單的範例是自動將字串中的每個字元轉換為大寫或小寫。如範例 11-1 所示，這是透過建立一個擴充自 `php_user_filter` 的自訂類別，並將該類別註冊為提供編譯器使用的過濾器來完成的。

範例 11-1　使用者定義的過濾器

```
class StringFilter extends php_user_filter
{
    private string $mode;

    public function filter($in, $out, &$consumed, bool $closing): int
    {
        while ($bucket = stream_bucket_make_writeable($in)) { ❶
            switch($this->mode) {
                case 'lower':
                    $bucket->data = strtolower($bucket->data);
                    break;
                case 'upper':
                    $bucket->data = strtoupper($bucket->data);
                    break;
            }

            $consumed += $bucket->datalen; ❷
            stream_bucket_append($out, $bucket); ❸
        }

        return PSFS_PASS_ON; ❹
    }

    public function onCreate(): bool
    {
        switch($this->filtername) { ❺
            case 'str.tolower':
                $this->mode = 'lower';
                return true;
            case 'str.toupper':
                $this->mode = 'upper';
                return true;
            default:
                return false;
        }
    }
}
```

```
stream_filter_register('str.*', 'StringFilter'); ❻

$fp = fopen('document.txt', 'w');
stream_filter_append($fp, 'str.toupper'); ❼

fwrite($fp, 'Hello' . PHP_EOL); ❽
fwrite($fp, 'World' . PHP_EOL);

fclose($fp);

echo file_get_contents('document.txt'); ❾
```

❶ 傳遞到過濾器的 $in 資源必須先設定為可寫入，然後才能對其執行操作。

❷ 消耗資料時，請務必確保更新 $consumed 輸出變數，以便 PHP 可以追蹤我們操作了
多少位元。

❸ $out 資源最初是空的，我們需要向其中寫入儲存的資料，以便其他過濾器（或是
PHP 本身）繼續對串流進行操作。

❹ PSFS_PASS_ON 旗標告訴 PHP 過濾器已成功，並且資料在由 $out 定義的資源中可
存取。

❺ 這個特殊的過濾器可以用於任何 str. 旗標，但有意地只讀取兩個用於將文字轉換為
大寫或小寫的過濾器名稱。透過開啟已定義的過濾器名稱，可以攔截和過濾出只有
我們想要的操作，同時允許其他過濾器定義自己的 str. 函數。

❻ 定義過濾器還不夠。我們必須明確地註冊過濾器，以便 PHP 知道在過濾串流時要實
體化哪一個類別。

❼ 接著，我們必須將自訂過濾器附加（或前置）到目前串流資源的過濾器清單之中。

❽ 連結上過濾器後，寫入串流的任何資料都將會流經過濾器。

❾ 再次開啟檔案，顯示我們的輸入資料確實已轉換為大寫。請注意，file_get_
contents() 函數會將整個檔案讀取到記憶體中，而不是作為串流進行操作。

在系統內部，任何自訂過濾器的 filter() 方法，都必須傳回三種旗標之一：

PSFS_PASS_ON

表示處理已經成功完成，且輸出的水桶隊（bucket brigade）（$out）中包含了可供下
一個過濾器使用的資料。

PSFS_FEED_ME

表示過濾器已成功完成，但輸出隊（output brigade）中沒有可用的資料。我們必須向過濾器提供更多資料（來自基本串流或堆疊中緊鄰之前的過濾器）才能獲得任何輸出。

PSFS_ERR_FATAL

表示過濾器遇到錯誤。

onCreate() 方法公開了來自底層 php_user_filter 類別的三個內部變數，它們就好像是子類別本身的屬性一樣：

::filtername

在 stream_filter_append() 或 stream_filter_prepend() 函數中指定的過濾器名稱。

::params

在將過濾器附加或前置到過濾器堆疊時傳遞的其他參數。

::stream

實際被過濾的串流資源。

串流過濾器是在資料流入或流出系統時，對其進行操作的強大功能。以下章節將涵蓋了 PHP 中串流的各種用途，包括串流包裝器和過濾器。

11.1 資料串流與暫存檔案之間的傳輸

問題

我們想要使用暫存檔案，來儲存在程式中其他地方使用的資料。

解決方案

要儲存資料如同檔案一般，請使用 php://temp 串流，如下所示：

```
$fp = fopen('php://temp', 'rw');

while (true) {
    // 從某個來源取得資料

    fputs($fp, $data);
```

```
        if ($endOfData) {
            break;
        }
    }
```

若要再次取得相關資料，請將串流回到開頭，然後依照以下方式讀取資料：

```
    rewind($fp);

    while (true) {
        $data = fgets($fp);

        if ($data === false) {
            break;
        }

        echo $data;
    }

    fclose($fp);
```

討論

一般來說，PHP 支援兩種不同的臨時資料串流。上述範例是利用 php://temp 串流，但也可使用 php://memory 來實現相同的效果。對於完全適合記憶體的資料串流，這兩個包裝器是可以互換的。預設情況下，兩者都將使用系統記憶體來儲存串流資料。一旦串流超過應用程式可用的記憶體大小，php://temp 就會將資料轉移到磁碟上的暫存檔案中。

在這兩種情況下，寫入串流的資料都被假設為短暫的。一旦關閉串流，該資料就不可再被使用。同樣地，我們無法建立指向相同資料的新串流資源。範例 11-2 說明了即使使用相同的串流包裝器，PHP 如何為串流利用不同的臨時檔案。

範例 11-2　獨一無二的臨時串流

```
    $fp = fopen('php://temp', 'rw');

    fputs($fp, 'Hello world!'); ❶

    rewind($fp); ❷
    echo fgets($fp) . PHP_EOL; ❸

    $fp2 = fopen('php://temp', 'rw'); ❹
    fputs($fp2, 'Goodnight moon.'); ❺
```

```
rewind($fp); ❻
rewind($fp2);

echo fgets($fp2) . PHP_EOL; ❼
echo fgets($fp) . PHP_EOL; ❽
```

❶ 將單一行內容寫入臨時串流。

❷ 串流控制代碼回到開始位置，以便我們重新讀取資料。

❸ 從串流中讀取資料，控制台會列印出 Hello world!。

❹ 儘管協議包裝器相同，但建立新的串流控制代碼時，仍然會建立一個全新的串流。

❺ 將一些獨特的資料寫入新串流中。

❻ 為了更好驗證，兩個串流都回到資料起始處。

❼ 首先列印第二個串流，來證實它是唯一的。控制台將列印出 Goodnight moon。

❽ 控制台再列印出 Hello world!，證實原來的串流仍如預期般地運作著。

在任何情況下，當我們在執行應用程式時需要儲存一些資料，並且不希望明顯地將其保留至磁碟上時，臨時串流是個很好的解決方式。

參閱

關於 fopen() 函數（*https://oreil.ly/LR8pa*）和 PHP I/O 串流包裝器（*https://oreil.ly/6De6p*）的文件。

11.2 從 PHP 輸入串流讀取資料

問題

我們想要從 PHP 內部讀取原始輸入的內容。

解決方案

利用 php://stdin 讀取標準輸入串流（stdin）（*https://oreil.ly/-_Bxl*）如下所示：

```
$stdin = fopen('php://stdin', 'r');
```

討論

與任何其他應用程式一樣，PHP 可以直接存取透過命令和其他上游應用程式傳遞給它
的輸入。在控制台的環境中，這可能是另一個命令、終端機的文字輸入，或從另一個應
用程式透過管線（pipe）傳入的資料。不過，在 Web 網頁傳輸內容過程中，我們可以使
用 php://input+ 來存取 Web 請求所提交的文字內容，並透過 PHP 應用程式之前的任何
Web 伺服器傳遞。

> 在命令列的應用程式中，我們可以直接使用預先定義的 STDIN 常數
> （*https://oreil.ly/wgDpd*）。PHP 本身會開啟一個串流，這表示我們無須額
> 外建立新的資源變數。

一個簡單的命令列應用程式可能會從輸入中取得數據資料，並對其進行相關操作處理，
然後將結果儲存在檔案中。在第 9.5 節中，我們曾學習如何使用 Libsodium 的對稱金
鑰，來完成加密和解密檔案。假設我們有一個作為環境變數的加密金鑰（以十六進制編
碼），範例 11-3 中的程式會使用該金鑰來加密傳入的任何資料，並將其儲存在輸出的檔
案之中。

範例 11-3　使用 Libsodium 對 stdin 進行加密

```
if (empty($key = getenv('ENCRYPTION_KEY'))) { ❶
    throw new Exception('No encryption key provided!');
}

$key = hex2bin($key);
if (strlen($key) !== SODIUM_CRYPTO_STREAM_XCHACHA20_KEYBYTES) { ❷
    throw new Exception('Invalid encryption key provided!');
}

$in = fopen('php://stdin', 'r'); ❸
$filename = sprintf('encrypted-%s.bin', uniqid()); ❹
$out = fopen($filename, 'w'); ❺

[$state, $header] = sodium_crypto_secretstream_xchacha20poly1305_init_push($key); ❻

fwrite($out, $header);

while (!feof($in)) {
    $text = fread($in, 8175);

    if (strlen($text) > 0) {
        $cipher = sodium_crypto_secretstream_xchacha20poly1305_push($state, $text);
```

```
        fwrite($out, $cipher);
    }
}

sodium_memzero($state);

fclose($in);
fclose($out);

echo sprintf('Wrote %s' . PHP_EOL, $filename);
```

❶ 由於我們想使用環境變數的方式來存放加密金鑰，因此請先檢查該變數是否存在。

❷ 在使用金鑰進行加密之前，也要檢查密鑰的大小是否正確。

❸ 在此範例中，直接從 stdin 讀取位元。

❹ 使用動態命名的檔案來儲存加密的資料。請注意，實際上 uniqid() 使用時間戳記，並且可能會受到頻繁使用的系統上的競爭條件和名稱衝突的影響。在現實環境中，我們將希望對產生的檔案名稱使用更可靠的隨機來源。

❺ 輸出的結果，其實也可以回傳至控制台中，但由於這種加密產生的是原始位元，因此將輸出串流到檔案會更加安全。在這種情況下，檔案名稱將根據系統時間動態產生。

❻ 加密的其餘部分與先前在第 9.5 節中討論的模式相同。

前面的範例讓我們可以透過使用標準輸入緩衝區，將資料從檔案直接傳送到 PHP。這樣的管線操作命令，可能看起來像 cat plaintext-file.txt | php encrypt.php。

有鑑於加密操作將產生一個檔案，因此我們也可以使用類似的指令稿來反轉操作，並使用 cat 將原始二進制檔案傳回 PHP，如範例 11-4 所示。

範例 *11-4 使用 Libsodium 對 stdin 進行解密*

```
if (empty($key = getenv('ENCRYPTION_KEY'))) {
    throw new Exception('No encryption key provided!');
}

$key = hex2bin($key);
if (strlen($key) !== SODIUM_CRYPTO_STREAM_XCHACHA20_KEYBYTES) {
    throw new Exception('Invalid encryption key provided!');
}

$in = fopen('php://stdin', 'r');
```

```
$filename = sprintf('decrypted-%s.txt', uniqid());
$out = fopen($filename, 'w');

$header = fread($in, SODIUM_CRYPTO_SECRETSTREAM_XCHACHA20POLY1305_HEADERBYTES);
$state = sodium_crypto_secretstream_xchacha20poly1305_init_pull($header, $key);

try {
    while (!feof($in)) {
        $cipher = fread($in, 8192);

        [$plain, ] = sodium_crypto_secretstream_xchacha20poly1305_pull(
            $state,
            $cipher
        );

        if ($plain === false) {
            throw new Exception('Error decrypting file!');
        }

        fwrite($out, $plain);
    }
} finally {
    sodium_memzero($state);

    fclose($in);
    fclose($out);

    echo sprintf('Wrote %s' . PHP_EOL, $filename);
}
```

由於採用 PHP 的 I/O 串流包裝器，任意輸入串流就如同在本機磁碟上的本機檔案一樣容易操作。

參閱

關於 PHP 的 I/O 串流包裝器的文件（*https://oreil.ly/wKjj9*）。

11.3 寫入 PHP 輸出串流

問題

我們想直接輸出資料。

解決方案

將資料寫入 php://output，直接推送至標準輸出（stdout）串流中（*https://oreil.ly/coZ8n*）。如下：

```
$stdout = fopen('php://stdout', 'w');
fputs($stdout, 'Hello, world!');
```

討論

PHP 在程式碼中公開的三個標準 I/O 串流——stdin、stdout 和 stderr。預設情況下，我們在應用程式中所列印的任何內容，都會傳送到標準輸出串流（stdout），因此以下兩行程式碼在功能上是等效的：

```
fputs($stdout, 'Hello, world!');
echo 'Hello, world!';
```

許多開發人員學習使用 echo 和 print 語句，作為替應用程式除錯的簡單方法；在程式碼中加入指示器，可以輕鬆地辨別編譯器到底在哪裡失敗，或發出隱藏變數的數值。然而，這並不是管理輸出的唯一方法。stdout 串流對於許多應用程式來說其實是很常見，且直接對它進行寫入（與隱含 print 語句相比），是讓應用程式專注於其需要執行的操作的一種方法。

同樣地，一旦開始直接利用 php://stdout 將輸出列印到客戶端，我們也可以開始利用 php://stderr 串流來發出有關錯誤的訊息。作業系統對這兩種串流的處理方式有所不同，我們可以使用它們，在有用訊息和錯誤狀態之間做出區分來傳遞。

> 在命令列應用程式中，我們也可以直接使用預先定義的 STDOUT 和 STDERR 常數（*https://oreil.ly/HArEs*）。PHP 本身會替我們開啟這些串流，這表示根本不需要建立新的資源變數。

範例 11-4 允許我們從 php://stdin 讀取加密資料、解密、然後將解密的內容儲存在檔案中。而一個更有用的範例是將解密的資料呈現給 php://stdout（而將任何錯誤顯示給 php://stderr），如範例 11-5 所示。

範例 *11-5　將 stdin 解密為 stdout*

```
if (empty($key = getenv('ENCRYPTION_KEY'))) {
    throw new Exception('No encryption key provided!');
}
```

```php
$key = hex2bin($key);
if (strlen($key) !== SODIUM_CRYPTO_STREAM_XCHACHA20_KEYBYTES) {
    throw new Exception('Invalid encryption key provided!');
}

$in = fopen('php://stdin', 'r');
$out = fopen('php://stdout', 'w'); ❶
$err = fopen('php://stderr', 'w'); ❷

$header = fread($in, SODIUM_CRYPTO_SECRETSTREAM_XCHACHA20POLY1305_HEADERBYTES);
$state = sodium_crypto_secretstream_xchacha20poly1305_init_pull($header, $key);

while (!feof($in)) {
    $cipher = fread($in, 8192);

    [$plain, ] = sodium_crypto_secretstream_xchacha20poly1305_pull(
        $state,
        $cipher
    );

    if ($plain === false) {
        fwrite($err, 'Error decrypting file!'); ❸
        exit(1);
    }

    fwrite($out, $plain);
}

sodium_memzero($state);

fclose($in);
fclose($out);
fclose($err);
```

❶ 我們可以直接寫入標準輸出串流,而無須建立中間檔案。

❷ 當我們在使用時,還應該取得標準錯誤串流的控制代碼。

❸ 我們可以將訊息直接寫入錯誤串流,而不是觸發例外。

參閱

關於 PHP 中 I/O 串流包裝器的文件(*https://oreil.ly/PmXdc*)。

11.4 從一個串流讀取並寫入另一個串流

問題

我們想要連接兩個串流,將位元從一個串流傳遞到另一個串流。

解決方案

使用 stream_copy_to_stream() 函數,將資料從一個串流複製到另一個串流,如下所示:

```
$source = fopen('document1.txt', 'r');
$dest = fopen('destination.txt', 'w');

stream_copy_to_stream($source, $destination);
```

討論

PHP 中的串流機制提供了處理大量資料區塊的有效方法。通常,我們最終可能會在 PHP 應用程式中,使用到太大而無法容納應用程式的可用記憶體的檔案。我們可能會公開大部分的檔案,並透過 Apache 或 NGINX 直接傳送給使用者。例如,在其他情況下,我們可能希望使用 PHP 編寫的指令稿來驗證使用者的身分,以保護大檔案的下載(如 zip 檔案或影片)。

這種情況在 PHP 中是可能的,因為系統不需要將整個串流保留在記憶體中,而是從另一個串流讀取位元時,將位元寫入另一個串流。範例 11-6 假設我們的 PHP 應用程式,直接對使用者進行身分驗證,在串流傳輸特定檔案的內容之前,驗證他們是否有權存取該檔案。

範例 11-6 透過連接串流,將大檔案複製到 stdout

```
if ($user->isAuthenticated()) {
    $in = fopen('largeZipFile.zip', 'r'); ❶
    $out = fopen('php://stdout', 'w');

    stream_copy_to_stream($in, $out); ❷
    exit; ❸
}
```

❶ 開啟串流的行為只是為了取得底層資料的控制代碼。系統尚未讀取任何位元。

❷ 將一個串流複製到另一個串流將直接複製位元，過程中不會將任一串流的全部內容保留在記憶體中。請記住，串流在區塊上的工作類似於水桶隊的方式，因此在任何給定時間只有必要位元的子集保存在記憶體之中。

❸ 複製串流後務必 exit，這一點很重要；否則，我們可能會無意中錯誤地附加了各種位元。

同樣地，可以透過程式設計的方式**建構**一個大串流，並在需要時將其複製到另一個串流。某些 Web 應用程式可能需要以這樣的方式來建立大量資料（例如，通通寫在單一頁面的龐大 Web 應用程式）。將這些大資料元素寫入 PHP 的臨時記憶體串流之中，然後在需要時將位元複製回來。範例 11-7 更明確地說明要如何執行。

範例 *11-7　將臨時串流複製到 stdout*

```
$buffer = fopen('php://temp', 'w+'); ❶
fwrite($buffer, '<html><head>');

// …經過幾百次 fwrite() 後…

fwrite($buffer, '</body></html>');
rewind($buffer); ❷

$output = fopen('php://stdout', 'w');
stream_copy_to_stream($buffer, $output); ❸
exit; ❹
```

❶ 臨時串流利用磁碟上的暫存檔案。因此我們不受到 PHP 可用記憶體的限制，而是受限於作業系統所分配給暫存檔案的可用空間。

❷ 將整個 HTML 檔案寫入暫存檔案後，將串流倒回到開頭位置，以便將所有這些位元複製到 stdout。

❸ 將一個串流複製到另一個串流的機制維持不變，即使這些串流都不指向磁碟上特定目標的檔案。

❹ 將所有位元複製到客戶端後 exit，以避免意外的錯誤。

參閱

關於 stream_copy_to_stream() 的文件（*https://oreil.ly/Us_Yj*）。

11.5　將不同處理串流的方法組合在一起

問題

我們希望將多個串流概念（例如包裝器和過濾器）組合在一段程式碼中。

解決方案

根據需要附加過濾器，並使用適當的包裝協定。範例 11-8 使用 file:// 協定進行本機檔案系統存取，並附加了兩個過濾器來處理 Base64 編碼和檔案解壓縮。

範例 11-8　將多個過濾器套用到一個串流

```php
$fp = fopen('compressed.txt', 'r'); ❶
stream_filter_append($fp, 'convert.base64-decode'); ❷
stream_filter_append($fp, 'zlib.inflate'); ❸

echo fread($fp, 1024) . PHP_EOL; ❹
```

❶ 假設該檔案存在於磁碟上，並包含文字內容 80jNycnXUSjPL8pJUQQA。

❷ 新增到堆疊的第一個串流過濾器，會將 Base64 編碼的 ASCII 文字轉換為原始位元。

❸ 第二個過濾器使用 Zlib 將原始位元解壓縮。

❹ 如果從第 1 步中的文字內容開始，這會在控制台列印出 Hello, world!。

討論

當討論到串流時，考慮到層是有幫助的。基礎始終是用於實體化串流的協定處理程序。在上述範例中沒有明確的協議，這表示 PHP 將預設使用 file:// 協定。在這個基礎之上，是串流上任意數量的過濾器層。

上述範例使用 Zlib 壓縮和 Base64 編碼，分別壓縮文字和編碼原始（已被壓縮的）位元。要建立這樣的壓縮 / 編碼檔案，我們需要執行以下操作：

```php
$fp = fopen('compressed.txt', 'w');

stream_filter_append($fp, 'zlib.deflate');
stream_filter_append($fp, 'convert.base64-encode');

fwrite($fp, 'Goodnight, moon!');
```

前面的這些範例，都使用了與解決方案範例相同的協定包裝器和過濾器。但請注意，它們的添加順序是相反的。這是因為串流過濾器的工作方式，類似大顆多層的糖果，如圖 11-2 所示。協議包裝器位於核心位置，資料以特定順序經過每一層，從左方流入核心後再流向右方。

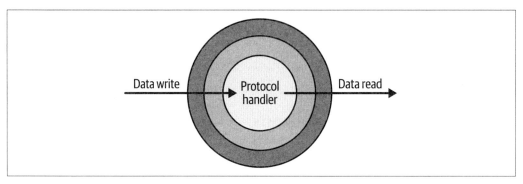

圖 11-2　PHP 串流過濾器的資料流入和流出

我們可以將多個過濾器套用至 PHP 內建的串流中。然而，也可以定義自己的過濾器。將原始位元編碼為 Base64 很有用，但有時將位元編碼 / 解碼為十六進制也很有用。這樣的過濾器在 PHP 中並不存在，但是我們仍然可以藉由擴充 `php_user_filter` 類別來定義，就如同本章介紹的範例 11-1。接著參考一下範例 11-9 中的類別。

範例 *11-9*　使用過濾器進行十六進制編碼 / 解碼

```
class HexFilter extends php_user_filter
{
    private string $mode;

    public function filter($in, $out, &$consumed, bool $closing): int
    {
        while ($bucket = stream_bucket_make_writeable($in)) {
            switch ($this->mode) {
                case 'encode':
                    $bucket->data = bin2hex($bucket->data);
                    break;
                case 'decode':
                    $bucket->data = hex2bin($bucket->data);
                    break;
                default:
                    throw new Exception('Invalid encoding mode!');
            }
```

```
            $consumed += $bucket->datalen;
            stream_bucket_append($out, $bucket);
        }

        return PSFS_PASS_ON;
    }

    public function onCreate(): bool
    {
        switch($this->filtername) {
            case 'hex.decode':
                $this->mode = 'decode';
                return true;
            case 'hex.encode':
                $this->mode = 'encode';
                return true;
            default:
                return false;
        }
    }
}
```

範例 11-9 中定義的類別在任意串流進入過濾器時，會對資料進行十六進制編碼與解碼。如同其他過濾器一樣進行註冊，然後套用在需要轉換的任何串流。

解決方案範例中使用的 Base64 編碼，也可以完全轉換為十六進制，如範例 11-10 所示。

範例 *11-10*　將十六進制串流過濾器與 *Zlib* 壓縮結合

```
stream_filter_register('hex.*', 'HexFilter'); ❶

// 寫入資料
$fp = fopen('compressed.txt', 'w');

stream_filter_append($fp, 'zlib.deflate');
stream_filter_append($fp, 'hex.encode');

fwrite($fp, 'Hello, world!' . PHP_EOL);
fwrite($fp, 'Goodnight, moon!');

fclose($fp); ❷

$fp2 = fopen('compressed.txt', 'r');
stream_filter_append($fp2, 'hex.decode');
stream_filter_append($fp2, 'zlib.inflate');

echo fread($fp2, 1024); ❸
```

❶ 一旦過濾器存在就必須予以註冊，以便 PHP 知道如何使用它。在註冊期間利用 * 萬用字元可以同時進行編碼和解碼。

❷ 此時，*compressed.txt* 的內容將為 f348cdc9c9d75128cf2fca4951e472cfcf4fc9cb4ccf28d151c8cdcfcf530400。

❸ 解碼解壓縮後，Hello world! Goodnight, moon! 將會被印到控制台（兩個句子之間存在一個換行符號）。

參閱

支援的協議和包裝器的種類（*https://oreil.ly/HxKpb*）和可用過濾器明細（*https://oreil.ly/IE5UR*）。另外請參考範例 11-1，說明如何操作使用者定義的串流過濾器。

11.6　撰寫自訂串流包裝器

問題

我們想要定義自己的自訂串流協定。

解決方案

建立一個遵循以 streamWrapper 為原型的自訂類別，並將其註冊到 PHP 之中。例如，VariableStream 類別可以提供類似串流的介面，來讀取或寫入特定的全域變數，如下所示[2]：

```
class VariableStream
{
    private int $position;
    private string $name;
    public $context;

    function stream_open($path, $mode, $options, &$opened_path)
    {
        $url = parse_url($path);
        $this->name = $url['host'];
        $this->position = 0;

        return true;
```

2　PHP 手冊提供了一個類似命名的類別（*https://oreil.ly/b0PLM*），其功能比在解決方案範例中進行的示範更為詳盡。

```
    }

    function stream_write($data)
    {
        $left = substr($GLOBALS[$this->name], 0, $this->position);
        $right = substr($GLOBALS[$this->name], $this->position + strlen($data));
        $GLOBALS[$this->name] = $left . $data . $right;
        $this->position += strlen($data);
        return strlen($data);
    }
}
```

前面的類別將在 PHP 中註冊並使用，如下所示：

```
if (!in_array('var', stream_get_wrappers())) {
    stream_wrapper_register('var', 'VariableStream');
}

$varContainer = '';

$fp = fopen('var://varContainer', 'w');

fwrite($fp, 'Hello' . PHP_EOL);
fwrite($fp, 'World' . PHP_EOL);
fclose($fp);

echo $varContainer;
```

討論

PHP 中的 streamWrapper 構造是類別的原型。不幸的是，它不是一個可擴充的類別，也不是一個可以具體實現的介面。相反地，它是任何使用者定義的串流協議都必須遵循的文件格式。

雖然可以將類別註冊為遵循不同介面的協定處理程式，但強烈建議任何已知的協定類別實作 streamWrapper 介面中定義的所有方法（如範例 11-11，從 PHP 文件中複製的虛擬介面），以滿足 PHP 串流所預期的行為。

範例 11-11　streamWrapper 介面定義

```
class streamWrapper {
    public $context;

    public __construct()
```

```
public dir_closedir(): bool

public dir_opendir(string $path, int $options): bool

public dir_readdir(): string

public dir_rewinddir(): bool

public mkdir(string $path, int $mode, int $options): bool

public rename(string $path_from, string $path_to): bool

public rmdir(string $path, int $options): bool

public stream_cast(int $cast_as): resource

public stream_close(): void

public stream_eof(): bool

public stream_flush(): bool

public stream_lock(int $operation): bool

public stream_metadata(string $path, int $option, mixed $value): bool

public stream_open(
    string $path,
    string $mode,
    int $options,
    ?string &$opened_path
): bool

public stream_read(int $count): string|false

public stream_seek(int $offset, int $whence = SEEK_SET): bool

public stream_set_option(int $option, int $arg1, int $arg2): bool

public stream_stat(): array|false

public stream_tell(): int

public stream_truncate(int $new_size): bool

public stream_write(string $data): int
```

```
    public unlink(string $path): bool

    public url_stat(string $path, int $flags): array|false

    public __destruct()
}
```

某些特定功能（例如 `mkdir`、`rename`、`rmdir` 或 `unlink`）根本不應該實現，除非協定本身有特定用途。否則，系統將不會向我們（或建置函式庫的開發人員）提供有用的錯誤訊息，並且會出現非預期行為。

雖然我們日常使用的大多數協定都是 PHP 原生提供的，但我們仍然可以撰寫新的或利用其他開發人員所建立的協定處理程式。

通常會看到使用專屬協定（例如 Amazon Web Services 的 `s3://`）作為雲端儲存的參考，而不是在其他地方看到的更常見的 `https://` 或 `file://` 前綴。AWS 實際上公布一份 SDK（*https://oreil.ly/RVXlw*），其在內部使用 `stream_wrapper_register()` 來為其他應用程式程式碼提供 `s3://` 協定，能夠讓我們像處理本機檔案一樣輕鬆地存取雲端資料。

參閱

關於 `streamWrapper` 的文件（*https://oreil.ly/SyhD8*）。

## 第十二章

錯誤處理

即使再縝密的計畫，但終究趕不上變化。

—Robert Burns

如果我們從事程式設計或軟體開發的工作，就可能非常熟悉錯誤和除錯的過程。甚至可能花費與最初撰寫程式碼一樣多的時間（如果不是更多的話）來追蹤錯誤。這是一則不幸的軟體名言——無論團隊如何努力以正確的方式建立軟體，都無法避免出現需要識別和修正錯誤的意外狀況。

幸運的是，PHP 讓尋找 bug 變得相對簡單。語言的寬容性常常會使錯誤變得令人討厭，但卻不是致命的缺陷。

以下將介紹在程式碼中，辨識和處理錯誤的最簡單且快速的方法。還會詳細介紹如何撰寫和處理在第三方 API 輸出無效資料，或在其他不正確的系統行為時，所引發的自訂例外狀況。

12.1　尋找並修復語法解析錯誤

問題

PHP 編譯器無法解析應用程式中的指令稿；我們想快速找到並修正問題。

解決方案

在文字編輯器中開啟有問題的檔案，並利用解譯器檢查指出某一行是否有語法上的錯誤。如果問題沒有立即顯現出來，請一次一行向後瀏覽程式碼，直到找到問題並在檔案中進行更正。

討論

PHP 是一種相對寬鬆的語言，通常會嘗試讓不正確或有問題的指令稿執行完成。但在許多情況下，解譯器無法正確解釋某一行程式碼應該做些什麼，而回傳錯誤。

舉個例子來說，迴圈遍歷美國西部各州：

```
$states = ['Washington', 'Oregon', 'California'];
foreach $states as $state {
    print("{$state} is on the West coast.") . PHP_EOL;
}
```

此程式碼在 PHP 解譯器中執行時，將在第二行拋出解析錯誤：

```
PHP Parse error: syntax error, unexpected variable "$states", expecting "("
in php shell code on line 2
```

僅根據此錯誤訊息，我們就可以專注於有錯誤的部分並進行修正。請記住，雖然 foreach 是一種語言結構，但它的撰寫方式仍然類似於帶括號的函數呼叫。疊代陣列狀態的正確方法如下：

```
$states = ['Washington', 'Oregon', 'California'];
foreach ($states as $state) {
    print("{$state} is on the West coast.") . PHP_EOL;
}
```

這種特殊的錯誤（在利用語言結構時省略括號），在經常於語言之間切換的開發人員中很常見。例如 Python 中的相同機制看起來幾乎相同，但在 foreach 呼叫中省略括號時，在語法上是正確的。例如：

```
states = ['Washington', 'Oregon', 'California']
for state in states:
    print(f"{state} is on the West coast.")
```

這兩種語言的語法非常相似，有時會令人困惑。慶幸的是，它們仍有足夠大的差異，以致於各種語言的解譯器都會捕捉到這些差異，並於我們在專案之間來回切換而犯了這樣的錯誤時給予提醒。

方便的是，像 Visual Studio Code（*https://oreil.ly/CkzbA*）這樣的 IDE 工具，會自動解析我們的指令稿，並特別標示出任何語法錯誤。圖 12-1 說明了這種特別標示在應用程式執行之前，如何協助我們更加容易地追蹤並修正問題。

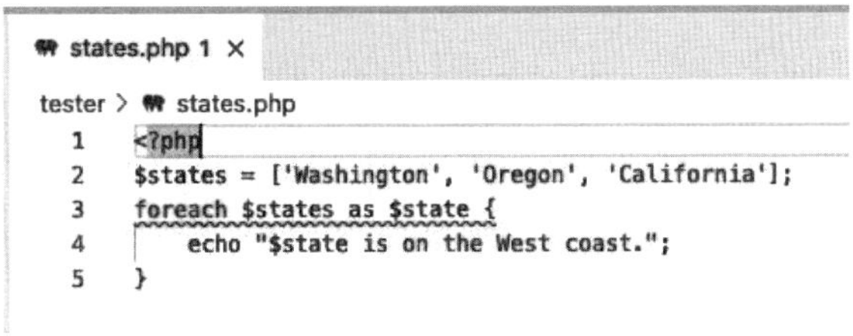

```
states.php 1 ✕

tester > states.php
1   <?php
2   $states = ['Washington', 'Oregon', 'California'];
3   foreach $states as $state {
4       echo "$state is on the West coast.";
5   }
```

圖 12-1　Visual Studio Code 在應用程式執行之前，辨識並特別標示出語法錯誤

參閱

PHP 解譯器使用的原始碼的各個部分的標記列表（*https://oreil.ly/Zw_1I*）。

12.2　建立和處理自訂例外

問題

我們希望應用程式在出現問題時拋出（並捕捉）自訂例外。

解決方案

擴充基礎 Exception 類別以引入自訂行為，然後利用 try/catch 程式碼區塊來捕捉和處理例外情況。

討論

PHP 定義了一個基本的 Throwable（*https://oreil.ly/NkLuC*）介面，該介面由語言中任何類型的錯誤或例外實作。然後，系統內部問題由 Error 類別（*https://oreil.ly/eFMGz*）及其延伸類別來表示，而使用者空間中的問題是由 Exception 類別及其延伸類別來表示。

通常，我們只會在應用程式中擴充 Exception 類別，但也可以在標準 try/catch 區塊中捕捉任何 Throwable 實作。

例如，假設我們正在實作具有非常精確且能自訂功能的除法函數：

1. 不允許除以 0。

2. 所有小數數值都將向下捨去。

3. 整數 42 作為分子被視為永遠無效的。

4. 分子必須是整數，但分母也可以是浮點數。

此類函數可能會利用 ArithmeticError 或 DivisionByZeroError 等內建錯誤。但在前面的規則清單中，第三條規則特立獨行，因為它需要自訂例外條件。在定義函數之前，我們需要定義一個自訂例外，如範例 12-1 所示。

範例 12-1　簡單的自訂例外定義

```
class HitchhikerException extends Exception
{
    public function __construct(int $code = 0, Throwable $previous = null)
    {
        parent::__construct('42 is indivisible.', $code, $previous);
    }

    public function __toString()
    {
        return __CLASS__ . ": [{$this->code}]: {$this->message}\n";
    }
}
```

一旦存在自訂例外，就可以將其拋出到我們自訂的除法函數中，如下所示：

```
function divide(int $numerator, float|int $denominator): int
{
    if ($denominator === 0) {
        throw new DivisionByZeroError;
    } elseif ($numerator === 42) {
        throw new HitchhikerException;
    }

    return floor($numerator / $denominator);
}
```

一旦定義了自訂功能，就可以在應用程式中使用該程式碼。我們知道該函數可能會拋出錯誤，因此將任何呼叫包裝在 try 語句中並適當地處理錯誤是非常重要的。範例 12-2 將疊代四對數字，嘗試對每一對數字進行除法，並處理任何隨後拋出的錯誤 / 例外。

範例 *12-2　處理自訂除法中的錯誤*

```
$pairs = [
    [10, 2],
    [2, 5],
    [10, 0],
    [42, 2]
];

foreach ($pairs as $pair) {
    try {
        echo divide($pair[0], $pair[1]) . PHP_EOL;
    } catch (HitchhikerException $he) { ❶
        echo 'Invalid division of 42!' . PHP_EOL;
    } catch (Throwable $t) { ❷
        echo 'Look, a rabid marmot!' . PHP_EOL;
    }
}
```

❶ 如果 42 作為分子，divide() 函數將拋出 HitchhikerException 並且無法恢復。捕捉此例外，允許我們向應用程式或使用者提供回報並繼續執行。

❷ 函數拋出的任何 Error 或 Exception，都會被 Throwable 的實作捕捉到。在這種情況下，我們將捨棄錯誤並繼續執行下去。

參閱

關於以下內容的文件：

- 基礎 Exception 類別（*https://oreil.ly/2s4mN*）
- 預先定義例外清單（*https://oreil.ly/TdeGN*）
- 標準 PHP 函式庫（SPL）定義的其他例外（*https://oreil.ly/GSDEg*）
- 藉由擴充功能，建立自訂例外（*https://oreil.ly/-jrVt*）
- 自 PHP 7 起，錯誤的階層結構（*https://oreil.ly/KF1Zd*）

12.3　向終端使用者隱藏錯誤訊息

問題

我們已經修復了所有已知的錯誤，並準備好在產品中啟動我們的應用程式。但仍然希望防止向終端使用者顯示任何新錯誤。

解決方案

若要完全抑制產品中的錯誤，請將 *php.ini* 中的 error_reporting 和 display_errors 指令設為 Off，如下所示：

```
; 關閉錯誤報告
error_reporting = Off
display_errors = Off
```

討論

上述範例中提供的設定配置，在變更後將影響整個應用程式。錯誤將被完全抑制，即使拋出錯誤，也永遠不會顯示給最終的使用者。直接向使用者呈現錯誤或未處理的例外，常常被認為是不好的做法。如果是堆疊追蹤直接呈現給應用程式的使用者，也可能會導致安全性問題。

然而，如果應用程式本身行為異常，則不會記錄任何內容提供開發團隊診斷及解決。

對於產品而言，將 display_errors 設定為 Off 仍會對終端使用者隱藏錯誤，但還原到預設的 error_reporting 等級，將能可靠地把任何錯誤傳送到日誌之中。

不過，我們可能想要忽略某些已知錯誤的特定頁面（由於殘留的過時程式碼、撰寫不良的依賴套件或已知的技術債）。在這些情況下，我們可以使用 PHP 中的 error_reporting() 函數，以程式設計方式設定錯誤報告等級來解決。此函數接受新的錯誤報告等級，並傳回先前設定的任何等級（如果先前未配置，則為預設等級）。

因此，我們可以使用對 error_reporting() 的呼叫，來包裝有問題的程式碼區塊，並防止日誌中出現過於繁雜的錯誤。例如：

```
$error_level = error_reporting(E_ERROR); ❶

// …在此處呼叫其他應用程式程式碼。

error_reporting($error_level); ❷
```

❶ 將錯誤等級設為絕對最小數值，僅包括導致指令稿執行停止的嚴重執行時期錯誤。

❷ 將錯誤等級回復到先前的狀態。

預設錯誤等級是 E_ALL，它會顯示所有錯誤、警告和通知[1]。我們可以使用整數報告等級來覆蓋此設定。但 PHP 提供了幾個代表每個潛在設定的命名常數。表 12-1 條列出這些常數。

 在 PHP 8.0 之前，預設錯誤報告等級從 E_ALL 開始，然後明確移除了診斷通知（E_NOTICE）、嚴格型別警告（E_STRICT）和棄用通知（E_DEPRECATED）。

表 12-1 　錯誤報告等級常數

整數數值	常數	描述
1	E_ERROR	嚴重執行時期錯誤導致指令稿執行停止。
2	E_WARNING	執行時期警告（非嚴重錯誤）不會停止指令稿執行。
4	E_PARSE	解譯器產生的編譯時期錯誤。
8	E_NOTICE	執行期間通知，表示指令稿遇到了可能的錯誤情況，但也可能會在正常執行指令稿的情況中發生。
16	E_CORE_ERROR	PHP 初始啟動期間發生的嚴重錯誤。這類似於 E_ERROR，只不過它是由 PHP 核心所產生的。
32	E_CORE_WARNING	PHP 初始啟動期間所發生的警告（非嚴重錯誤）。這類似於 E_WARNING，只不過它是由 PHP 核心所產生的。
64	E_COMPILE_ERROR	嚴重編譯時期錯誤。這類似於 E_ERROR，只不過它是由 Zend 指令稿引擎產生的。
128	E_COMPILE_WARNING	編譯時期警告（非嚴重錯誤）。這類似於 E_WARNING，只不過它是由 Zend 指令稿引擎產生的。
256	E_USER_ERROR	使用者產生的錯誤訊息。這類似於 E_ERROR，只不過它是在 PHP 程式碼中，透過 PHP 函數 trigger_error() 產生的（*https://oreil.ly/eNgVf*）。
512	E_USER_WARNING	使用者產生的警告訊息。這類似於 E_WARNING，只不過它是在 PHP 程式碼中，透過 PHP 函數 trigger_error() 所產生的。
1024	E_USER_NOTICE	使用者產生的通知訊息。這類似於 E_NOTICE，只不過它是在 PHP 程式碼中，透過 PHP 函數 trigger_error() 所產生的。

---

[1] 預設錯誤等級可以直接在 *php.ini* 中設定，並且在許多環境中，可能已被設定為 E_ALL 以外的其他數值。最好確認一下自己環境中的配置設定。

整數數值	常數	描述
2048	E_STRICT	開啟 PHP 嚴格模式，會對程式碼提出一些修改建議，以確保程式碼維持最佳的互通性和相容性。
4096	E_RECOVERABLE_ERROR	可捕捉的嚴重錯誤。發生了危險的錯誤，但 PHP 不是不穩定的，其可以恢復。如果使用者定義的控制代碼未捕獲錯誤（另請參考第 12.4 節），則應用程式將會中止，如同 E_ERROR 一樣。
8192	E_DEPRECATED	執行時期通知。開啟此選項可以接收有關在未來新的版本中，沒有作用的程式碼的警告。
16384	E_USER_DEPRECATED	使用者產生的警告訊息。這類似於 E_DEPRECATED，只不過它是在 PHP 程式碼中，透過 PHP 函數 trigger_error() 所產生的。
32767	E_ALL	所有錯誤、警告和通知。

注意，我們可以透過二進制運算組合錯誤的層級，建立位元遮罩。簡單的錯誤回報等級可能僅包含錯誤、警告和解譯器錯誤（忽略核心錯誤、使用者錯誤和通知）。這樣的等級可透過以下方式充分地設定：

```
error_reporting(E_ERROR | E_WARNING | E_PARSE);
```

參閱

關於 error_reporting()（*https://oreil.ly/b4eIH*）函數、error_reporting 指令（*https://oreil.ly/t5IW2*）和 display_errors 指令（*https://oreil.ly/lxXNs*）的文件。

12.4　使用自訂錯誤處理程式

問題

我們希望自訂 PHP 處理和回報錯誤的方式。

解決方案

在 PHP 中，將自訂處理程式定義為可呼叫的函數，然後將該函數傳遞到 set_error_handler() 中，如下所示：

```
function my_error_handler(int $num, string $str, string $file, int $line)
{
    echo "Encountered error $num in $file on line $line: $str" . PHP_EOL;
}

set_error_handler('my_error_handler');
```

討論

在大多數錯誤可恢復的情況下，PHP 將利用我們自行定義的處理程式。嚴重錯誤、核心錯誤和編譯時問題（如解譯器錯誤）會停止或完全阻止程式執行，並且無法操作使用者函數進行後續處理。具體來說，E_ERROR、E_PARSE、E_CORE_ERROR、E_CORE_WARNING、E_COMPILE_ERROR 和 E_COMPILE_WARNING 錯誤，它們永遠都無法被捕捉。此外，在呼叫 set_error_handler() 的檔案中的大多數 E_STRICT 錯誤也無法被捕捉到，因為這些錯誤將在正確註冊自訂處理程式之前就被拋出。

如果我們定義了一個與上述範例中一致的自訂錯誤處理程式，則可捕捉的任何錯誤都會呼叫此函數，並將資料列印到螢幕上。如範例 12-3 所示，嘗試顯示未定義的變數將導致 E_WARNING 錯誤。

範例 12-3　捕捉可恢復的執行時期錯誤

```
echo $foo;
```

在定義並註冊解決方案範例中的 my_error_handler() 後，範例 12-3 中的錯誤程式碼將在螢幕上列印以下文字，參考 E_WARNING 錯誤型別的整數數值：

```
Encountered error 2 in php shell code on line 1: Undefined variable $foo
```

一旦我們發現錯誤並進行處理，會導致應用程式可能出現不穩定狀態，因此我們有責任呼叫 die() 函數來停止執行。PHP 不會替我們執行在處理程式以外的操作，而是繼續處理應用程式，就如同沒有拋出錯誤一樣。

如果在解決完應用程式的部分錯誤後，我們希望恢復原來（預設）錯誤處理方式，則應透過呼叫 restore_error_handler() 函數來執行。這只是回復先前的錯誤處理程式註冊，並回復先前註冊的任何錯誤處理程式。

同樣地，PHP 使我們能夠註冊（和回復）自訂例外處理程式。它們的操作與自訂錯誤處理程式相同，但捕捉 try/catch 區塊之外拋出的任何例外。與錯誤處理程式不同之處在於，程式執行將在呼叫自訂例外處理程式後便停止。

更多有關例外的說明，請參考第 12.2 節，以及 set_exception_handler() 函數（*https://oreil.ly/_pf4H*）和 restore_exception_handler() 函數（*https://oreil.ly/TOEuz*）的文件。

參閱

關於 set_error_handler() 函數（*https://oreil.ly/IAh69*）和 restore_error_handler() 函數（*https://oreil.ly/SlT_d*）的文件。

12.5　將錯誤記錄到外部串流

問題

希望將應用程式錯誤記錄到檔案或某種外部來源，以供後續除錯。

解決方案

使用 error_log() 將錯誤寫入預設日誌檔案，如下所示：

```
$user_input = json_decode($raw_input);
if (json_last_error() !== JSON_ERROR_NONE) {
    error_log('JSON Error #' . json_last_error() . ': ' . $raw_input);
}
```

討論

預設情況下，error_log() 會將錯誤記錄到在 *php.ini* 中 error_log 指令所指定的任何位置（*https://oreil.ly/3lVPn*）。通常在 Unix 系統上，這會是 */var/log* 中的一個檔案，但可以自訂為系統中的任何位置。

error_log() 函數可選擇的第二個參數，可讓我們在必要時以不同管道轉發錯誤訊息。如果伺服器設定為傳送電子郵件，我們可以指定訊息類型為 1，並為可選擇的第三個參數提供電子郵件地址，以透過電子郵件發送錯誤。例如：

```
error_log('Some error message', 1, 'developer@somedomain.tld');
```

 在背後，error_log() 函數將使用與 mail() 相同的功能，透過電子郵件傳送錯誤。在大多數情況下，可能會出於安全目的停用此功能。在依賴此功能之前，請務必驗證任何郵件系統，尤其是在實際的產品環境中。

或者，我們可以指定預設日誌位置以外的檔案作為目標，並傳遞整數 3 作為訊息類型。
PHP 將不會把訊息寫入預設日誌，而是直接把訊息附加到該檔案中。例如：

```
error_log('Some error message', 3, 'error_log.txt');
```

 當使用 error_log() 直接記錄到檔案時，系統將不會自動附加換行符號。
我們需自行將 PHP_EOL 附加到任何字串或對 \r\n 換行文字進行編碼。

第 11 章詳細介紹了檔案協定，以及 PHP 公開的其他串流。請記住，直接引用檔案路徑
是明顯地使用 file:// 協定，因此實際上，我們正在使用前面的程式碼區塊將錯誤記錄
到檔案串流之中。只要正確參考串流協定，我們就可以輕鬆參考任何其他類型的串流。
以下範例將錯誤直接記錄到控制台的標準錯誤串流中：

```
error_log('Some error message', 3, 'php://stderr');
```

參閱

關於 error_log()（*https://oreil.ly/QUQRH*）的文件，以及在第 13.5 節所討論的 Monolog，
這是一個更廣泛且全面的 PHP 日誌函式庫。

## 第十三章

除錯和測試

儘管開發人員盡了最大努力，但沒有程式碼是完美的。我們將不可避免地引發一個錯誤，而影響到應用程式的產品行為，或某些內容在執行時期未依照預期運作，導致最終讓使用者陷入困境。

正確處理應用程式中的錯誤至關重要[1]。然而，並非應用程式拋出的每個錯誤都是預期的，甚至無法捕捉。在這些情況下，我們必須理解如何正確對應用程式進行除錯——如何追蹤有問題的程式碼行以便修復它。

任何 PHP 工程師除錯程式碼的第一步都是使用 echo 語法。如果沒有正式的除錯工具，經常會看到開發程式碼充斥著 echo "Here!"; 語法，以便團隊可以追蹤可能出現問題的地方。

Laravel 框架透過公開一個名稱為 dd() 的函數（*https://oreil.ly/N-bOz*）（這是「dump and die」的縮寫），使類似的功能在處理新專案時變得流行且易於存取。這個函數實際上是由 Symfony 的 var-dumper（*https://oreil.ly/8pXGo*）模組所提供，並且在 PHP 本機命令列介面以及利用互動除錯方式下都能有效執行。函數本身定義如下：

```
function dd(...$vars): void
{
    if (!in_array(\PHP_SAPI, ['cli', 'phpdbg'], true) && !headers_sent()) {
        header('HTTP/1.1 500 Internal Server Error');
    }

    foreach ($vars as $v) {
        VarDumper::dump($v);
    }
```

---

1 更多有關錯誤處理的內容，請查閱第 12 章。

```
    exit(1);
}
```

前面的函數在 Laravel 應用程式中使用時，會將傳遞給螢幕的任何變數的內容列印出來，然後立即停止程式的執行。與 echo 一樣，它並非應用程式除錯的優雅方法。然而，卻是快速、可靠，讓開發人員快速進行系統除錯的常用方法。

不過一開始除錯程式碼的最佳方法之一是透過單元測試（unit testing）。透過將程式碼分解為最小的邏輯單元，讓我們可以撰寫額外的程式碼來自動測試和驗證這些邏輯單元的功能。然後，將這些測試連接到整合和部署管線，並確保在我們的應用程式發布之前，沒有出現任何問題。

開放原始碼 PHPUnit（*https://phpunit.de*）專案，使得偵測整個應用程式並自動測試其行為，變得簡單且直接。所有測試都是用 PHP 撰寫的，直接載入應用程式的函數及類別，並明確記錄程式的正確行為。

 PHPUnit 的替代方案是開放原始碼 Behat（*https://oreil.ly/mAWR5*）函式庫。PHPUnit 專注於測試驅動開發（TDD，Test-Driven Development），而 Behat 則 專 注 於 另 一 種 行 為 驅 動 開 發（BDD，*Behavior*-Driven Development）。兩者對於測試程式碼同樣有用，團隊應該自行決定採用哪種方法。不過，PHPUnit 是一個更成熟的專案，本章將全程引用它。

毫無疑問，除錯程式碼的最佳方法是使用互動式除錯工具。Xdebug（*https://xdebug.org*）是 PHP 的除錯擴充工具，可改善錯誤處理、支援追蹤或分析應用程式的行為，並與 PHPUnit 等測試工具整合，以展示程式碼的測試涵蓋率。更重要的是，Xdebug 還支援對應用程式進行互動式逐步除錯。

搭配 Xdebug 和相容的 IDE，我們可以在程式碼中放置稱為斷點（*breakpoints*）的標記。當應用程式執行並遇到這些斷點時，它會暫停執行並允許我們以互動方式檢查應用程式的狀態。這表示我們可以檢視範圍內的所有變數及其來源，並一次一個命令繼續執行程式尋找錯誤。至今為止仍然是作為 PHP 開發人員的工具庫中最強大的工具！

以下章節涵蓋了對 PHP 應用程式除錯的基礎知識。我們將學習如何設定互動式除錯、捕捉錯誤、正確測試程式碼以防止跳出，並且快速辨別何時何地需加入重大的變更。

13.1　使用除錯擴充工具

問題

我們希望利用強大的外部除錯工具，來檢查與管理應用程式，以便可以辨識、分析和消除業務邏輯中的錯誤。

解決方案

安裝 Xdebug，這是一個 PHP 的開放原始碼除錯擴充功能。在 Linux 作業系統上，可以使用預設的套件管理器直接安裝 Xdebug。例如，在 Ubuntu 上，使用 apt 命令安裝 Xdebug：

```
$ sudo apt install php-xdebug
```

由於套件管理器有時會安裝專案過時的版本，因此我們也可以直接使用 PECL 擴充功能的管理工具安裝它：

```
$ pecl install xdebug
```

一旦 Xdebug 在我們的系統上執行，它將自動為我們修飾錯誤頁面，提供豐富的堆疊追蹤和除錯資訊，以便在出現問題時更輕鬆地辨別錯誤之處。

討論

Xdebug 是 PHP 的強大擴充工具。它能夠用語言所無法支援的有效方式，全面測試、分析和除錯我們的應用程式。在預設情況下，無須額外配置即可獲得的最有用的功能之一是，對錯誤報告的巨大改進。

預設情況下，Xdebug 將自動捕捉應用程式所拋出的任何錯誤，並公開以下相關內容的額外資訊：

- 呼叫堆疊（如圖 13-1 所示），包括時間和記憶體使用率的資料。這可以幫助我們準確地辨識程式失敗的時間，以及函數呼叫在程式碼中的位置。

- 來自本機範圍的變數，因此我們無須猜測拋出錯誤時，記憶體中的相關資料。

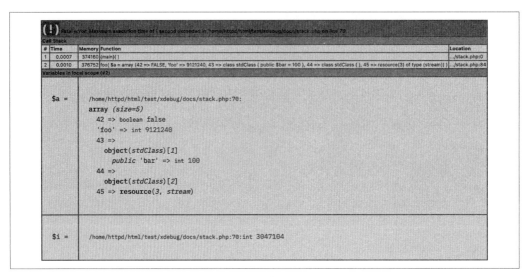

圖 13-1　錯誤發生時 Xdebug 蒐集並格式化呈現的資訊

與其他高階工具的整合，如 Webgrind 等（*https://oreil.ly/OXg9b*），還允許我們動態分析應用程式的效能。Xdebug 將（可選）記錄每個函數呼叫的執行時間，並將相關時間和函數呼叫的「成本」記錄到磁碟。然後，Webgrind 應用程式會提供方便的視覺化功能，幫助我們辨識程式碼中的瓶頸，根據需要優化程式。

我們甚至可以直接將 Xdebug 與開發環境配對以進行逐步除錯（*https://oreil.ly/FK9iz*）。透過將環境（例如 Visual Studio Code（*https://oreil.ly/u4dZy*）與 Xdebug 配置配對，可以在程式碼中放置斷點，並在 PHP 解譯器到達這些點時暫停執行。

 PHP 除錯（*https://oreil.ly/vVCVY*）擴充功能，讓 Xdebug 和 Visual Studio Code 之間的整合變得更加簡單。它直接向 IDE 添加了我們期望的所有其他介面，包括斷點和環境內省。此外，它也由 Xdebug 社群直接維護，因此我們可以確保與整個專案的同步。

在逐步執行模式下進行除錯時，我們的應用程式將在斷點處暫停，並且直接存取程式範圍內的所有變數。我們可以檢查**和修改**這些變數來測試我們的環境。此外，在斷點處暫停時，我們擁有對應用程式的完全控制台存取權限，更進一步確定可能發生的情況。呼叫堆疊是直接公開的，讓我們可以深入理解哪個函數或方法物件導致斷點，並在必要時進行修改。

在斷點處，我們可以逐步執行一行程式，或選擇「繼續」執行，直到下一個斷點或程式拋出第一個錯誤。還可以停用斷點，而無須從 IDE 中刪除，以便我們根據需要繼續執行，但稍後根據需要重新造訪特定的問題點。

> Xdebug 對任何 PHP 開發團隊來說，都是一個非常強大的開發工具。眾所周知，即使是最小的應用程式也會顯著增加效能的開銷。要確保我們只在本機開發，或在具有測試部署的受保護環境中，才啟用這樣的擴充功能。切勿在安裝 Xdebug 的情況下，將應用程式部署到真實產品的環境之中！

參閱

關於 Xdebug 的首頁和文件（*https://xdebug.org*）。

13.2　撰寫單元測試

問題

我們想要驗證一段程式碼的行為，以確保未來的重構不會改變應用程式的功能。

解決方案

撰寫一個類別來擴充 PHPUnit 的 TestCase，並明確測試應用程式的行為。例如，如果函數需要從電子郵件地址中提取出網域名稱，我們可以將其定義如下：

```
function extractDomain(string $email): string
{
    $parts = explode('@', $email);

    return $parts[1];
}
```

然後建立一個類別來測試和驗證此程式碼的功能。如下所示：

```
use PHPUnit\Framework\TestCase;

final class FunctionTest extends TestCase
{
    public function testSimpleDomainExtraction()
```

```
    {
        $this->assertEquals('example.com', extractDomain('php@example.com'));
    }
}
```

討論

PHPUnit 最重要的目標是要瞭解如何組織我們的專案。首先，專案本身需要利用
Composer 自動載入程式碼載入任何依賴項目（包括 PHPUnit 本身）[2]。通常，我們會將
應用程式的程式碼，放在專案根目錄下的 *src/* 目錄中，並且所有測試程式碼都將與它一
起放在 *tests/* 目錄中。

在上述範例中，我們可以將 extractDomain() 函數放在 *src/functions.php* 中，將
FunctionTest 類別放在 *tests/FunctionTest.php* 中。假設透過 Composer 配置自動載入，然
後我們將使用 PHPUnit 的打包命令工具來執行測試，如下所示：

```
$ ./vendor/bin/phpunit tests
```

預設情況下，前面的命令將透過 PHPUnit 自動辨別，並執行 *tests/* 目錄中定義的每個測
試類別。為了更全面地控制 PHPUnit 的執行方式，我們還可以利用本機設定檔來描述測
試套件、允許的檔案清單，以及設定測試期間所需的任何特定環境變數。

除了複雜（complex）或繁複（complicated）的專案外，基於 XML 的設定並不常使用，
但專案文件（*https://oreil.ly/Gz86n*）詳細介紹了如何設定它。一個基本的 *phpunit.xml* 檔
案可用於此範例，或其他類似的簡單專案如範例 13-1。

範例 13-1　基本 PHPUnit 的 XML 配置設定

```xml
<?xml version="1.0" encoding="UTF-8"?>

<phpunit bootstrap="vendor/autoload.php"
        backupGlobals="false"
        backupStaticAttributes="false"
        colors="true"
        convertErrorsToExceptions="true"
        convertNoticesToExceptions="true"
        convertWarningsToExceptions="true"
        processIsolation="false"
        stopOnFailure="false">
```

2　有關 Composer 的更多討論，請參考第 15.1 節。

```
  <coverage>
    <include>
      <directory suffix=".php">src/</directory>
    </include>
  </coverage>

  <testsuites>
    <testsuite name="unit">
      <directory>tests</directory>
    </testsuite>
  </testsuites>

  <php>
    <env name="APP_ENV" value="testing"/>
  </php>

</phpunit>
```

專案中有了前面的 *phpunit.xml* 檔案，我們只需呼叫 PHPUnit 即可執行測試。如此便不再需要指定 *tests/* 目錄，因為這些設定值已由應用程式配置中的 testsuite 定義來提供。

同樣地，也可以為不同的場景指定 **多** 個測試套件。也許某一組測試是由我們的開發團隊，在撰寫程式碼時主動建立的（如前面範例中的 *unit*）。產品測試小組（QA，Quality Assurance）可能會撰寫另一組測試，來複製使用者回報的錯誤。第二個使用測試套件的優點是，可以很容易地重構應用程式，直到測試通過（即錯誤已修復），同時確保我們的修改並沒有改變應用程式的整體行為。

還可以確保舊的錯誤不會再次出現！

此外，在 PHPUnit 執行時期，我們可以將可選擇的 --testsuite 旗標傳遞給 PHPUnit，來選擇在何時執行哪一個測試套件。大部分的測試都會相當快速，這表示它們可以頻繁地執行，並且不會佔用開發團隊的額外時間。在開發過程中應該盡可能頻繁地執行快速測試，以確保我們的程式碼能夠在符合一般規則的情況下運作，並且沒有新的（或舊的）錯誤滲入到代碼庫中。但有時，我們仍需要撰寫一個成本太高而無法經常執行的測試。無論如何，這些測試都應該保存在單獨的測試套件中，以便我們在它們周圍不斷進行測試。這些測試將保留，可以在部署之前使用，但當基準測試頻繁地執行時，不會減緩日常開發的速度。

功能測試（如解決方案中的測試）非常簡單。與物件測試的相似之處在於，我們在測試中實例化物件並執行其方法。然而，最困難的部分是模擬針對特定函數或方法的多種可能輸入。PHPUnit 透過資料提供者來解決這個問題。

舉個簡單的例子，參考範例 13-2 中的 add() 函數。此函數明確地使用鬆散型別，將兩個數值（無論其型別為何）相加在一起。

範例 *13-2　簡單的加法函數*

```
function add($a, $b): mixed
{
    return $a + $b;
}
```

由於上述函數中的參數可以出現不同型別（int/int、int/float、string/float 等），因此我們應該測試各種組合，以確保不會出現任何問題。這樣的測試結構，如同範例 13-3 中的類別。

範例 *13-3　PHP 加法的簡單測試*

```
final class FunctionTest extends TestCase
{
    // ...

    /**
     * @dataProvider additionProvider
     */
    public function testAdd($a, $b, $expected): void
    {
        $this->assertSame($expected, add($a, $b));
    }

    public function additionProvider(): array
    {
        return [
            [2, 3, 5],
            [2, 3.0, 5.0],
            [2.0, '3', 5.0],
            ['2', 3, 5]
        ];
    }
}
```

@dataProvider 註解通知 PHPUnit 測試類別中應該用於提供測試資料的函數名稱。現在我們為 PHPUnit 提供了使用不同輸入以及預期輸出，來執行四次單一測試的能力，而非分開獨立撰寫四個個別的測試。雖然，最終結果都是相同的——對 add() 函數進行四個單獨的測試——但不需要明顯地撰寫這些額外的測試。

有鑑於範例 13-2 中定義的 add() 函數結構，我們仍然可能會遇上 PHP 中的某些型別限制。雖然可能將數字字串傳遞到函數中（它們在相加之前被轉換為數字數值），但傳遞非數字資料將導致 PHP 產生警告。倘若讓使用者的輸入直接傳遞給函數，這種問題可能更容易發生。最好透過使用 is_numeric() 明確地檢查輸入數值，並拋出可以在其他地方被捕捉的已知例外，來防止這種情況發生。

為了實現這一點，首先撰寫一個新的測試來預期該例外，並驗證它是否被正確拋出。如範例 13-4 所示。

範例 13-4　測試程式碼中是否出現預期的例外

```
final class FunctionTest extends TestCase
{
    // ...

    /**
    * @dataProvider invalidAdditionProvider
    */
    public function testInvalidInput($a, $b, $expected): void
    {
        $this->expectException(InvalidArgumentException::class);
        add($a, $b);
    }

    public function invalidAdditionProvider(): array
    {
        return [
            [1, 'invalid', null],
            ['invalid', 1, null],
            ['invalid', 'invalid', null]
        ];
    }
}
```

在修改程式碼之前撰寫測試是很有價值的，因為它為我們提供了在重構時要實現的明確目標。但是，在應用程式進行修改之前，這個新測試將會失敗。注意，不要將失敗的測試提交到專案中的版本控制，否則將損害團隊實踐持續整合的能力！

完成前面的測試後，現在測試套件會失敗，因為函數與記錄或預期的行為不符。多花一些時間在函數中加入適當的 is_numeric() 檢查，如下所示：

```php
function add($a, $b): mixed
{
    if (!is_numeric($a) || !is_numeric($b)) {
        throw new InvalidArgumentException('Input must be numeric!');
    }

    return $a + $b;
}
```

單元測試是記錄應用程式的預期和適當行為的有效方法，因為除了執行程式碼之外，還可以驗證應用程式是否正常執行。我們可以測試成功和失敗的條件，甚至可以模擬程式碼中的各種依賴關係。

PHPUnit 專案也提供了主動辨識單元測試，對於程式碼覆蓋率的百分比的能力（*https://oreil.ly/PEdVd*）。雖然即便涵蓋率數值越高，也不能保證不會出現錯誤，但仍舊是一種可靠的方式，用於確保快速發現並糾正錯誤，同時對使用者所造成的影響也最小。

參閱

關於如何利用 PHPUnit 的文件（*https://oreil.ly/5oYv4*）。

13.3 自動化單元測試

問題

在將對代碼庫所做的任何變更提交給版本控制之前，我們希望專案的單元測試能夠頻繁執行，而無須使用者介入操作。

解決方案

利用 Git 提交掛鉤（hook）在本機提交之前自動執行單元測試。例如，範例 13-5 中的 pre-commit 掛鉤，將在使用者每次執行 git commit 時（但在任何資料實際寫入儲存庫之前）自動執行 PHPUnit。

範例 *13-5　PHPUnit 的簡單 Git pre-commit 掛鉤*

```
#!/usr/bin/env php
<?php
```

```php
echo "Running tests.. ";
exec('vendor/bin/phpunit', $output, $returnCode);

if ($returnCode !== 0) {
  echo PHP_EOL . implode($output, PHP_EOL) . PHP_EOL;
  echo "Aborting commit.." . PHP_EOL;
  exit(1);
}

echo array_pop($output) . PHP_EOL;

exit(0);
```

討論

Git 是迄今為止最受歡迎的分散式版本控制系統，也是 PHP 核心開發團隊所使用的系統。它是開放原始碼的，並且在託管儲存庫、自訂工作流程和專案結構方面都非常靈活，以符合我們的開發週期。

具體來說，Git 允許透過掛鉤（hook）的方式，進行額外的客製化行為。掛鉤位於專案內的 *.git/hooks* 目錄中，還有 Git 用於追蹤專案本身狀態的其他資訊。預設情況下，即使是空的 Git 儲存庫也包含多個範例檔案，如圖 13-2 所示。

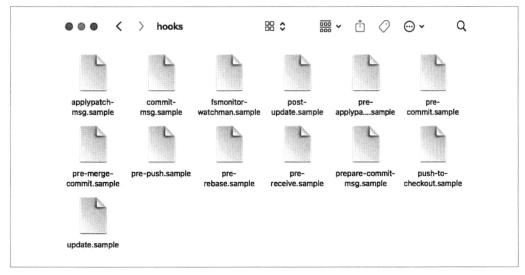

圖 13-2　在一個 Git 空儲存庫中，可使用的掛鉤範例

每個範例掛鉤都帶有 .sample 副檔名，因此預設是關閉的。如果我們確實想要使用範例掛鉤，只需刪除副檔名，對應的掛鉤檔案就會在相關的操作上執行。

在自動化測試的情況下，我們需要明確地使用 pre-commit 掛鉤，並且應該建立一個具有相關名稱的檔案，其中包含範例 13-5 的內容。掛鉤到位後，Git 將始終在提交程式碼之前執行此指令稿。

指令稿在最後的離開狀態為 0，告訴 Git 一切正常，可以繼續進行提交作業。如果我們的任何單元測試失敗，離開狀態將標記為 1，表示出現問題，並且將中止提交作業，而不對我們的儲存庫進行修改。

如果非常確認自己知道在做些什麼，並且有特殊因素需要跳過掛鉤的行為，則可在提交程式碼時增加 --no-verify 旗標來繞過掛鉤的額外動作。

 pre-commit 掛鉤完全在客戶端執行，並且獨立於程式碼儲存庫之外。每個開發人員都需要自行安裝掛鉤。除了團隊準則或公司政策之外，沒有一種有效的方法來強制使用某個掛鉤（當然還是可以使用 --no-verify 繞過它）。

如果我們的開發團隊使用 Git 進行版本控制，那麼很可能也使用 GitHub 來託管儲存庫的版本。如果是這樣，我們就可以利用 GitHub Actions 在 GitHub 的伺服器上執行 PHPUnit 測試（*https://oreil.ly/BmGZC*），作為整合和部署管線的一部分。

在本機上執行測試，這樣的動作有助於消除意外地向儲存庫提交錯誤的程式碼。在雲端中可提供更強大的功能，因為我們能夠跨多個裝置、版本，配置執行相同的測試操作。開發人員通常只會在本機上執行某一個版本的 PHP，但我們可以在伺服器上的容器中利用各種版本的 PHP，甚至是不同的依賴版本，來執行應用程式程式碼和測試。

使用 GitHub Actions 執行測試還具有以下優點：

- 如果新進人員尚未設定 Git 的 pre-commit 掛鉤，並且提交不良的程式碼，則 Action 執行器將立即把提交註記為錯誤，來防止開發人員意外地將錯誤發佈到產品之中。
- 使用雲端執行程式，可以確保團隊避免在不同環境配置上的差異問題。「程式在我的機器上執行是正確，但在你的環境中卻是失敗」，也就是說同樣的程式碼在不同環境中執行，也會增加其錯誤發生的機會。

- 整合和部署的流程中，應該在每次提交程式碼後，再次建立新的部署工作。建置流程將與測試進行串接，以確保每個建置過程都沒有已知的缺陷，最後的結果將是可部署的完整產品。

參閱

關於使用掛鉤自訂 Git 的文件（*https://oreil.ly/TzVOA*）。

13.4　使用靜態程式碼分析

問題

我們希望透過外部工具，來確保程式碼在執行之前，盡可能地減少錯誤發生的機會。

解決方案

使用靜態程式碼分析工具，例如 PHPStan（*https://phpstan.org*）。

討論

PHPStan 是一款 PHP 靜態程式碼分析工具，可在我們發佈應用程式之前標記錯誤以進行修正，從而有效地減少產品程式碼中的錯誤。並且最好與嚴格型別一起使用，協助團隊撰寫出更好理解、管理的應用程式 [3]。

與許多其他開發工具一樣，PHPStan 可以透過 Composer，使用以下命令安裝到我們的專案中：

```
$ composer require --dev phpstan/phpstan
```

接著，我們就可以針對專案執行 PHPStan，來直接分析程式碼和相關測試。例如：

```
$ ./vendor/bin/phpstan analyze src tests
```

預設情況下，PHPStan 的執行等級設定為 0，這表示靜態分析是採以最寬鬆的標準來認定。我們可以透過在命令列中傳遞大於 0 的數字給 --level 旗標，用以指定更高等級的掃描模式。表 13-1 列出了各種等級。對於維護良好、嚴格型別的應用程式來說，將分析等級設定為 9 是確保程式碼品質的最佳方法。

3　嚴格型別在第 3.4 節中進行了詳細討論。

表 13-1 PHPStan 靜態分析規則的等級

等級	描述
0	對未知類別、函數或類別方法的基本檢查。還會檢查函數呼叫中的引數數量，以及任何從未定義的變數。
1	檢查可能未定義的變數、未知的神奇方法以及透過神奇 getter 檢索的動態屬性。
2	驗證所有表示式中的未知方法，並驗證功能文件（程式碼的文件區塊）。
3	檢查回傳和屬性型別的指派動作。
4	檢查程式碼中，始終為假的條件和根本不可能執行到的程式碼區域。
5	檢查引數型別。
6	報告缺少型別提示。
7	報告部分不正確的聯集型別 [a]。
8	檢查可為 null 型別的任何方法呼叫或屬性存取。
9	嚴格檢查 mixed 型別。

[a] 有關聯集型別的範例，請參考範例 3-9 的討論。

執行分析工具後，我們可以藉由報告來更新修正一些應用程式的基本缺陷和驗證錯誤。還可以將這樣的靜態分析以自動化的方式進行，類似第 13.3 節中自動化測試的方式，以確保團隊定期執行分析（並修復已識別出來的錯誤）。

參閱

關於 PHPStan 專案首頁和文件（*https://phpstan.org*）。

13.5　記錄除錯資訊

問題

我們希望在出現程式問題時記錄有關的資訊，以便除錯任何潛在的錯誤。

解決方案

利用開放原始碼 Monolog 專案（*https://oreil.ly/yDIM7*），在我們的應用程式中實現完整的日誌記錄介面。首先使用 Composer 安裝軟體套件，如下所示：

```
$ composer require monolog/monolog
```

然後將記錄功能串接到我們的程式，以便在必要時顯示警告和錯誤。例如：

```
use Monolog\Level;
use Monolog\Logger;
use Monolog\Handler\StreamHandler;

$logPath  = getenv('LOG_PATH')  ?? '/var/log/php/error.log';
$logLevel = getenv('LOG_LEVEL') !== false
            ? Level::from(intval(getenv('LOG_LEVEL')))
            : Level::Warning;

$logger = new Logger('default');
$logger->pushHandler(new StreamHandler($logPath, $logLevel));

$log->warning('Hello!');
$log->error('World!');
```

討論

記錄資訊最簡單的方法是透過由 PHP 內建的 error_log() 函數（*https://oreil.ly/kXYJP*）。這會將錯誤記錄到伺服器錯誤日誌或 *php.ini* 中配置的平面檔案（flat file）中。但這個函數唯一的問題，也正是在應用程式中詳細記錄錯誤。

這樣的結果是，解析任何日誌檔案的工具，都會將 error_log() 的任何記錄內容視為錯誤。這可能會導致我們很難區分真正的錯誤（例如使用者登入失敗）或是出於除錯目的而記錄的訊息。真實錯誤和除錯語句交互混合時，可能會使我們想要在環境中關閉某些特定的日誌記錄，導致執行期間的配置設定變得更加困難。解決方法是將對 error_log() 的任何呼叫，把記錄等級包裝在其中，如範例 13-6 所示。

範例 13-6　使用 error_log() 選擇性地記錄錯誤

```
enum LogLevel: int ❶
{
    case Debug   = 100;
    case Info    = 200;
    case Warning = 300;
    case Error   = 400;
}

$logLevel = getenv('LOG_LEVEL') !== false ❷
            ? LogLevel::from(intval(getenv('LOG_LEVEL')))
            : LogLevel::Debug;

// 其他的程式碼…
if (user_session_expired()) {
```

```
            if ($logLevel >= LogLevel::Info) { ❸
                error_log('User session expired. Logging out ...');
            }

            logout();
            exit;
        }
```

❶ 最簡單的方法是使用 PHP 中的文字的 enum 型別，列出日誌記錄等級。

❷ 日誌等級可以從系統環境中進行查詢。如果沒有提供，那麼我們應該使用合理的寫死的預設數值。

❸ 每當我們呼叫 error_log() 時，都需要檢查目前的日誌記錄等級，並決定是否實際發送錯誤。

範例 13-6 的問題不在於使用 enum，也不在於需要從環境中動態載入日誌記錄等級。問題在於我們必須在每次呼叫 error_log() 之前，明確地檢查日誌記錄等級，以確保程式實際應該發出錯誤。這種頻繁的檢查會導致大量麵條狀的程式碼（spaghetti code），使我們的應用程式的可讀性變得更差且難以維護。

有經驗的開發人員會意識到這個問題，完美的解決方案是將所有日誌記錄邏輯（包括日誌等級的檢查）包裝在一個功能介面中，以保持應用程式的一致性。這絕對是正確的方法，也是 Monolog 套件存在的原因！

 雖然 Monolog 是用於日誌記錄的熱門 PHP 套件，但它並不是唯一可用的套件。Monolog 實作了 PHP 的標準 Logger 介面（*https://oreil.ly/76eAV*）；任何實作相同介面的套件都可以取代 Monolog 放入我們的應用程式中，以提供類似的功能。

Monolog 功能強大，並不僅僅只是將字串列印到錯誤日誌中。還支援通道（channel）、各種處理程式（handler）、處理做法（processor）和日誌記錄等級。

在新的記錄工具實體化時，首先替物件定義一個通道（channel）。這允許我們並排建立多個日誌記錄實體，將它們的內容分開，甚至可路由到不同的輸出方式。預設情況下，記錄工具需要的不僅僅是一個通道來操作，因此我們還必須將相關的處理程式，推送至呼叫堆疊上。

處理程式（handler）（*https://oreil.ly/_1wLC*）定義了 Monolog 應如何處理傳遞到特定通道的任何訊息。它可以將資料路由到檔案、在資料庫中儲存訊息，或透過電子郵件發送錯誤、向 Slack 上的團隊或頻道通知問題，甚至與 RabbitMQ 或 Telegram 等系統進行通訊。

 Monolog 還支援附加到各種處理程式所需的不同格式轉換。每個格式化程式都定義了訊息如何序列化，並發送到定義的處理程式，例如，作為單行字串、JSON blob 或 Elasticsearch 檔案。除非我們使用的是需要特定格式的數據資料處理程式，否則一般都會使用預設的方式轉換。

處理做法（processor）是一個可選擇的額外步驟，可將資料添加至訊息之中。例如，IntrospectionProcessor（*https://oreil.ly/jp-US*）會自動將日誌呼叫的行、檔案，類別和 / 或方法新增到日誌本身。一個基本的 Monolog 設定，使用自省（introspection）記錄到平面檔案（flat file），如同範例 13-7 所示。

範例 *13-7　具有自省的 Monolog 配置*

```
use Monolog\Level;
use Monolog\Logger;
use Monolog\Handler\StreamHandler;
use Monolog\Processor\IntrospectionProcessor;

$logger = new Logger('default');
$logger->pushHandler(new StreamHandler('/var/log/app.log', Level::Debug));
$logger->pushProcessor(new IntrospectionProcessor());

// ...

$logger->debug('Something happened ...');
```

範例 13-7 的最後一行呼叫了我們建立的記錄工具，並透過處理器將文字字串傳送到已連線的處理程式之中。此外，還可以選擇將有關執行相關內容或錯誤本身的附加資料，作為第二個選項參數傳遞到陣列中。

倘若整個程式碼區塊位於 */src/app.php* 的檔案中，即使沒有附加的相關資訊，那麼也會在應用程式日誌中產生類似以下的內容：

```
[2023-01-08T22:02:00.734710+00:00] default.DEBUG: Something happened ...
[] {"file":"/src/app.php","line":15,"class":null,"callType":null,"function":null}
```

我們所需要做的就是建立一行文字（`Something happened ...`），Monolog 會自動捕捉事件時間戳記、錯誤等級，以及有關呼叫堆疊的詳細資訊（這要歸功於註冊了相關的處理做法）。所有這些資訊使我們和開發團隊能夠更輕鬆地進行除錯和潛在錯誤的修正。

Monolog 還避免每次呼叫時對錯誤等級檢查的額外負擔。我們可以在兩個位置上定義正在發生的錯誤等級：

- 將處理程式註冊到記錄工具實體本身時。處理程式只會捕捉相同等級或更高等級的錯誤。

- 我們向記錄工具通道發送訊息時，明確註記歸因於它的錯誤等級。例如，`::debug()` 發送一則訊息，並明確指定錯誤等級為 `Debug`。

表 13-2 中，列出 Monolog 所支援的八個錯誤等級。所有錯誤等級都由 RFC 5424 描述的 syslog 協定說明（*https://oreil.ly/Jtm9k*）。

表 13-2　Monolog 錯誤等級

錯誤等級	記錄方法	描述
Level::Debug	::debug()	詳細的除錯資訊。
Level::Info	::info()	一般事件，例如 SQL 日誌或資訊應用程式事件。
Level::Notice	::notice()	比資訊性質訊息有更大意義的一般事件。
Level::Warning	::warning()	應用程式警告，如果不採取行動，將來可能會出現錯誤。
Level::Error	::error()	需要立即注意的應用程式錯誤。
Level::Critical	::critical()	影響應用程式執行的關鍵條件。例如，關鍵元件不穩定或無法使用。
Level::Alert	::alert()	由於關鍵系統故障，需要立即採取行動。在關鍵應用程式中，此錯誤等級應立即呼叫值班工程師。
Level::Emergency	::emergency()	應用程式無法使用的錯誤。

透過 Monolog，我們可以妥善地將這些錯誤訊息包裝在適當的記錄工具方法之中，並根據建立時所使用的錯誤等級，來確定何時將這些錯誤實際發送到處理程式。如果僅針對錯誤級別及以上訊息實體化記錄工具，對 `::debug()` 的任何呼叫都不會產生日誌。在生產和開發環境中各自獨立控制日誌輸出的能力，這對於建立穩定且良好的應用程式至關重要。

參閱

關於 Monolog 套件的使用說明（*https://oreil.ly/_5wx6*）。

13.6 將變數內容轉換為字串

問題

我們想要查閱複雜變數的內容。

解決方案

使用 var_dump() 函數，將變數轉換為人類可讀的格式，並將其列印到目前輸出的串流中（如命令列控制台）。例如：

```
$info = new stdClass;
$info->name = 'Book Reader';
$info->profession = 'PHP Developer';
$info->favorites = ['PHP', 'MySQL', 'Linux'];

var_dump($info);
```

在 CLI 中執行時，前面的程式碼會將以下內容列印到控制台：

```
object(stdClass)#1 (3) {
  ["name"]=>
  string(11) "Book Reader"
  ["profession"]=>
  string(13) "PHP Developer"
  ["favorites"]=>
  array(3) {
    [0]=>
    string(3) "PHP"
    [1]=>
    string(5) "MySQL"
    [2]=>
    string(5) "Linux"
  }
}
```

討論

PHP 中的每一種資料形式，都可以採用某種字串方式來表示。物件可以列舉它們的型別、欄位及方法。陣列可以列舉其成員。純量型別可以公開它們的型別及數值。開發人員可以透過三種帶有不同風格但具有相同功能的方式，來取得任何變數的內部內容。

首先，上述範例中使用的 var_dump()，直接將變數的內容列印到控制台。此字串表示詳細說明了所涉及的型別、欄位名稱以及內部成員的數值。作為一種快速檢查變數內容的方式很有用，但除此之外沒有其他更多的用處。

 請注意要確保 var_dump() 不會進入到產品環境當中。這個函數不會轉義資料內容，並且可能會將未經處理的使用者輸入呈現在應用程式的輸出之中，進而導致嚴重的安全漏洞 [4]。

另一個在 PHP 中更有用的是 var_export() 函數。預設情況下，它也會列印傳入任何變數的內容，但輸出格式本身就是一段可執行的 PHP 程式碼。與上述範例中的相同 $info 物件，將列印如下的內容：

```
(object) array(
   'name' => 'Book Reader',
   'profession' => 'PHP Developer',
   'favorites' =>
  array (
    0 => 'PHP',
    1 => 'MySQL',
    2 => 'Linux',
  ),
)
```

與 var_dump() 不同，var_export() 還可接受可選擇的第二個參數，此參數將指示函數回傳其輸出，而不是將其列印到螢幕上。這會產生一段字串文字，表示回傳變數的內容，然後字串文字本身可以儲存在其他地方以供將來參考。

第三種也是最後一種選擇是使用 PHP 的 print_r() 函數。與前面的兩個函數一樣，它產生一個變數內容的人類可讀表示形式。與 var_export() 一樣，我們可以將可選擇的第二個參數傳遞給變數以回傳其輸出，而不是將結果列印到螢幕上。

4　有關資料清理的更多討論，請參考第 9.1 節。

但與前面的兩個函數不同的是，並非所有型別資訊都可以由 print_r() 直接公開。倘若仍以解決方案範例中相同的 $info 物件來說，將列印如下：

```
stdClass Object
(
    [name] => Book Reader
    [profession] => PHP Developer
    [favorites] => Array
        (
            [0] => PHP
            [1] => MySQL
            [2] => Linux
        )
)
```

每個函數顯示與所討論的相關變數的不同數量的資訊，哪一種版本最適合我們取決於我們打算如何使用產生的資訊。在除錯或記錄日誌內容中，var_export() 和 print_r() 回傳字串表示形式，而不是直接列印到控制台，這樣的能力將很有價值，特別是與 Monolog 等工具配合使用，更能發揮其功效，可參考第 13.5 節的相關討論。

如果我們想以一種輕鬆地直接重新導入 PHP 的方式來導出變數內容，則 var_export() 的可執行輸出會最適合這樣的需求。如果正在除錯變數內容，並需要深度型別和大小訊息，則 var_dump() 的預設輸出可以提供最多的資訊，即使它不能直接匯出為字串。

如果**確實**需要利用 var_dump()，並希望將結果輸出匯出成字串，我們可以在 PHP 中利用輸出緩衝（Output Buffering Control）（*https://oreil.ly/2AUks*）做到這一點。具體來說，在呼叫 var_dump() 之前先建立一個輸出緩衝區，然後將緩衝區的內容儲存在變數中以供後續使用，如範例 13-8 所示。

範例 *13-8　*輸出緩衝以捕捉變數內容

```
ob_start(); ❶
var_dump($info); ❷

$contents = ob_get_clean(); ❸
```

❶ 建立輸出緩衝區。在函數呼叫之後列印到控制台的任何程式碼，都將被緩衝區捕捉。

❷ 將相關變數的內容儲存到控制台 / 緩衝區。

❸ 取得緩衝區的內容，然後將其刪除。

前面範例程式的 $info 結果，將儲存在 $contents 變數之中，並以字串形式表示。而 $contents 變數的內容，很可能類似以下這樣：

```
string(244) "object(stdClass)#1 (3) {
  ["name"]=>
  string(11) "Book Reader"
  ["profession"]=>
  string(13) "PHP Developer"
  ["favorites"]=>
  array(3) {
    [0]=>
    string(3) "PHP"
    [1]=>
    string(5) "MySQL"
    [2]=>
    string(5) "Linux"
  }
}
"
```

參閱

關於 var_dump()（*https://oreil.ly/uYuoV*）、var_export()（*https://oreil.ly/V_vZ-*）和 print_r()（*https://oreil.ly/0D891*）的文件。

13.7　使用內建的 Web 伺服器功能快速執行應用程式

問題

我們希望在本機啟動 Web 應用程式，而不需要配置實際的 Web 伺服器（例如 Apache 或 NGINX）。

解決方案

使用 PHP 的內建 Web 伺服器快速啟動指令稿，以便開發人員可以從 Web 瀏覽器存取相關內容。假設我們的應用程式位於 *public_html/* 目錄中，則從該目錄啟動 Web 伺服器，如下所示：

```
$ cd ~/public_html
$ php -S localhost:8000
```

然後在瀏覽器中輸入 *http://localhost:8000*，以檢視在該目錄中的任何檔案（靜態 HTML、圖像，甚至可執行 PHP）。

討論

PHP 的 CLI 介面提供了一個內建的 Web 伺服器，使得在受控的本機環境中測試、示範應用程式或指令稿變得容易。CLI 支援執行 PHP 指令稿，以及從請求的路徑中回傳靜態內容。

靜態內容可以是 HTML 檔案或以下標準 MIME 型別／副檔名中的任何內容：

```
.3gp, .apk, .avi, .bmp, .css, .csv, .doc, .docx, .flac, .gif, .gz, .gzip, .htm,
.html, .ics, .jpe, .jpeg, .jpg, .js, .kml, .kmz, .m4a, .mov, .mp3, .mp4, .mpeg,
.mpg, .odp, .ods, .odt, .oga, .ogg, .ogv, .pdf, .png, .pps, .pptx, .qt, .svg,
.swf, .tar, .text, .tif, .txt, .wav, .webm, .wmv, .xls, .xlsx, .xml, .xsl, .xsd,
and .zip.
```

 內建的 Web 伺服器用於開發和除錯的目的。不應該在產品環境中使用。置於已完成的產品環境，請務必架設在成熟、完整的 Web 伺服器之中。在 NGINX 或 Apache 中，使用 PHP-FPM 都是合理的選擇。

此外，我們可以將特定指令稿作為**路由指令稿**傳遞到網路伺服器，從而使 PHP 將每個請求轉向到該指令稿之中。這種方法的優點是它模仿了使用現今流行的 PHP 框架的路由。缺點是我們需要手動處理靜態路由的資訊。

在 Apache 或 NGINX 環境中，瀏覽器對圖片、文件或其他靜態內容的請求將直接提供，而無須呼叫 PHP。利用 CLI Web 伺服器時，我們必須先檢查這些請求並傳回 false，以便在開發過程中讓伺服器能正確處理它們。

然後，框架路由指令稿必須檢查是否在 CLI 模式下執行。如果是，則回應相關路由內容。例如：

```
if (php_sapi_name() === 'cli-server') {
    if (preg_match('/\.(?:png|jpg|jpeg|gif)$/', $_SERVER["REQUEST_URI"])) {
        return false;
    }
}

// 繼續執行路由
```

然後可以使用前面的 *router.php* 檔案來引導本機 Web 伺服器，如下所示：

```
$ php -S localhost:8000 router.php
```

開發過程中，Web 伺服器除了使用 localhost 來存取本機端的任何介面，也可以使用 0.0.0.0。但請記住，伺服器只是用來進行開發，而非正式產品環境用途而設計的，其結構也無法保護我們的應用程式，避免受到非法使用者的濫用。*請勿在公開的網路上，使用這樣 PHP 命令列的網頁伺服器！*

參閱

關於 PHP 內建的 Web 伺服器的文件（*https://oreil.ly/Hm9U7*）。

13.8　使用 git-bisect 版本控制專案進行迴歸的單元測試

問題

我們希望快速確認在版本控制應用程式中，哪個提交引入了特定錯誤，以便我們可以修復它。

解決方案

使用 git bisect 追蹤原始碼在歷史過程中的第一個錯誤版本提交，如下所示：

1. 在專案上建立一個新的分支。

2. 撰寫一個失敗的單元測試（重現目前錯誤的測試，但如果錯誤已修復，則將通過檢測）。

3. 將測試檢驗提交到新的分支上。

4. 利用 git rebase，將專案移動到歷史記錄的過去節點，會帶入另一個提交版本進行測試。

5. 使用 git bisect，在專案的歷史記錄中移動節點，同樣再次執行單元測試的檢驗，直到搜尋出測試失敗的第一個提交版本。

一旦我們重新設置（rebase）專案的提交歷史記錄，所有提交版本的雜湊值都將會改變。追蹤單元測試的新版本的雜湊值，以便我們可以正確地定位 git bisect。例如，假設此提交在移動到提交歷史記錄後具有 48cc8f0 的雜湊值。在這種情況下，如範例 13-9 所示，我們將提交版本標記為「Good」（好的版本），將專案中的 HEAD（最新提交）標記為「Bad」（壞的版本）。

範例 13-9　使用 git bisect 瀏覽並進行測試的範例

```
$ git bisect start
$ git bisect good 48cc8f0 ❶
$ git bisect bad HEAD ❷
$ git bisect run vendor/bin/phpunit ❸
```

❶ 必須告訴 Git 需要檢視的第一個好的提交版本。

❷ 由於我們不確定壞的版本在哪裡，因此傳遞 HEAD 常數，Git 將檢視先前引用好的提交版本，作為下一個版本的切換。

❸ Git 可以對每個可疑的版本執行特定的命令。在這種情況下，請執行我們的測試套件。接著 Git 將繼續檢視專案提交版本的歷史記錄，直到找到第一個測試失敗的版本為止。

一旦 Git 識別出第一個錯誤提交（例如 16c43d7），請使用 git diff 檢視提交版本中實際發生的修改，如範例 13-10 所示。

範例 13-10　比較已知錯誤的 Git 提交版本

```
$ git diff 16c43d7 HEAD
```

一旦我們釐清問題癥結點，請執行 git bisect reset，讓儲存庫恢復正常操作。此時，也可回到主要分支（或刪除測試分支），以便後續針對已經找出的錯誤進行修正。

討論

Git 的 bisect 工具是追蹤和辨識專案錯誤提交的強大方法。對於大型、活躍的專案特別有用，在這些專案中，已知的好壞狀態之間可能存在多次提交版本。對於較大的專案，疊代每個提交並進行單獨測試其有效性，這會花費開發人員大量的時間成本。

git bisect 指令使用二分搜尋方法（binary search）。藉由已知好壞版本之間找到歷史記錄的中間點，並切換版本進行的測試。然後，根據當次測試的輸出，來一步步接近找出不良的提交版本。

預設情況下，`git bisect` 希望使用者手動測試每個可疑版本，直到找到「第一個錯誤」。但是，`git bisect run` 子命令，可讓我們將檢查轉交給 PHPUnit 這樣的自動化系統。如果測試命令回傳預設狀態 0（或成功），則假定該提交是良好的。這很有效，因為當所有測試都通過時，PHPUnit 會以錯誤代碼 0 離開。

如果測試失敗，PHPUnit 將傳回錯誤代碼 1，並且 `git bisect` 將其解釋為壞的提交。透過這種方式，我們可以快速、輕鬆地完全自動偵測數千個潛在提交中的壞提交。

在解決方案範例中，首先建立了一個新分支。目的只是為了保持專案的乾淨，一旦確定了壞的提交，就可以丟棄任何潛在的測試提交。在此分支上，我們提交了一個測試來複製在專案中所發現的錯誤。利用 `git log`，我們可以快速檢視專案的歷史記錄，包括本次的測試提交，如圖 13-3 所示。

```
ericmann@pop-os:~/Projects/git-bisect-demo$ git log --oneline
d442759 (HEAD -> testing) Test addition with negatives
9bd24f4 (origin/main, origin/HEAD, main) Division
48bcaa3 Misc cleanup
2b4fb8e multiplication
3bd869a Test method visibility
b51f515 Add subtraction
916161c Initial project commit
8550717 Initial commit
ericmann@pop-os:~/Projects/git-bisect-demo$
```

圖 13-3　git log 顯示了一個主分支和一個具有單獨提交的測試分支

這樣的紀錄非常有用，因為提供我們各個版本的簡短雜湊值，無論是用於測試或主要專案的分支。如果已知良好的歷史提交版本，則可以重新調整我們的專案，將測試版本移至下一個位置。

在圖 13-3 中，測試版本雜湊值是 d442759，而最後一個已知的「好」提交版本是 916161c。若要重新排序我們的專案，請從專案的初始版本（8550717）中互動式地使用 `git rebase`，將測試版本移至專案較早的位置。確切的命令如範例 13-11 所示。

範例 13-11　互動式 *git rebase* 重新排序提交版本

```
$ git rebase -i 8550717
```

Git 將開啟一個文字編輯器，並為每個可能的提交版本提供相同的 SHA 雜湊數值。我們希望維持提交歷史記錄（因此保留 pick 關鍵字），但將測試移到已知良好提交版本之後，如圖 13-4 所示。

```
pick 916161c Initial project commit
pick d442759 Test addition with negatives
pick b51f515 Add subtraction
pick 3bd869a Test method visibility
pick 2b4fb8e multiplication
pick 48bcaa3 Misc cleanup
pick 9bd24f4 Division

# Rebase 8550717..d442759 onto 8550717 (7 commands)
#
# Commands:
# p, pick <commit> = use commit
# r, reword <commit> = use commit, but edit the commit message
# e, edit <commit> = use commit, but stop for amending
# s, squash <commit> = use commit, but meld into previous commit
# f, fixup [-C | -c] <commit> = like "squash" but keep only the previous
#                    commit's log message, unless -C is used, in which case
#                    keep only this commit's message; -c is same as -C but
#                    opens the editor
# x, exec <command> = run command (the rest of the line) using shell
# b, break = stop here (continue rebase later with 'git rebase --continue')
# d, drop <commit> = remove commit
# l, label <label> = label current HEAD with a name
# t, reset <label> = reset HEAD to a label
# m, merge [-C <commit> | -c <commit>] <label> [# <oneline>]
# .        create a merge commit using the original merge commit's
# .        message (or the oneline, if no original merge commit was
# .        specified); use -c <commit> to reword the commit message
#
:wq
```

圖 13-4　Git 以互動方式重新定位，允許修改或重新排序提交版本

儲存檔案後，Git 將根據移動的版本，重建專案的歷史記錄。如果存在衝突，首先在本機解決衝突並提交結果。然後利用 `git rebase --continue` 繼續進行。完成後，我們的專案將被重組，以便新的測試可在已知良好的版本之後進行。

 已知良好的版本與之前的任何提交版本都將具有相同的雜湊值。但是，我們移動的版本，以及隨後的所有提交版本都將套用新的雜湊值。請在後續的任何 Git 命令中，注意使用正確的雜湊值！

重新定位後，使用 `git log --oneline` 再次檢視我們的版本歷史記錄，並參考單元測試的結果，進行新的提交版本。然後，可以從這次提交版本到專案的 HEAD 之間進行 `git bisect`，就如同範例 13-9 中所做的那樣。Git 將對每個可疑提交執行 PHPunit，直到找到第一個「壞的」版本，產生類似圖 13-5 中的輸出。

```
There was 1 failure:

1) FunctionTest::testAddAllNegatives
Failed asserting that 8 is identical to 2.

/home/ericmann/Projects/git-bisect-demo/tests/FunctionTest.php:63

FAILURES!
Tests: 17, Assertions: 13, Failures: 1.
Bisecting: 0 revisions left to test after this (roughly 0 steps)
[167ca3b17b6e4362d83e32d7fe7c84effb963b08] multiplication
running  'vendor/bin/phpunit'
PHPUnit 9.5.28 by Sebastian Bergmann and contributors.

.................                                          17 / 17 (100%)

Time: 00:00.005, Memory: 6.00 MB

16c43d7cbc165fcda635b9d8b6d05d0c31175221 is the first bad commit
commit 16c43d7cbc165fcda635b9d8b6d05d0c31175221
Author: Eric Mann <eric@eamann.com>
Date:   Sat Jan 14 14:14:51 2023 -0800

    Misc cleanup

 src/functions.php      | 6 +++++-
 tests/FunctionTest.php | 2 +-
 2 files changed, 6 insertions(+), 2 deletions(-)
bisect found first bad commitericmann@pop-os:~/Projects/git-bisect-demo$
```

圖 13-5　執行 git bisect 直到找到歷史記錄中第一個「壞」的提交版本

掌握了第一個壞的提交後,我們可以查看該點的差異,並確切地瞭解錯誤的位置,以及如何進入我們的專案中。此時,回到主分支並著手開始修正。

導入新的單元測試也是個好主意。

雖然我們可再次使用 git rebase 將測試版本移回所屬位置,但重新定位的操作可能會使得專案歷史記錄在先前的狀態下被修改。相反地,應該回到主要分支,並在該點上建立新分支來完成實際修復錯誤的工作。也許透過 git cherry-pick 拉入我們的測試提交(*https://oreil.ly/tTFx3*),並進行必要的修改。

參閱

關於 git bisect 命令的文件(*https://oreil.ly/LXgBP*)。

第十四章

效能調校

動態解譯語言（如 PHP），以靈活和容易操作而聞名，但在執行速度上就不一定是其特點。部分原因是由於其中型別系統的工作方式。當在執行時期推斷型別時，解譯器在提供資料之前，無法明確知道該如何執行特定操作。

考慮以下鬆散型別的 PHP 函數，將兩個元素加在一起：

```
function add($a, $b)
{
    return $a + $b;
}
```

由於此函數沒有宣告傳入變數的型別與回傳型別，因此它可以表現出多種函數簽章。範例 14-1 中的所有方法簽章都是呼叫前述函數的相同有效的方法。

範例 14-1　相同函數定義的不同函數簽章

```
add(int $a,    int $b):   int  ❶
add(float $a,  float $b): float ❷
add(int $a,    float $b): float ❸
add(float $a,  int $b):   float ❹
add(string $a, int $b):   int  ❺
add(string $a, int $b):   float ❻
```

❶ add(1, 2) 回傳 int(3)

❷ add(1., 2.) 回傳 float(3)

❸ add(1, 2.) 回傳 float(3)

❹ add(1., 2) 回傳 float(3)

❺ add("1", 2) 回傳 int(3)

❻ add("1.", 2) 回傳 float(3)

前面的範例說明如何編寫單一函數,而 PHP 內部需要以多種方式處理它。PHP 語言在看到我們提供的資料之前,並不知道實際需要哪一種版本的函數,並且在必要時還會在內部將某些數值轉換為其他型別。然而在執行時期,實際函數會被編譯為操作碼(opcode,operation code),該操作碼透過專用虛擬機在處理器上執行,而 PHP 將需要產生相同函數的多種版本操作碼,來處理不同的輸入和回傳型別。

 PHP 利用的鬆散型別系統,是使其容易學習但也容易犯下致命程式設計錯誤的原因之一。本書盡可能使用嚴格型別來避免這些陷阱。請查閱第 3.4 節理解有關我們在程式碼中使用嚴格型別的更多資訊。

對於編譯語言,只需將程式編譯為操作碼的多個分支就可繼續執行下去。在這裡討論關於型別是否鬆散的問題,將不是我們主要的目標。不幸的是,PHP 更像是一種解譯性語言;會依據情況的需求,重新載入並再次編譯我們的指令稿,這取決於應用程式的載入方式。幸運的是,多個程式碼路徑所消耗的效能,可以透過語言本身內建的兩種先進機制來解決:即時(JIT,just-in-time)編譯和操作碼快取。

即時編譯

從版本 8.0 開始,PHP 附帶了 JIT 編譯器(*https://oreil.ly/XS9gg*),它可以立即實現更快的程式執行和性能更好的應用程式。透過利用傳遞到處理指令稿執行的虛擬機器(VM)·的實際指令的追蹤,來實現此目的。當某個特定的追蹤被頻繁呼叫時,PHP 將自動識別該操作的重要性,並評估程式碼是否從這樣的編譯過程中受益。

相同程式碼的後續呼叫,將使用已編譯過的位元碼而非動態指令稿,進而擁有顯著的效能提升。根據 Zend 在 PHP 8.0 發佈時公布的指標(*https://oreil.ly/LpZ3w*),含有 JIT 編譯器讓 PHP 基準測試套件的速度提高了三倍!

要記住的一點是,JIT 編譯主要是有利於低階演算法。這包括數字運算和原始資料的操作。除了 CPU 密集型操作(例如圖形操作或大量資料庫整合)之外的任何操作,都不會從這些變更中獲得那麼多好處。但是,知道 JIT 編譯器的存在後,我們可以利用它並以新的方式使用 PHP。

操作碼快取

提高效能的最簡單方法（事實上，JIT 編譯器也是如法炮製）是將重要的操作快取下來，並直接參考結果，而不是一次又一次執行相同操作。從版本 5.5 開始，PHP 附帶了一個可選擇的擴充功能，用於在記憶體中快取預先編譯的位元程式碼，稱為 OPcache（*https://oreil.ly/wH2ue*）[1]。

請記住，PHP 主要是一個動態指令稿直譯器，並且會在程式啟動時讀入我們的指令稿。如果我們經常停止並啟動應用程式，PHP 將需要將指令稿重新編譯為電腦可讀的位元碼，以便程式碼能夠正確執行。頻繁啟動／停止可能會強制頻繁地重新編譯指令稿，導致效能低落。然而，OPcache 允許我們選擇性地編譯指令稿，以便在執行應用程式的其餘部分之前，向 PHP 提供所需要的位元碼。這可消除 PHP 每次載入和解析指令稿的需求！

 在 PHP 8 或更高版本中，JIT 編譯器只有在伺服器上也開啟 OPcache 時才能發生效用，因為使用到快取作為共用記憶體。但是我們不需要使用 JIT 編譯器來使用 OPcache 本身。

JIT 編譯、操作碼快取等行為，都是透過語言中低階部分的效能改進，讓我們在執行時期能輕鬆使用它們，但並不能因此而自我滿足。理解使用者定義函數是如何計算，以及所花費的執行時間也是另一個重要課題。這使得識別業務邏輯中的瓶頸變得相對容易。對應用程式進行全面的基準測試，也有助於衡量新環境的部署、語言的新版本，或面對未來依賴套件更新時的效能變化。

以下章節，我們將以使用者角度來描述，如何對應用程式的計時、基準測試、環境效能評估，以及如何利用語言操作碼快取來進行應用程式的優化。

14.1 函數執行時間的評估

問題

我們想要知道執行特定函數需要花費多少時間，才能識別出潛在的最佳化機會。

---

1 PHP 8.0 發佈的 JIT 編譯器在底層使用 OPcache，但如果 JIT 編譯無法使用，我們仍然可以**手動**利用快取來控制系統。

解決方案

在函數執行之前和結束之後,利用 PHP 的內建 hrtime() 函數來決定函數的執行時間。例如:

```
$start = hrtime(true);

doSomethingComputationallyExpensive();

$totalTime = (hrtime(true) - $start) / 1e+9;

echo "Function took {$totalTime} seconds." . PHP_EOL;
```

討論

hrtime() 函數將回傳系統內建的高精確度時間,從系統定義的任意時間點開始計算。預設情況下,它回傳包含兩個整數的陣列 —— 分別表示秒(second)和奈秒(nanosecond)。把 true 傳遞給函數將回傳奈秒總數,並且還需要除以 1e+9,將原始輸出轉換成人類可讀的秒數。

另一種特別的方法是將計時機制抽象化為裝飾器物件。如第 8 章所述,裝飾器是一種程式設計的模式,它允許我們將單一函數呼叫(或整個類別),透過包裝在另一個類別中的實作來擴充其功能。在這種情況下,希望觸發使用 hrtime() 來計時函數的執行,而不更改函數本身。如範例 14-2 所示。

範例 14-2 用於測量函數呼叫效能的計時裝飾器物件

```
class TimerDecorator
{
    private int $calls = 0;
    private float $totalRuntime = 0.;

    public function __construct(public $callback, private bool $verbose = false) {}

    public function __invoke(...$args): mixed ❶
    {
        if (! is_callable($this->callback)) {
            throw new ValueError('Class does not wrap a callable function!');
        }

        $this->calls += 1;
        $start = hrtime(true); ❷

        $value = call_user_func($this->callback, ...$args); ❸
```

```
        $totalTime = (hrtime(true) - $start) / 1e+9;
        $this->totalRuntime += $totalTime;

        if ($this->verbose) {
            echo "Function took {$totalTime} seconds." . PHP_EOL; ❹
        }

        return $value; ❺
    }

    public function getMetrics(): array ❻
    {
        return [
            'calls'   => $this->calls,
            'runtime' => $this->totalRuntime,
            'avg'     => $this->totalRuntime / $this->calls
        ];
    }
}
```

❶ __invoke() 神奇方法使得類別實體可以像函數一樣被呼叫。使用 ... 展開運算符號，將會捕捉在執行時期傳入的任何引數，以便稍後傳遞給包裝的方法。

❷ 裝飾器使用的實際計時機制與解決方案範例中相同。

❸ 假設包裝的函數是可呼叫的，PHP 將呼叫該函數並傳遞所有必要的引數，這都歸功於 ... 展開運算符號。

❹ 裝飾器的此實作可以使用詳細旗標來實體化，該旗標還會將執行時期列印到控制台。

❺ 由於包裝的函數可能會回傳資料，因此我們需要確保裝飾器也回傳該輸出。

❻ 因為裝飾函數本身就是一個物件，所以可以直接公開其屬性和方法。在這種情況下，裝飾器會追蹤可直接讀取的集合資料。

假設與解決方案範例中相同的 doSomethingComputationallyExpective() 函數是我們要測試的目標，則解決方案的裝飾器可以包裝該函數並產生評估時間的指標，如範例 14-3 所示。

範例 *14-3* 利用裝飾器來計算函數執行時間

```
$decorated = new TimerDecorator('doSomethingComputationallyExpensive');

$decorated(); ❶

var_dump($decorated->getMetrics()); ❷
```

❶ 由於裝飾器類別實作了 __invoke() 神奇方法,因此可以使用類別的實體,就像它本身是一個函數一樣。

❷ 產生的指標陣列將包括呼叫次數、所有呼叫的總執行時間(以秒為單位),以及平均執行時間(以秒為單位)。

同樣地,我們可以多次測試相同的包裝函數,並從所有呼叫中取出執行期間各項記錄的集合資訊,如下所示:

```
$decorated = new TimerDecorator('doSomethingComputationallyExpensive');

for ($i = 0; $i < 10; $i++) {
    $decorated();
}

var_dump($decorated->getMetrics());
```

由於 TimerDecorator 類別可以包裝任何可呼叫的函數,因此我們可以使用它來裝飾類別方法,如同裝飾原生函數一樣容易。範例 14-4 中的類別定義了靜態和實體方法,任何一個都可以藉由裝飾器加以包裝。

範例 *14-4* 用於測試裝飾器的簡單類別定義

```
class DecoratorFriendly
{
    public static function doSomething()
    {
        // ...
    }

    public function doSomethingElse()
    {
        // ...
    }
}
```

範例 14-5 說明了如何在 PHP 執行時期,將類別方法(靜態和實體繫結)視為可呼叫的物件。也就是說,任何能夠表示成為可呼叫介面的東西,都能夠由裝飾器進行包裝。

範例 *14-5* 任何可呼叫介面都能夠由裝飾器進行包裝

```
$decoratedStatic = new TimerDecorator(['DecoratorFriendly', 'doSomething']); ❶
$decoratedStatic(); ❷

var_dump($decoratedStatic->getMetrics());
```

```
$instance = new DecoratorFriendly();

$decoratedMember = new TimerDecorator([$instance, 'doSomethingElse']); ❸
$decoratedMember(); ❹

var_dump($decoratedMember->getMetrics());
```

❶ 靜態類別方法透過傳遞類別名稱及其靜態方法的陣列，來作為可呼叫物件。

❷ 建立完成後，被修飾過的靜態方法可以像任何其他函數一樣呼叫，並且將以相同的方式產生指標。

❸ 類別實體的方法透過傳遞實體化物件和方法的字串名稱，來作為可呼叫物件。

❹ 與修飾過的靜態方法類似，被修飾過的實體方法也可以如同其他函數一樣被呼叫，以在裝飾器中填充指標。

一旦知道函數執行時間的長短，我們就可以專注在最佳化的作業之中。這可能涉及重構邏輯或使用其他替代方式來定義演算法。

使用 hrtime() 一開始需要將 HRTime 擴充（*https://oreil.ly/P_4Fq*）安裝到 PHP，但現在預設已整合成為核心函數。如果使用的 PHP 版本早於 7.3 或在建置過程中明確關閉相關功能，這個函數是不存在的。在這樣的情況下，我們仍然可以透過 PECL 自行安裝擴充，也可以利用類似的 microtime() 函數 [2]。

microtime() 函數傳回自 Unix 紀元以來的微秒數，而不是從任一時間點開始計算秒數。此函數可以取代 hrtime() 用來測量函數執行時間，如下所示：

```
$start = microtime(true);

doSomethingComputationallyExpensive();

$totalTime = microtime(true) - $start;

echo "Function took {$totalTime} seconds." . PHP_EOL;
```

無論我們是像解決方案範例中使用 hrtime() 或像前面的片段中使用 microtime() ，都要確保與讀出結果資料的方式一致。這兩種機制都以不同的精確度等級回傳時間概念，如果在任何輸出格式上混合使用，可能會導致混淆。

---

2 有關 PECL 和擴充功能的管理，請參考第 15.4 節。

參閱

在 PHP 文件中關於 hrtime() 函數（*https://oreil.ly/AjZ4H*）和 microtime() 函數（*https://oreil.ly/r_U84*）的說明。

14.2　對程式的效能進行基準測試

問題

我們希望對整個應用程式的效能進行基準測試，以便可以衡量代碼庫、依賴套件和底層語言版本的發展過程中的變化（例如：效能測試）。

解決方案

使用像 PHPBench 的自動化工具來檢測我們的程式，並定期執行效能基準測試。例如，建構以下類別來測試各種字串大小上所有可用的雜湊演算法的效能 [3]。

```
/**
 * @BeforeMethods("setUp")
 */
class HashingBench
{
    private $string = '';

    public function setUp(array $params): void
    {
        $this->string = str_repeat('X', $params['size']);
    }

    /**
     * @ParamProviders({
     *     "provideAlgos",
     *     "provideStringSize"
     * })
     */
    public function benchAlgos($params): void
    {
        hash($params['algo'], $this->string);
    }
```

3　這個特殊的範例取自 PHPBench 預設附帶的範例基準測試（*https://oreil.ly/zZE4X*）。

```
public function provideAlgos()
{
    foreach (array_slice(hash_algos(), 0, 20) as $algo) {
        yield ['algo' => $algo];
    }

}

public function provideStringSize() {
    yield ['size' => 10];
    yield ['size' => 100];
    yield ['size' => 1000];
}

}
```

若要執行上述範例預設的基準測試,請先複製 PHPBench,然後安裝 Composer 依賴套件,最後執行下列指令:

```
$ ./bin/phpbench run --profile=examples --report=examples --filter=HashingBench
```

基準測試結束後,產生的輸出將類似圖 14-1 中的圖表。

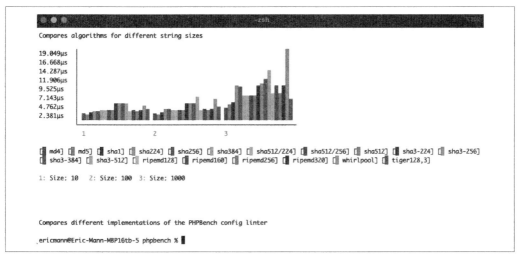

圖 14-1　PHPBench 範例雜湊基準測試的輸出指標

討論

PHPBench 是衡量使用者定義程式碼在各種情況下的效能基準的有效方法。它可以在開發環境中用來判斷新程式碼的效能水準，也可以直接整合到持續整合（continuous integration）環境中。

PHPBench 本身的 GitHub Actions 配置設定（*https://oreil.ly/D6PMf*），會在每次拉取請求和修改時，用來執行應用程式本身的完整基準測試套件。這使得維護人員能夠確保專案在各個支援的 PHP 版本的廣泛矩陣中，引入的每個變更都能夠繼續依照預期執行。

任何包含自動化基準測試的專案都必須從 Composer 開始[4]。我們需要透過 Composer 自動載入相關資訊，讓 PHPBench 知道從哪裡取得類別，一旦設定完成，就可以根據需求建立專案。

假設我們建立一個利用數值物件和雜湊，來保護儲存的敏感資料的專案。一開始的 *composer.json* 檔案可能如下所示：

```
{
    "name": "phpcookbook/valueobjects",
    "require-dev": {
        "phpbench/phpbench": "^1.0"
    },
    "autoload": {
        "psr-4": {
            "Cookbook\\": "src/"
        }
    },
    "autoload-dev": {
        "psr-4": {
            "Cookbook\\Tests\\": "tests/"
        }
    },
    "minimum-stability": "dev",
    "prefer-stable": true
}
```

當然，專案程式碼通常將位於 *src/* 目錄中，任何測試，無論是基準測試或其他相關測試，都將位於獨立的 *tests/* 目錄中。若只是專注於基準測試，那我們需要建立一個專用的 *tests/Benchmark/* 目錄，來追蹤命名空間和可過濾的程式碼。

4　有關使用 Composer 初始化專案的更多說明，請查閱第 15.1 節。

我們想要進行基準測試的第一個類別是一個數值物件，它可接受電子郵件地址，並且如同字串一樣容易地進行操作。但是，當其內容轉換到除錯內容時（例如 var_dump() 或 print_r()），它會自動對數值進行雜湊處理。

 電子郵件是一種常見的格式，即使對資料進行雜湊處理，也不足以保護它免受真正專門的駭客攻擊。在這裡，我們的目的是希望示範如何使用雜湊來混淆資料。這不應該被視為安全的保護方式。

在新的 *src/* 目錄中，建立範例 14-6 所定義的類別，檔案儲存為 *ProtectedString.php*。這個類別有很多功能——但主要是實作幾個神奇方法，以確保轉換物件的過程中沒有意外，並獲得其內部數值。相反地，一旦實體化 ProtectedString 物件，取得其內容的唯一方式就是使用 ::getValue()。任何內容都將回傳所計算的 SHA-256 雜湊數值。

範例 14-6 受保護的字串包裝器類別定義

```php
namespace Cookbook;

class ProtectedString implements \JsonSerializable
{
    protected bool $valid = true;

    public function __construct(protected ?string $value) {}

    public function getValue(): ?string
    {
        return $this->value;
    }

    public function equals(ProtectedString $other): bool
    {
        return $this->value === $other->getValue();
    }

    protected function redacted(): string
    {
        return hash('sha256', $this->value, false);
    }

    public function isValid(): bool
    {
        return $this->valid;
    }

    public function __serialize(): array
```

```
        {
            return [
                'value' => $this->redacted()
            ];
        }

        public function __unserialize(array $serialized): void
        {
            $this->value = null;
            $this->valid = false;
        }

        public function jsonSerialize(): mixed
        {
            return $this->redacted();
        }

        public function __toString()
        {
            return $this->redacted();
        }

        public function __debugInfo()
        {
            return [
                'valid' => $this->valid,
                'value' => $this->redacted()
            ];
        }
    }
```

我們想要驗證所選的雜湊演算法的效能。SHA-256 非常合理，但希望對所有可能的一系列方法進行效能基準測試，如此才能在變更不同的雜湊演算法時，確保不會造成系統效能下降。

要真正開始對此類別進行基準測試，請在專案的根目錄中建立 *phpbench.json* 檔案，如下所示：

```
{
    "$schema": "./vendor/phpbench/phpbench/phpbench.schema.json",
    "runner.bootstrap": "vendor/autoload.php"
}
```

最後，建立一個實際的基準測試，來測試使用者序列化字串的各種方式的效能。範例 14-7 中定義的基準測試應該位於 *tests/Benchmark/ProtectedStringBench.php* 檔案中。

範例 *14-7* 對 *ProtectedString* 類別進行基準測試

```php
namespace Cookbook\Tests\Benchmark;

use Cookbook\ProtectedString;

class ProtectedStringBench
{
    public function benchSerialize()
    {
        $data = new ProtectedString('testValue');
        $serialized = serialize($data);
    }

    public function benchJsonSerialize()
    {
        $data = new ProtectedString('testValue');
        $serialized = json_encode($data);
    }

    public function benchStringTypecast()
    {
        $data = new ProtectedString('testValue');
        $serialized = '' . $data;
    }

    public function benchVarExport()
    {
        $data = new ProtectedString('testValue');
        ob_start();
        var_dump($data);
        $serialized = ob_end_clean();
    }
}
```

最後,我們可以使用以下 shell 命令,執行基準測試:

```
$ ./vendor/bin/phpbench run tests/Benchmark --report=default
```

此命令將產生類似於圖 14-2 中的輸出,詳細說明每個轉換過程操作的記憶體使用情況和執行時間。

```
                                                      -zsh
ericmann@Eric-Mann-MBP16tb-5 vobj % ./vendor/bin/phpbench run tests/Benchmark --report=default
PHPBench (1.2.7) running benchmarks... #standwithukraine
with configuration file: /Users/ericmann/Projects/tester/vobj/phpbench.json
with PHP version 8.2.0, xdebug ✘, opcache ✘

\Cookbook\Tests\Benchmark\ProtectedStringBench

    benchSerialize.....................I0 - Mo319.000µs (±0.00%)
    benchJsonSerialize.................I0 - Mo349.000µs (±0.00%)
    benchStringTypecast................I0 - Mo298.000µs (±0.00%)
    benchVarExport.....................I0 - Mo309.000µs (±0.00%)

Subjects: 4, Assertions: 0, Failures: 0, Errors: 0
+------+-------------------+-------------------+-----+------+----------+----------+-------------+----------------+
| iter | benchmark         | subject           | set | revs | mem_peak | time_avg | comp_z_value | comp_deviation |
+------+-------------------+-------------------+-----+------+----------+----------+-------------+----------------+
| 0    | ProtectedStringBench | benchSerialize     |     | 1    | 684,296b | 319.000µs | +0.00σ      | +0.00%         |
| 0    | ProtectedStringBench | benchJsonSerialize |     | 1    | 684,312b | 349.000µs | +0.00σ      | +0.00%         |
| 0    | ProtectedStringBench | benchStringTypecast |    | 1    | 684,312b | 298.000µs | +0.00σ      | +0.00%         |
| 0    | ProtectedStringBench | benchVarExport     |     | 1    | 684,296b | 309.000µs | +0.00σ      | +0.00%         |
+------+-------------------+-------------------+-----+------+----------+----------+-------------+----------------+

ericmann@Eric-Mann-MBP16tb-5 vobj % ▮
```

圖 14-2 使用雜湊演算法對物件進行轉換的 PHPBench 結果輸出

應用程式中的每個元素都應該內建基準測試。這將大幅簡化在新環境中測試應用程式效
能的過程,例如在新的伺服器硬體上或在新發佈的 PHP 版本之中。在可能的情況下,
多花一些心力將這些基準測試與持續整合相互連結,以確保盡可能地頻繁執行和記錄
測試。

參閱

關於 PHPBench 專案的官方文件(*https://oreil.ly/4HCMc*)。

14.3　使用操作碼快取加速應用程式

問題

我們希望在環境中利用操作碼快取,來提高應用程式的整體效能。

解決方案

安裝共用的 OPcache 擴充功能，並在 *php.ini* 中針對我們的環境進行配置[5]。由於它是預設擴充，因此我們只需更新配置即可啟用快取功能。通常建議使用以下設定來獲得穩定的效能，但也應該要針對特定應用程式和基礎架構進行相關測試：

```
opcache.memory_consumption=128
opcache.interned_strings_buffer=8
opcache.max_accelerated_files=4000
opcache.revalidate_freq=60
opcache.fast_shutdown=1
opcache.enable=1
opcache.enable_cli=1
```

討論

當 PHP 執行時，直譯器會讀取我們的指令稿，並將友善、易於理解的 PHP 程式碼編譯成機器易於理解的形式。不幸的是，由於 PHP 並非一種正式的編譯語言，因此每次載入指令稿時，它都必須進行此編譯動作。對於一個簡單的應用程式來說，這不是什麼大問題。但對於複雜的應用程式，它可能會導致載入時間的增加和重複請求的高延遲回應。

圍繞這個問題，最簡單的優化方法就是將已編譯的位元碼做快取。以便在後續的請求中重複使用。

若要在本機測試和驗證操作碼快取的功能，我們可以在命令列中啟動指令稿時使用 -d 旗標，-d 旗標為 *php.ini* 設定的配置，設定了明顯的覆蓋（或保留其預設數值）。具體來說，範例 14-8 中的命令列旗標，將利用本機 PHP 開發伺服器來執行完全停用 OPcache 的應用程式。

範例 14-8　本機啟動 PHP Web 伺服器時不支援 OPcache

```
$ php -S localhost:8080 -t public/ -dopcache.enable_cli=0 -dopcache.enable=0
```

同樣地，我們也可以執行相似的命令，明確的**開啟**操作碼快取功能，來直接比較應用程式的行為和效能，如範例 14-9 所示。

5　OPcache 是一個共用的擴充功能，如果我們在編譯 PHP 時，使用 --disable-all 旗標停用它，則這個擴充將不存在。遇到這種情況別無選擇，只能使用 --enable-opcache 旗標，並且重新編譯 PHP，或安裝含有此旗標、預先編譯好的 PHP 引擎。

範例 14-9　本機啟動 PHP Web 伺服器時支援 OPcache

```
$ php -S localhost:8080 -t public/ -dopcache.enable_cli=1 -dopcache.enable=1
```

為了能夠充分展現其工作原理，我們花一些時間依循安裝開放原始碼 Symfony 框架的應用程式來做示範。以下兩個指令將示範建立所用的內容，到本機的 /demosite/ 目錄中，並透過 Composer 安裝所需的依賴套件：

```
$ composer create-project symfony/symfony-demo demosite
$ cd demosite && composer install
```

接著，使用 PHP 內建的 Web 伺服器來啟動應用程式。使用範例 14-8 中的命令，這是在沒有 opcache 支援的情況下啟動。程式將在連接埠 8080 上操作，如圖 14-3 所示。

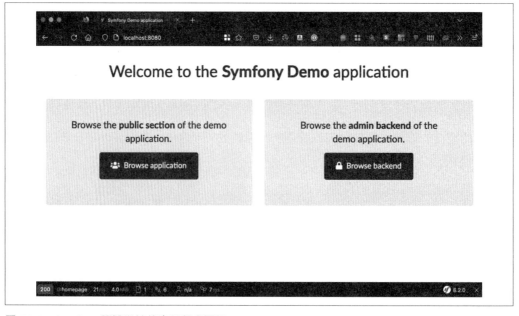

圖 14-3　Symfony 預設示範的應用程式頁面

預設應用程式在本機執行，使用輕量級 SQLite 資料庫，因此載入速度應該相當快。如範例 14-10 所示，我們也可以在終端機中使用 cURL 指令有效地測試載入時間。

範例 14-10　簡單的 *cURL* 命令，用來測量 *Web* 程式的回應時間

```
curl -s -w "\nLookup time:\t%{time_namelookup}\
    \nConnect time:\t%{time_connect}\
    \nPreXfer time:\t%{time_pretransfer}\
    \nStartXfer time:\t%{time_starttransfer}\
    \n\nTotal time:\t%{time_total}\n" -o /dev/null \
    http://localhost:8080
```

如果未開啟操作碼的快取功能，Symfony 示範應用程式的載入總時間約為 0.3677 秒。這個結果非常快速，但這是應用程式完全在本機環境中執行。如果換成正式產品的遠端資料庫，它可能會更慢，但這是一個可靠的標準。

緊接著停止應用程式，並使用範例 14-9 中的命令，開啟操作碼快取並重新啟動它。然後重新執行範例 14-10 中的 cURL 效能測試。使用操作碼快取，現在應用程式的載入總時間約為 0.0371 秒。

這是一個相對簡單的應用程式，但效能提高 10 倍，這對系統效能來說是一個巨大的提升。載入速度越快，我們的系統在同一時間內可以服務的客戶就越多！

參閱

關於 OPcache 擴充功能的文件（*https://oreil.ly/Tb8rC*）。

## 第十五章

套件與擴充功能

PHP 是一種高階語言，使用動態型別和記憶體管理讓使用者的軟體開發變得更加容易。不幸的是，電腦不擅長處理過於高階的概念，因此任何高階系統本身都必須建構在較低階的建構區塊之上。在 PHP 的情況下，整個系統都是用 C 語言編寫和建構而成的。

由於 PHP 是開放原始碼，因此可以直接從 GitHub（*https://oreil.ly/Z1_lP*）下載該語言完整的原始程式碼。然後，我們可以在自己的系統上從原始碼來編譯語言，對其進行修改，或撰寫自己在本機上（C 語言等級）的擴充功能。

在不同環境中，仍須使用其他工具軟體或套件，才能從原始程式碼編譯 PHP。在 Ubuntu Linux 上，我們需要以下軟體套件：

pkg-config

　　用於回傳有關已安裝函式庫資訊的 Linux 套件。

build-essential

　　包含 GNU 除錯工具、g++ 編譯器和其他用於處理 C/C++ 專案的工具套件。

autoconf

　　用於產生配置程式碼套件的巨集指令工具。

bison

　　通用的解析器產生器。

re2c

用於 C 和 C++ 的正規表示式編譯器和詞彙分析工具。

libxml2-dev

處理 XML 所需要的 C 語言函式庫。

libsqlite3-dev

SQLite 和相關繫結的 C 語言函式庫。

我們可以使用以下 apt 命令來安裝以上所有的內容:

```
$ sudo apt install -y pkg-config build-essential autoconf bison re2c \
                      libxml2-dev libsqlite3-dev
```

一旦相關需要的工具軟體或套件準備完成,我們就可以使用 buildconf 指令稿來產生組態設定,接著準備建置環境。可以直接傳遞某些選項(*https://oreil.ly/md2qt*)來調整 configure 預先設定的內容。表 15-1 列出一些最常用的選項。

表 15-1　PHP 配置選項

選項	描述
--enable-debug	使用除錯符號進行編譯。對於開發對核心 PHP 的修改或撰寫新的擴充功能相當有用。
--enable-libgcc	允許程式碼連結 libgcc。
--enable-php-streams	開啟實驗性質 PHP 串流功能。
--enable-phpdbg	開啟互動式 phpdbg 除錯工具。
--enable-zts	開啟執行緒安全模式。
--disable-short-tags	停用 PHP 短標籤的支援(例如 <?)。

瞭解如何建立 PHP 本身並不是使用它的先決條件。在大多數環境中,我們可以直接從標準的套件管理工具來安裝二進制發行版。例如,在 Ubuntu 上可以使用以下命令直接安裝 PHP:

```
$ sudo apt install -y php
```

但是,如果我們希望修改語言的內部行為,包含一些非預設的擴充功能,或是未來撰寫自己的本機電腦上的模組,那麼就需要瞭解如何從原始程式碼建立 PHP。

標準模組

預設情況下，PHP 使用自己的擴充系統來支援語言中許多的核心功能。除了核心模組之外，各種擴充都直接與 PHP 打包在一起[1]，其中包括以下項目：

- BCMath（*https://oreil.ly/QwfUv*）用於任意精度的數學計算。
- FFI（Foreign Function Interface，外部函數介面）（*https://oreil.ly/sktWY*）用於載入共用函式庫，並呼叫其中的函數。
- PDO（PHP Data Objects，PHP 資料物件）（*https://oreil.ly/BEsdu*）用於抽象化各種資料庫介面。
- SQLite3（*https://oreil.ly/Zejtz*），用於直接與 SQLite 資料庫進行互動。

這些標準模組與 PHP 打包在一起，可以透過修改 *php.ini* 配置，立即包含在 PHP 中。外部擴充功能（例如對 Microsoft SQL Server 的 PDO 支援）也能適用，但必須單獨安裝和啟動。像 PECL 這樣的工具（在第 15.4 節中討論）可使得這些模組的安裝，在任何環境下都變得簡單許多。

Composer 函式庫 / 套件管理工具

除了語言本身的擴充功能之外，我們還可以使用 Composer（*https://getcomposer.org*）。這是最受歡迎的 PHP 套件管理工具。任何 PHP 專案都可以（並且應該）透過包含描述專案及其結構的 *composer.json* 檔案，來定義 Composer 的模組。即使我們不使用 Composer 將第三方程式碼加入到專案之中，存在這樣的檔案也有兩個主要優勢：

- 自己（或其他開發人員）可以將自己的專案匯入為另一個專案的相依套件。這使程式碼具有可移植性，並鼓勵重複使用函數和類別定義。
- 一旦專案有了 *composer.json* 檔案，我們就可以利用 Composer 的自動載入功能，在專案中動態地匯入類別及函數，而無須使用 `require()` 來直接載入它們。

在本章中，我們會介紹將專案配置為 Composer 套件的技巧，以及如何利用 Composer 尋找並匯入第三方函式庫。我們還將學習如何透過 PECL（PHP Extension Community Library）、PEAR（PHP Extension and Application Repository）尋找和匯入該語言的本機擴充。

---

[1] 外部擴充的完整清單可以在 PHP 手冊中找到（*https://oreil.ly/SEWGK*）。

15.1 定義 Composer 專案

問題

我們想要啟動一個使用 Composer 的新專案，用來動態地載入程式碼和其相依性套件。

解決方案

在命令列中使用 Composer 的 `init` 命令，來引導具有 *composer.json* 檔案的新專案。例如：

```
$ composer init --name ericmann/cookbook --type project --license MIT
```

在完成填入各項提示資訊後（如請求描述、作者、最低穩定性等），我們將替專案留下一個良好定義的 *composer.json* 檔案。

討論

Composer 的工作原理是在 JSON 文件中定義有關專案的資訊，並使用該資訊來建立其他指令稿載入器和整合。在新初始化的專案中，這個文件的內容不會有太多細節。因此，在上述範例中 `init` 指令所產生的 *composer.json* 檔案如下所示：

```
{
    "name": "ericmann/cookbook",
    "type": "project",
    "license": "MIT",
    "require": {}
}
```

設定檔沒有定義任何依賴套件、額外的指令稿，也沒有自動載入的功能。為了識別專案和其他項目的用途，我們需要開始增加一些內容。首先，我們需要定義自動載入工具，來提取專案程式碼。

對於此專案，使用預設的命名空間 Cookbook，並將所有程式碼放置在 *src/* 的目錄中。然後，更新 *composer.json* 以將該命名空間對映到該目錄，如下所示：

```
{
    "name": "ericmann/cookbook",
    "type": "project",
    "license": "MIT",
    "require": {},
    "autoload": {
        "psr-4": {
```

```
            "Cookbook\\": "src/"
        }
    }
}
```

更新 Composer 設定後，在命令列執行 `composer dumpautoload`，強制重新載入設定，並定義自動與程式碼的來源相互對應。完成後 Composer 將在我們的專案中建立一個新的 *vendor/* 目錄。其中包含兩個關鍵部分：

- 載入應用程式時需要 `require()` 的 *autoload.php* 指令稿。

- *composer* 目錄包含 Composer 的程式碼載入過程，以動態的方式拉取我們的指令稿。

為了進一步說明自動載入的工作原理，請建立兩個新檔案。首先，在 *src/* 目錄中建立一個 *Hello.php* 的檔案，其中包含範例 15-1 中定義的 `Hello` 類別。

範例 15-1　*Composer 自動載入的簡單類別定義*

```
<?php
namespace Cookbook;

class Hello
{
    public function __construct(private string $greet) {}

    public function greet(): string
    {
        return "Hello, {$this->greet}!";
    }
}
```

接著，在專案的根目錄中建立一個包含以下內容的 *app.php* 檔案，用來作為引導執行前面的程式碼：

```
<?php

require_once 'vendor/autoload.php';

$intro = new Cookbook\Hello('world');

echo $intro . PHP_EOL;
```

最後，回到命令列。由於我們已經替專案新增了一個新類別，因此需要再次執行 composer dumpautoload 讓 Composer 知道該類別的存在。然後，執行 php app.php 直接呼叫應用程式，並產生以下輸出：

```
$ php app.php
Hello, world!
$
```

我們在專案或應用程式中，所需的任何類別定義都可以使用相同的方式來處理。基本的 Cookbook 命名空間，將始終是 src/ 目錄的根節點。如果想要為物件定義巢狀的命名空間，例如 Cookbook\Recipes，則在 src/ 中建立一個類別名稱相同的目錄（例如 Recipes/），讓 Composer 知道以後在應用程式中使用類別定義時，在哪裡可以找到它們。

同樣地，我們可以利用 Composer 的 require 命令，將第三方依賴套件匯入到我們的應用程式中[2]。這些套件將在執行時期載入到應用程式裡，就如同我們自訂的類別一樣。

參閱

在 Composer 文件中關於 init 指令（*https://oreil.ly/6J29w*）和 PSR-4 自動載入（*https://oreil.ly/Buns1*）的說明。

15.2　尋找 Composer 套件

問題

我們希望找到一個函式庫來完成特定任務，這樣就不需要花費時間重新發明輪子，來撰寫自己的實作。

解決方案

可以到 PHP 套件儲存庫 Packagist 網站（*https://packagist.org*），尋找適合我們的函式庫，並使用 Composer 將其安裝到應用程式之中。

2　有關使用 Composer 安裝第三方函式庫的更多討論，請參考第 15.3 節。

討論

許多開發人員發現他們大部分時間都花在重新實現之前建立的邏輯或系統上。不同的應用程式雖然有不同的目的,但通常會利用相同的原始的建立架構和基礎來進行操作。

這是物件導向程式設計的關鍵驅動元素之一,我們將程式中的邏輯封裝在可以單獨操作、更新,甚至可重複使用的物件中。我們無須一遍又一遍地重複撰寫相同的程式碼,而是將其封裝在一個可以讓應用程式重複使用的物件,甚至可以移植到下一個專案之中[3]。

在 PHP 中,這些可重複使用的程式碼元件,通常被重新分發為獨立的函式庫,可以使用 Composer 匯入。就像第 15.1 節那樣,如何定義 Composer 專案並自動匯入我們的類別和函數定義,相同的系統也可用於將第三方邏輯添加到系統中[4]。

首先我們要確認特定操作或邏輯片段的需求。假設應用程式需要基於時間的一次性密碼(TOTP,Time-based One-Time Password) 系統(例 如 Google Authenticator) 整合。我們需要 TOTP 函式庫來執行此操作。要找到它,請在瀏覽器中開啟 packagist.org(*https://packagist.org*)套件儲存庫。網站首頁如同圖 15-1,並且在標題中突顯了一個搜尋欄位。

搜尋我們需要的工具,在本例中是 TOTP。將得到一份可用的專案列表,依照受歡迎程度做排序。還可以進一步利用套件類型和附加在每個函式庫的各種標籤進行分類,將搜尋結果縮減至少數幾個可能的函式庫。

 Packagist 上的受歡迎程度的評分,是由套件下載次數和 GitHub 星星數來決定。這是衡量專案在實際應用中被使用頻率的好方法,但絕不是唯一標準。許多開發人員仍然會將第三方程式碼複製並貼上到他們的系統中,因此可能有數百萬次「下載」而卻未反映在 Packagist 指標中的情況發生。同樣地,僅僅以流行或廣泛被使用作為評估的標準,並不意味著套件是絕對的安全或適合我們的專案。花時間仔細檢查每個潛在的函式庫,以確保它們不會讓我們的應用程式帶來不必要的風險。

3　要更深入地討論物件導向程式設計和程式碼重複使用,請查閱第 8 章。
4　第三方 Composer 軟體套件的實際**安裝**過程,將在第 15.3 節中討論。

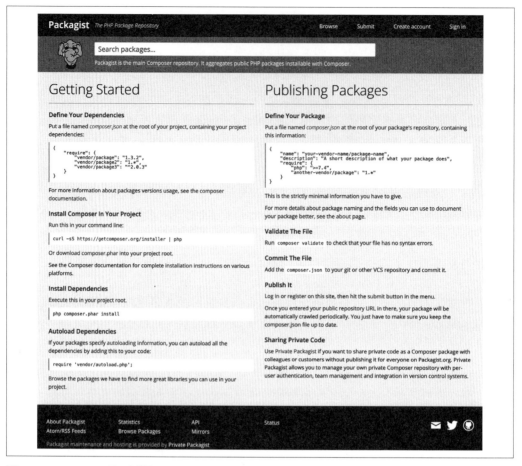

圖 15-1　Packagist 是可透過 Composer 安裝的 PHP 套件的免費發佈方法

此外，如果我們知道某個模組作者的工作可信任，則可以透過將使用者名稱添加到搜尋中來搜尋。例如，搜尋 `Eric Mann totp` 將產生最初由本書作者創建的特定 TOTP 實作（*https://oreil.ly/7touz*）。

一旦確認並仔細審核了用於擴充應用程式的可用套件後，請參考第 15.3 節，以瞭解如何安裝和管理它們的說明。

參閱

Packagist.org（*https://packagist.org*）：PHP 套件儲存庫網站。

15.3　安裝與更新 Composer 軟體套件

問題

我們在 Packagist 上發現了一個想要匯入專案中的套件。

解決方案

透過 Composer 進行軟體套件的安裝（假設版本為 1.0），如下所示：

```
composer require "vendor/package:1.0"
```

討論

Composer 使用本機中的兩個檔案：*composer.json* 和 *composer.lock*。第一個是用來定義、描述我們的專案、自動載入和授權的資訊。作為一個具體的例子，在第 15.1 節中定義的原始 *composer.json* 檔案，其內容如下：

```
{
    "name": "ericmann/cookbook",
    "type": "project",
    "license": "MIT",
    "require": {},
    "autoload": {
        "psr-4": {
            "Cookbook\\": "src/"
        }
    }
}
```

一旦我們執行上述範例的 require 語法後，Composer 就會更新在 *composer.json* 檔案的內容，新增指定的第三方依賴套件。檔案將顯示如下：

```
{
    "name": "ericmann/cookbook",
    "type": "project",
    "license": "MIT",
    "require": {
        "vendor/package": "1.0"
    },
    "autoload": {
        "psr-4": {
            "Cookbook\\": "src/"
        }
```

```
        }
    }
```

當我們 require 套件時，Composer 會做三件事：

1. 它會檢查相關套件是否存在，確認並取得最新（如果未指定版本）或我們要求的版本。然後它更新儲存在 *composer.json* 檔案中 require 欄位的相關數值。

2. 預設情況下，Composer 會下載軟體套件，並將其安裝到專案內的 *vendor/* 目錄之中。還更新自動載入工具的指令稿，使得該套件將立即可供專案中的其他程式碼使用。

3. Composer 還在專案中維護一個 composer.lock 檔案，該檔案明確標記已安裝的套件版本。

在解決方案範例中，我們指定了套件的版本為 1.0。如果沒有指定版本，Composer 將取得可用的最新版本，並在 *composer.json* 檔案中使用。如果 1.0 實際上是最新版本，Composer 將使用 ^1.0 作為指示符號，表示未來將安裝任何潛在的維護版本（例如 1.0.1 版本）。*composer.lock* 檔案會追蹤安裝的**確切**版本，因此即使我們刪除整個 *vendor/* 目錄，透過 composer install 重新安裝軟體套件，仍會取得與先前相同的版本進行安裝。

Composer 也將盡可能尋找最適合我們本機環境所使用的版本。它透過將環境所需的 PHP 版本（用於執行該工具），與所需的套件支援的版本進行比較來實現此目的。Composer 也會試圖協調專案明顯宣告的任何依賴套件關係，以及透過其他地方宣告的傳遞依賴套件關係隱含地匯入。如果系統無法找到相容的版本來匯入將回報錯誤，以便我們可以手動調整 *composer.json* 檔案中列出的版本編號。

 Composer 在其版本限制中遵循語意化版本（semantic versioning）的規則。^1.0 表示將僅允許安裝如 1.0.1、1.0.2 版本。>=1.0 表示將安裝 1.0 或更高的穩定版本。因此，追蹤如何定義版本限制，對於防止意外匯入由主要版本引入的破壞性套件更改至關重要。有關如何定義版本條件限制的更多資訊，請參考 Composer 說明文件（*https://oreil.ly/gvoGC*）。

具有公開程式碼的 Packagist 託管的函式庫，並非是透過 Composer 匯入的唯一內容。此外，我們可以將系統指向託管在版本控制系統（如 GitHub）中的公開或私有專案。

若要將 GitHub 儲存庫添加到專案中，首先在 *composer.json* 添加 repositories 鍵，以便系統知道要查找的位置。然後更新 require 鍵以提取（pull）我們需要的專案。如此，執行 composer update 將直接從 GitHub 而非 Packagist 提取套件，並將其匯入至專案中，這與其他函式庫並無不同之處。

例如，假設想要使用特定的 TOTP 函式庫，但卻發現其中產生了某些錯誤。首先，將 GitHub 儲存庫複製一份到我們自己的帳戶。然後在 GitHub 中建立一個分支來儲存我們所做的變更。最後，更新 *composer.json* 來指向我們所建立的分支，如範例 15-2 所示。

範例 15-2　使用 *Composer* 從 *GitHub* 儲存庫提取專案

```
{
    "name": "ericmann/cookbook",
    "type": "project",
    "license": "MIT",
    "repositories": [
        {
            "type": "vcs",
            "url": "\https://github.com/phpcookbookreader/package" ❶
        }
    ],
    "require": {
        "vendor/package": "dev-bugfix" ❷
    },
    "minimum-stability": "dev", ❸
    "autoload": {
        "psr-4": {
            "Cookbook\\": "src/"
        }
    }
}
```

❶ 無論儲存庫是公開或私有，都要確保匯入的套件是我們有權力存取的。如果是私有的，那麼我們需要將 GitHub 個人存取權杖公開為環境變數，以便 Composer 擁有適當的憑證來提取程式碼。

❷ 定義儲存庫後，將新的分支名稱添加至 require 欄位之中。由於這不是標記或發佈的版本，因此請在分支名稱前加上 dev- 前綴，讓 Composer 知道要引入哪個分支。

❸ 在專案中匯入開發分支，讓我們能夠切分問題，找出符合專案的最小要求（*https:// oreil.ly/U9iWR*），以避免匯入更多任何潛在套件內部的問題。

套件或函式庫是否公開，甚至將路徑寫死在文件中（*https://oreil.ly/xEpJh*），這都取決於開發團隊的決定。無論如何，任何可重複使用的套件，都可以透過 Composer 輕鬆載入，並在應用程式的其他部分公開。

參閱

關於 Composer 的 require 命令的文件（*https://oreil.ly/d32oK*）。

15.4 安裝本機 PHP 擴充功能

問題

我們想要安裝 PHP 公開可用的本機擴充功能,例如 APC User Cache(APCu)(*https://oreil.ly/Jppw-*)。

解決方案

在 PECL 儲存庫中尋找此擴充功能,並使用 PEAR 將其安裝到系統中。使用以下命令安裝 APCu:

```
$ pecl install apcu
```

討論

PHP 社群使用兩項技術來發佈擴充功能:PEAR 和 PECL。它們之間的主要區別在於所使用的套件類型。

PEAR 的套件形式可以打包任何東西 —— 它發佈的套件被打包為由 PHP 程式碼組成的 gzip 壓縮的 TAR 檔案格式。PEAR 與 Composer 類似,透過這種方式,可用於管理、安裝和更新應用程式中所使用的第三方 PHP 函式庫[5]。不過,PEAR 套件的載入方式與 Composer 套件不同,因此,如果我們選擇混合搭配,請務必小心兩個套件管理工具之間的差異性。

PECL 是一個用 C 語言寫的 PHP 本機擴充函式庫,與 PHP 本身的基本語言相同。PECL 使用 PEAR 來處理擴充功能的安裝及管理;透過擴充引入的新功能,能以與語言本身的原生函數相同的方式存取。

實際上,在現代版本的語言中引入的許多 PHP 套件,它們一開始都是以 PECL 的方式出現,讓開發人員可以選擇安裝這些擴充功能,來進行測試和初期的整合。例如,Sodium 加密函式庫(*https://oreil.ly/QdyfM*)最初是以 PECL 擴充,從版本 7.2.[6] 開始才整合進入到 PHP 核心發行版中。

---

5 有關透過 Composer 安裝軟體套件的更多資訊,請參考第 15.3 節。

6 Sodium 擴充功能在第 9 章有長篇幅的討論。

某些資料庫，例如 MongoDB（*https://oreil.ly/Xoh5_*），將其 PHP 核心驅動程式作為本機 PECL 擴充進行發佈。還提供各種網路、安全、多媒體和控制台操作的函式庫。這些都是採用高效率的 C 程式語言所撰寫的，並且由於 PECL 與 PHP 的緊密繫結，彼此就如同語言不可分割的一部分。

與 Composer 所提供的使用者層級的 PHP 程式工具不同之處在於，PECL 將原始 C 程式碼直接傳送到我們的環境之中。安裝命令將執行以下操作：

1. 下載擴充功能的原始檔案。

2. 利用本地環境、其配置和系統架構來編譯系統的原始程式碼，以確保其相容性。

3. 在環境定義的擴充目錄（*https://oreil.ly/KFNg9*）中，替擴充功能建立已編譯的 *.so* 檔案。

 雖然某些擴充功能預設似乎是自行啟動的，但我們仍然可能需要修改系統的 *php.ini* 檔案，以明確地匯入這個擴充功能。然後最好重新啟動 Web 伺服器（Apache、NGINX 或類似伺服器），以確保 PHP 依照預期載入新的擴充。

在 Linux 系統上，我們甚至會想利用系統套件管理工具，來安裝預先編譯好的本機擴充功能。在 Ubuntu Linux 系統上安裝 APCu 命令通常如下所示：

```
$ sudo apt install php-apcu
```

無論是利用 PECL 直接建立擴充功能，還是透過套件管理工具安裝預先編譯的二進制檔案，擴充 PHP 額外的特殊功能都是簡單且有效的。這些語言額外功能的強化，使得最終應用程式變得更加有用。

參閱

關於 PECL 儲存庫（*https://oreil.ly/28K08*）和 PEAR 擴充打包系統（*https://pear.php.net*）的文件。

第十六章

資料庫

現代的軟體應用程式，特別是在網路上，使用狀態來執行。狀態（*state*）是一種表示應用程式對於特定請求的目前狀況的方式，誰登入了，他們在哪個頁面，及他們配置的任何偏好。

一般來說，程式碼在撰寫時，或多或少都是以無狀態（stateless）的形式來處理。無論使用者連線過程的狀態如何，它都會以相同的方式執行（這使得系統行為在多個使用者的應用程式中是可預測的）。在部署 Web 應用程式時，會再次以無狀態的方式部署。

狀態改變對於追蹤使用者活動，以及在繼續與應用程式互動時改變行為的方式至關重要。為了讓無狀態的程式碼能夠進行切換，必須在某處記錄並檢索目前的狀態。

通常，這會透過資料庫來完成。資料庫是儲存結構化資料的有效方法。在 PHP 中通常會使用四種資料庫：關聯式資料庫、鍵值資料庫、圖形資料庫和文件資料庫。

16.1　關聯式資料庫

關聯式資料庫（*relational database*）將資料分解為物件及其相互之間的關係。一個特定的項目（例如一本書）表示為資料表中的一列紀錄，其中的欄位包含有關書籍的相關資料。這些欄位都註記著標題、ISBN 和主題等資訊。關聯式資料庫要保持主要的鍵值，標記在不同的資料表中。

雖然 book 資料表中的某一欄是作者姓名，但我們很有可能擁有一個完全獨立的 author 資料表。該表將包含作者的姓名，也許還有他們的傳記，以及電子郵件地址。然後，兩個資料表都會有單獨的 ID 欄位，而 book 資料表可能有一個引用 author 的 author_id 欄位。圖 16-1，描述了這種形式的關聯式資料庫。

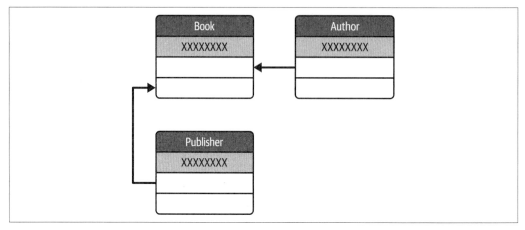

圖 16-1　在關聯式資料庫中表格和每個項目之間的參考關係

關聯式資料庫的系統有 MySQL（*https://www.mysql.com*）和 SQLite（*https://oreil.ly/5s4ps*）。

16.2　鍵值資料庫

鍵值資料庫（*key-value store*）比關聯式資料庫簡單得多，它實際上是一個又一個鍵值（作為識別碼）對映到某個儲存數值的單一對映關係。許多應用程式利用鍵值資料庫，作為簡單的快取程式，除了能提高效率並且可在系統的記憶體中，直接搜尋追蹤的數值。

與關聯式資料庫一樣，儲存在鍵值系統中的資料可以進行型別化。如果我們正在處理數字資料，大多數鍵值系統都會公開附加的功能來直接操作相關資料，例如，我們可以直接添加整數數值，而無須事先判斷儲存資料的基礎格式。圖 16-2 展示了在這種資料儲存中，鍵值與數值之間的一對一關係。

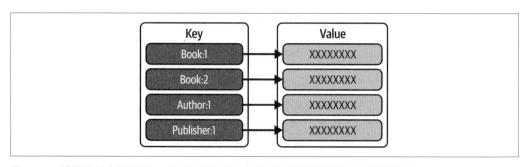

圖 16-2　鍵值資料庫的結構，以不同標記符號來對映到不同型別數值之間的關係

鍵值資料庫的系統，如 Redis（*https://redis.io*）和 Amazon DynamoDB（*https://oreil.ly/BYCIM*）。

16.3　圖形資料庫

圖形資料庫（graph database）並不在乎資料本身是如何建立的，而是專注於對資料彼此之間的關係（稱為邊，*edges*）進行建模。資料元素由節點封裝，節點與節點之間以邊的形式連接在一起，並提供系統中相關資料的語意內容。

由於高度重視資料之間的關係，圖形資料庫非常適合用於視覺化的傳達，如圖 16-3 所示，說明了這種結構中的邊和節點之間的關係。此外，資料庫還提供對於資料關係的高效率查詢，使其成為讓資料之間保有強連結特性的可靠選擇。

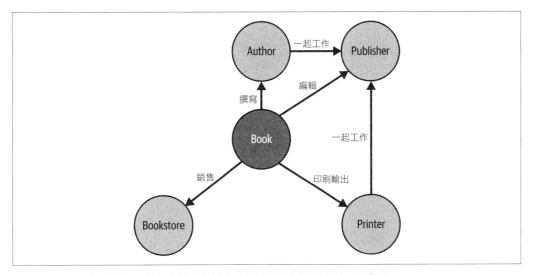

圖 16-3　圖形資料庫優先考慮資料（節點）之間的關係（邊）並加以說明

圖形資料庫的系統有 Neo4j（*https://neo4j.com*）和 Amazon Neptune（*https://oreil.ly/8Uezn*）。

16.4　文件資料庫

資料也可以儲存在特殊的非結構或半結構化的文件（*document*）之中。文件可以是結構良好的資料片段（如文字 XML 檔案）或自由的位元格式（如 PDF）。

文件儲存與本章介紹的其他資料庫類型之間最主要的區別在於結構格式，**文件儲存**（*document stores*）通常以非結構化的形式呈現，並使用動態的方式來參考資料。它們在某些情況下非常有用，使用上也有一些巧妙的技巧。若要深入瞭解基於文件的方法，請參考 Shannon Bradshaw 等人所著的《*MongoDB 技術手冊*》（*MongoDB: The Definitive Guide*）（O'Reilly）。

以下章節將主要專注在關聯式資料庫，以及如何在 PHP 中使用它們。我們將學習如何連線到本機和遠端資料相關函式庫的操作，以及如何在測試期間利用固定資料進行測試，甚至對資料進行更複雜的物件關聯映射（ORM，Object-Relational Mapping）的處理。

16.5　連線到 SQLite 資料庫

問題

我們想要使用本機副本的 SQLite 資料庫來儲存應用程式所需要的資料。也就是說，應用程式需要適當地開啟和關閉資料庫。

解決方案

根據需要使用基礎的 SQLite 類別，來開啟和關閉資料庫。為了提高效率，我們可以使用自己的建構函數和解構函數來擴充基本類別，如下所示：

```
class Database extends SQLite3
{
    public function __construct(string $databasePath)
    {
        $this->open($databasePath);
    }

    public function __destruct()
    {
        $this->close();
    }
}
```

然後使用新的類別開啟資料庫，執行一些查詢，並在完成後自動關閉連線。例如：

```
$db = new Database('example.sqlite');

$create_query = <<<SQL
CREATE TABLE IF NOT EXISTS users (
    user_id INTEGER PRIMARY KEY,
    first_name TEXT NOT NULL,
    last_name TEXT NOT NULL,
    email TEXT NOT NULL UNIQUE
);
SQL;

$db->exec($create_query);

$insert_query = <<<SQL
INSERT INTO users (first_name, last_name, email)
VALUES ('Eric', 'Mann', 'eric@phpcookbook.local')
ON CONFLICT(email) DO NOTHING;
SQL;

$db->exec($insert_query);

$results = $db->query('SELECT * from users;');
while ($row = $results->fetchArray()) {
    var_dump($row);
}
```

討論

SQLite 是一種快速、完全獨立的資料庫引擎，它將所有資料儲存在磁碟上的單一檔案之中。PHP 附帶了一個直接與資料庫互動的擴充功能（在大多數版本預設為開啟），使我們能夠隨意建立、寫入和讀取資料庫。

預設情況下，如果指定路徑中尚不存在資料庫檔案，則 open() 方法將建立一個新的資料庫檔案。可以透過變更作為方法呼叫的第二個參數傳入的旗標來變更此行為。預設情況下，PHP 將傳遞 SQLITE3_OPEN_READWRITE | SQLITE3_OPEN_CREATE，這將開啟資料庫進行讀取和寫入，並在資料庫不存在時建立它。

有三種旗標可用，如表 16-1 所列。

表 16-1　可用於開啟 SQLite 資料庫的旗標選項

旗標	描述
SQLITE3_OPEN_READONLY	開啟一個專門用於讀取的資料庫
SQLITE3_OPEN_READWRITE	開啟資料庫進行讀寫
SQLITE3_OPEN_CREATE	如果資料庫不存在則建立

解決方案範例包含一個類別，可在特定路徑上直接開啟 SQLite 資料庫，如果不存在則建立它。鑑於該類別擴充自基本的 SQLite 類別，因此我們可以使用使用它來代替標準 SQLite 實體以建立表格、插入資料，並直接對資料進行查詢。一旦實體超出使用範圍，類別解構函數就會自動關閉資料庫連線。

通常，並不會明確地關閉 SQLite 連線，因為 PHP 程式會在離開時自動關閉連線。但是，如果應用程式（或執行緒）有可能繼續執行，那麼最好關閉連線以釋放系統資源。雖然這不會對本機檔案的資料連線產生太大影響，但若是使用 MySQL 等遠端關聯式資料庫，這就會是關鍵的因素之一。維持資料庫管理的一致性，需要養成良好的習慣。

SQLite 資料庫由磁碟中的指定路徑上的二進位檔案表示。如果我們手邊有像 Visual Studio Code（*https://oreil.ly/k_LBl*）這 樣 的 開 發 環 境 ，則 可 以 使 用 SQLite Viewer（*https://oreil.ly/QzF0J*）等專用的擴充功能，對本機資料庫連線和進行視覺化的處理。使用不同方式來瀏覽資料庫中的架構和內容，是一種快速有效的學習方法，可以驗證我們的程式碼，是否按所期望的方式執行。

參閱

PHP 文件中關於 SQLite3 資料庫擴充功能的說明（*https://oreil.ly/kMU8Y*）。

16.6　使用 PDO 連接到外部資料庫

問題

我們希望使用 PDO（PHP Data Objects）作為抽象層，來連結和查詢遠端 MySQL 資料庫。

解決方案

首先，定義一個我們的類別，來擴充核心的 PDO 功能，用於處理建立、關閉連線，如下所示：

```
class Database extends PDO
{
    public function __construct($config = 'database.ini')
    {
        $settings = parse_ini_file($config, true);

        if (!$settings) {
            throw new RuntimeException("Error reading config: `{$config}`.");
        } else if (!array_key_exists('database', $settings)) {
            throw new RuntimeException("Invalid config: `{$config}`.");
        }

        $db = $settings['database'];
        $port = $db['port'] ?? 3306;
        $driver = $db['driver'] ?? 'mysql';
        $host = $db['host'] ?? '';
        $schema = $db['schema'] ?? '';
        $username = $db['username'] ?? null;
        $password = $db['password'] ?? null;

        $port = empty($port) ? '' : ";port={$port}";
        $dsn = "{$driver}:host={$host}{$port};dbname={$schema}";

        parent::__construct($dsn, $username, $password);
    }
}
```

上述類別需要 INI 格式的設定檔。例如：

```
[database]
driver = mysql
host = 127.0.0.1
port = 3306
schema = cookbook
username = root
password = toor
```

設定完成後，我們就可以使用 PDO 提供的抽象方法直接查詢資料庫，如下所示：

```
$db = new Database();

$create_query = <<<SQL
```

```
CREATE TABLE IF NOT EXISTS users (
    user_id int NOT NULL AUTO_INCREMENT,
    first_name varchar(255) NOT NULL,
    last_name varchar(255) NOT NULL,
    email varchar(255) NOT NULL UNIQUE,
    PRIMARY KEY (user_id)
);
SQL;

$db->exec($create_query);

$insert_query = <<<SQL
INSERT IGNORE INTO users (first_name, last_name, email)
VALUES ('Eric', 'Mann', 'eric@phpcookbook.local');
SQL;

$db->exec($insert_query);

foreach($db->query('SELECT * from users;') as $row) {
    var_dump($row);
}
```

討論

解決方案範例使用了與先前在第 16.5 節中相同的表格形式與資料，只不過它使用 MySQL 資料庫引擎。MySQL（*https://www.mysql.com*）是一個受歡迎、免費、開放原始碼的資料庫引擎，由 Oracle 維護。它提供許多流行的 Web 應用程式相關的支援，包括 Facebook、Netflix 和 Uber 等大型網站平台（*https://oreil.ly/fIuva*）。事實上，MySQL 非常活躍，以致於許多系統維護人員在使用 PHP 時，預設附帶 MySQL 擴充功能，這使得系統連線變得更加容易，並且也不必自行安裝新的驅動程式。

> 與第 16.5 節中的解決方案範例不同之處在於，PHP 操作 PDO 時沒有明確關閉連線的方法。相反地，將資料庫控制代碼的數值（解決方案範例中的 $db）設為 null，讓物件超出作用範圍並觸發 PHP 關閉連線。

在解決方案中，我們首先定義了一個類別來包裝 PDO 本身，並抽象化與 MySQL 資料庫的連線。這不是必要的撰寫形式，但與第 16.5 節一樣，這是維持資料連線乾淨的好方法。完成連線後，就可以建立表格、插入資料並有效率讀取內容。

此解決方案範例是假設我們連線的資料及 cookbook 架構，已存在於資料庫之中。除非先前直接建立了相關內容，否則可能會引發連線失敗，並出現 PDOException 未知資料庫的錯誤訊息。因此，在嘗試操作 MySQL 資料庫之前，先在資料庫中確認建立架構與內容是非常重要的。

與 SQLite 不同，MySQL 資料庫需要一個完全獨立的應用程式來容納資料庫，並且代理與應用程式的連線。通常，應用程式將在完全不同的伺服器上執行，並且透過特定連接埠（通常為 3306）上的 TCP 連線。對於本機開發和測試，會使用 Docker（*https://www.docker.com*）在應用程式旁建立資料庫就足夠了。以下單行指令將在 Docker 容器中建立本機 MySQL 資料庫，監聽預設連接埠 3306，並且允許 root 使用者使用密碼 toor 進行連線：

```
$ docker run --name db -e MYSQL_ROOT_PASSWORD=toor -p 0.0.0.0:3306:3306 -d mysql
```

 無論 Docker 是在本地，還是在產品正式環境中，使用 MySQL 的官方容器映像檔（*https://oreil.ly/4btCa*），其中有詳細資訊用於自訂和保護環境下的各種配置。

當容器首次啟動時，它將沒有任何可用於查詢的架構（這表示解決方案範例的其餘部分尚不可用）。因此，倘若要建立預設的 cookbook 架構，則需要連線到資料庫並建立架構。在範例 16-1 中，字元 $ 表示 shell 命令，mysql> 提示符號表示在資料庫內部執行的命令。

範例 *16-1 使用 MySQL CLI 建立資料庫架構*

```
$ mysql --host 127.0.0.1 --user root --password=toor ❶

mysql> create database `cookbook`; ❷
mysql> exit ❸
```

❶ Docker 容器透過 TCP 將 MySQL 公開給本機環境，這需要按照 IP 位址指定本機。如果不這樣做，預設情況下 MySQL 會嘗試透過 Unix socket 連線，在這種情況下連線將會失敗。此外，還必須傳遞使用者名稱、密碼才能登入。

❷ 連線到資料庫引擎後，就可以在其中建立新的架構。

❸ 若要中斷與 MySQL 的連線，只需輸入 exit 或 quit，並按下 Enter 鍵。

如果沒有安裝 MySQL 命令列操作介面，也可以透過 Docker 連線到正在執行的資料庫容器，並在其中使用命令列介面。範例 16-2 說明了如何在建立資料庫架構時，利用 Docker 容器來包裝 MySQL CLI。

範例 16-2　使用 *Docker* 容器中的 *MySQL CLI* 來建立資料庫架構

```
$ docker exec -it db bash ❶

$ mysql --user root --password=toor ❷

mysql> create database `cookbook`; ❸
mysql> exit

$ exit ❹
```

❶ 由於 MySQL 的容器已經使用 db 名稱，因此我們參考相同名稱，透過 Docker 的互動操作執行命令。Docker 的 i、t 旗標選項，表示在互動模式的終端機中執行 bash 命令。接著，將得到容器內的一個互動式終端對話操作介面，就如同直接登入到其中一樣。

❷ 此時，連線到容器內的資料庫就像使用 MySQL CLI 一樣簡單。我們無須參考主機名稱，因為在容器內，我們可以直接連線到公開的 Unix socket。

❸ 建立表格並離開 MySQL CLI，與前面的範例完全相同。

❹ 結束 CLI 後，我們還需要離開 Docker 容器內的互動式 bash，才能回到主要的終端機模式。

使用 PDO 連線資料庫，而非直接連接驅動程式的功能介面，這主要有兩個優點：

1. 對於每種資料庫技術，PDO 介面都是相同的。雖然我們可能需要重構特定查詢，來適應不同種類的資料庫引擎（將此範例的 CREATE TABLE 語法與第 16.5 節進行比較），但無須對 PHP 連線、語句執行或查詢處理重構 PHP 程式碼。PDO 是一個資料存取的抽象層，無論我們在應用程式中使用什麼種類的資料庫，它都可以提供相同的存取和管理模式。

2. 在開啟連線時，PDO 會傳遞選項 PDO::ATTR_PERSISTENT 數值來維持長時間的連線模式。即使 PDO 物件實體超出作用範圍並且指令稿執行完畢後，這個持續性的連線也仍會保持開啟狀態。當 PHP 嘗試重新開啟連線時，系統會優先尋找預先存在的連線並重複使用（如果存在的話）。這有助於提高長時間執行且多使用者的應用程式的效能，否則反覆多次進行連線的開啟與關閉，會影響到資料庫本身（有關資料庫長時間連線的更多資訊，請查閱 PHP 手冊的文件（*https://oreil.ly/_nHH-*）。

除了這兩個優點之外，PDO 還支援預備語法（prepared statement）的概念，這有助於降低惡意 SQL 注入的風險。有關預備語法的更多資訊，請查閱第 16.7 節。

參閱

關於 PDO 擴充內容的完整文件（*https://oreil.ly/_6--V*）。

16.7　清理使用者輸入來進行資料庫的查詢

問題

我們希望將使用者的輸入傳遞到資料庫查詢之中，但也要避免使用者輸入不當的惡意操作。

解決方案

利用 PDO 中的預備語法，在使用者輸入傳遞命令到查詢之前，自動對其進行清理，如下所示：

```
$db = new Database();

$insert_query = <<<SQL
INSERT IGNORE INTO users (first_name, last_name, email)
VALUES (:first_name, :last_name, :email);
SQL;

$statement = $db->prepare($insert_query);

$statement->execute([
    'first_name' => $_POST['first'],
    'last_name'  => $_POST['last'],
    'email'      => $_POST['email']
]);

foreach($db->query('SELECT * from users;') as $row) {
    var_dump($row);
}
```

討論

清理使用者輸入的概念之前已在第 9.1 節中討論過，其使用過濾器來清理 / 驗證潛在不可採信的輸入內容。雖然這種方法非常有效，但開發人員也很容易忘記在進行更新時，對使用者輸入進行過濾器清理的動作。因此，預備語法（prepared statements）執行查詢，用來防止惡意 SQL 注入相對安全。

假設我們考慮尋找使用者資料來顯示個人資訊的查詢作為例子。在查詢時，可能會以電子郵件作為索引，來區分不同的使用者，並且顯示相關資訊。例如：

```
SELECT * FROM users WHERE email = ?;
```

在 PHP 中，我們需要傳入目前使用者的電子郵件來執行。倘若使用 PDO 的方法可能如同範例 16-3。

範例 16-3　使用字串內插數值的簡單查詢

```
$db = new Database();

$statement = "SELECT * FROM users WHERE email = '{$_POST['email']}';";

$results = $db->query($statement);
var_dump($results);
```

如果只提交使用者自己的名稱（例如 eric@phpcookbook.local），則查詢將回傳該使用者的相關資料。但是，無法保證使用者輸入的數值是可信賴的，他們可能會提交惡意的語句，並且嘗試將這樣的語句注入（inject）到我們的資料庫引擎中。例如：惡意的使用者可以將提交的電子郵件地址改為 ' OR 1=1;-- 這樣的 SQL 語句。

此字串將變成引號（WHERE email = ''），並且加入與任何結果相符的 Boolean 語句（OR 1=1），甚至還註解掉後面的任何其他字元。這樣的查詢結果，將傳回所有使用者的數據資料，而不是發出單一使用者的資料請求。

同樣地，惡意的使用者可以使用相同的方式，在任何讀取資訊的地方，注入到 INSERT 語句（尤其是在寫入新資料時）。其中可能是非法更新現有資料、刪除欄位，或是破壞資料的可靠性存取。

SQL 注入非常危險。在軟體世界中也常常見到，以致於由 OWASP（Open Worldwide Application Security Project）開放社群所列出十大 API 安全風險的報告中，將 SQL 注入的議題排在第三名（*https://oreil.ly/Cveyu*）。

幸運的是，在 PHP 中，注入問題很容易被阻止！

解決方案範例介紹了 PDO 的**預備語法**（*prepared statements*）介面。我們無須將使用者提供的資料插入到字串之中，而是以命名的佔位符號安插至查詢語法裡。這些佔位符號應以單冒號作為前綴字元，並加入任何有效的變數名稱。當資料庫執行查詢時，PDO 將在執行時期傳入的文字數值取代這些佔位符號。

 也可以使用問號字元作為佔位符號，並根據數值在陣列中的位置，將內容傳遞到預備語法中。然而，在重構過程中，元素的位置很容易混淆，使用這種索引位置的方法並不是相當可靠的。在預備語法時請務必使用命名的參數，來避免誤解確保程式能正確執行。

預備語法適用於資料操作語句（插入、更新、刪除）和任意的查詢。使用預備語法將範例 16-3 的查詢再一次改寫，如範例 16-4。

範例 *16-4　*使用預備語法進行簡單查詢

```
$db = new Database();

$query = "SELECT * FROM users WHERE email = :email;";
$statement = $db->prepare($query);

$statement->execute(['email' => $_POST['email']]);

$results = $statement->fetch();
var_dump($results);
```

程式碼利用 PDO 自動轉換使用者輸入，並將轉換後的內容作為文字傳遞給資料庫引擎。如果使用者確實輸入了電子郵件資訊，則查詢將依照預期執行的方式，並回傳結果。

反之，如果使用者提交惡意的內容（例如 ' OR 1=1;--，如前面所述），則預備語法將在傳遞到資料庫之前將它們做轉換。這將導致尋找不到與惡意內容完全相符的電子郵件，因此沒有任何結果可以回傳。

參閱

關於 PDO 的 prepare() 方法的文件（*https://oreil.ly/q3DCh*）。

16.8 模擬資料來進行資料庫的整合測試

問題

我們希望利用資料庫,對產品所需的相關資訊進行儲存,但在對應用程式執行自動化測試時模擬該資料庫介面。

解決方案

開發過程中設計儲存模式,作為業務邏輯和資料庫持久性兩者之間的抽象化介面。例如,在程式中定義一個儲存庫介面,如範例 16-5 所示。

範例 16-5 資料儲存介面的定義

```
interface BookRepository
{
    public function getById(int $bookId): Book;
    public function list(): array;
    public function add(Book $book): Book;
    public function delete(Book $book): void;
    public function save(Book $book): Book;
}
```

然後,使用這樣的介面定義來完成資料庫儲存的實作(如同 PDO 之類的中間層)。使用相同的介面,定義一個需要完成實作的部分,讓這樣實體化的物件能夠回傳可預測的靜態資料,而避免所有資料內容都需要即時來自遠端的系統。請參考範例 16-6。

範例 16-6 使用模擬資料實作儲存庫介面

```
class MockRepository implements BookRepository
{
    private array $books;

    public function __construct()
    {
        $this->books = [
            new Book(id: 0),
            new Book(id: 1),
            new Book(id: 2)
        ];
    }

    public function getById(int $bookId): Book
    {
```

```
        return $this->books[$bookId];
    }

    public function list(): array
    {
        return $this->books;
    }

    public function add(Book $book): Book
    {
        $book->id = end(array_keys($this->books)) + 1;
        $this->books[] = $book;

        return $book;
    }

    public function delete(Book $book): void
    {
        unset($this->books[$book->id]);
    }

    public function save(Book $book): Book
    {
        $this->books[$book->id] = $book;
    }
}
```

討論

這個解決方案範例介紹了一種藉由程式抽象化，將業務邏輯與資料層分開的簡單做法。
利用資料儲存庫的抽象層，來包裝真實資料庫的操作，我們可以採用相同的介面承載多
個實作。在正式產品的程式中，實際的儲存庫可能看起來像範例 16-7。

範例 16-7　儲存介面的具體資料庫實作

```
class DatabaseRepository implements BookRepository
{
    private PDO $dbh;

    public function __construct($config = 'database.ini')
    {
        $settings = parse_ini_file($config, true);

        if (!$settings) {
            throw new RuntimeException("Error reading config: `{$config}`.");
        } else if (!array_key_exists('database', $settings)) {
```

```php
            throw new RuntimeException("Invalid config: `{$config}`.");
        }

        $db = $settings['database'];
        $port = $db['port'] ?? 3306;
        $driver = $db['driver'] ?? 'mysql';
        $host = $db['host'] ?? '';
        $schema = $db['schema'] ?? '';
        $username = $db['username'] ?? null;
        $password = $db['password'] ?? null;

        $port = empty($port) ? '' : ";port={$port}";
        $dsn = "{$driver}:host={$host}{$port};dbname={$schema}";

        $this->dbh = new PDO($dsn, $username, $password);
    }

    public function getById(int $bookId): Book
    {
        $query = 'Select * from books where id = :id;';

        $statement = $this->dbh->prepare($query);
        $statement->execute(['id' => $bookId]);

        $record = $statement->fetch();
        if ($record) {
            return Book::fromRecord($record);
        }

        throw new Exception('Book not found');
    }

    public function list(): array
    {
        $books = [];

        $records = $this->dbh->query('select * from books;');
        foreach($record as $book) {
            $books[] = Book::fromRecord($book);
        }

        return $books;
    }

    public function add(Book $book): Book
    {
        $query = 'insert into books (title, author) values (:title, :author);';
```

```php
        $this->dbh->beginTransaction();
        $statement = $this->dbh->prepare($query);
        $statement->execute([
            'title'  => $book->title,
            'author' => $book->author,
        ]);
        $this->dbh->commit();

        $book->id = $this->dbh->lastInsertId();

        return $book;
    }

    public function delete(Book $book): void
    {
        $query = 'delete from books where id = :id';

        $this->dbh->beginTransaction();
        $statement = $this->dbh->prepare($query);
        $statement->execute(['id' => $book->id]);
        $this->dbh->commit();
    }

    public function save(Book $book): Book
    {
        $query =
            'update books set title = :title, author = :author where id = :id;';

        $this->dbh->beginTransaction();
        $statement = $this->dbh->prepare($query);
        $statement->execute([
            'title' => $book->title,
            'author' => $book->author,
            'id' => $book->id
        ]);
        $this->dbh->commit();

        return $book;
    }
}
```

範例 16-7 實作了與解決方案範例中的模擬儲存庫相同的介面，只不過它連接到即時 MySQL 資料庫並操作該單獨系統中的資料。實際上，正式的軟體產品將使用這樣的實作而非模擬實體。因此在測試期間，只要我們的業務邏輯依照 BookRepository 類別實作相關物件，就可以輕易地將 DatabaseRepository 替換為 MockRepository 物件實體。

假設我們使用 Symfony 框架（*https://symfony.com*）。那麼應用程式將基於控制器來建構，並利用依賴注入（dependency injection）來處理外部的整合。對於管理書籍的圖書館 API 來說，我們可以定義以下的 BookController 類別：

```
class BookController extends AbstractController
{
    #[Route('/book/{id}', name: 'book_show')]
    public function show(int $id, BookRepository $repo): Response
    {
        $book = $repo->getById($id);
        // ...
    }
}
```

這樣的程式碼美妙之處在於，控制器並不關心我們傳遞給它的是 MockRepository 或 DataRepository 實體。這兩個類別都實作相同的 BookRepository 介面，並公開具有相同簽章的 getByID() 方法。對於我們的業務邏輯來說，可以視為相同的功能。然而，一個是讓應用程式可存取遠端資料庫，對資料進行檢索或可能的操作；另一個則使用一組靜態、完全確保正確性的虛假資料。

 Symfony 預設的資料抽象層稱為 Doctrine（*https://oreil.ly/JvdG_*），預設情況下利用儲存庫模式。Doctrine 提供了多種不同的 SQL 語句（包括 MySQL），因此抽象層相當豐富，無須手動透過 PDO 連線查詢。其中還附帶一個命令列工具程式，可以針對儲存物件（稱為單元實體，*entity*）和儲存庫，自動幫助我們撰寫對應的 PHP 程式碼！

在撰寫測試時，讓假資料越趨近真實性，甚至是幾乎一模一樣，這能夠確保接下來的測試將非常可靠。這也表示如果有開發人員發生了一個配置上的小錯誤，也不會意外覆蓋真實資料庫中的資料。

此外，還有一個額外的功能是測試執行的速度。我們可藉由模擬資料介面，獨立於應用程式和資料庫之間發送資料，進一步找出任何與資料相關的函數呼叫，設法縮短其中所造成的延遲。也就是說，我們仍然希望擁有一個獨立於正式產品的測試環境，無論是本機或是遠端資料庫，盡量讓開發過程中的測試發揮到極致。

參閱

請參考第 8.7 節，瞭解有關類別、介面和繼承的更多資訊。以及關於 Symfony 框架中的控制器（*https://oreil.ly/ucip3*）和依賴注入（*https://oreil.ly/WYpxe*）的文件。

16.9　使用 Eloquent ORM 查詢 SQL 資料庫

問題

我們希望管理資料庫架構以及其中所包含的資料，而不需要直接手動撰寫 SQL 語句。

解決方案

使用 Laravel 預設的物件關聯映射（ORM，Object-Relational Mapping）框架——Eloquent，來動態定義資料物件和架構，如範例 16-8 所示。

範例 16-8　使用 Laravel 來定義資料表

```
Schema::create('books', function (Blueprint $table) {
    $table->id();
    $table->string('title');
    $table->string('author');
});
```

這段程式碼可用於動態建立一個表格來存放書籍資訊，直接對 Eloquent 進行操作，而不管使用的是哪種類型的 SQL。一旦表格建立後，其中的資料就可以透過 Eloquent 使用下列類別進行建模，如範例 16-9。

範例 16-9　Eloquent 的模型定義

```
use Illuminate\Database\Eloquent\Model;

class Book extends Model
{
    use HasFactory;

    public $timestamps = false;
}
```

討論

在第 16.8 節中曾簡單提到的 Doctrine ORM，利用儲存庫模式將儲存在資料庫中的物件對映到它們在業務邏輯中的表示形式——Doctrine。這與 Symfony 框架有良好的搭配，但這只是在實際應用程式中，對資料進行建構模式的其中一種方式。

開放原始碼的 Laravel 框架，本身是建構在 Symfony 和其他元件之上的，並且使用 Eloquent ORM（*https://oreil.ly/x7lcI*）對資料進行建模。與 Doctrine 不同之處在於，Eloquent 是依照活動記錄的設計模式，因此很適合套用於資料表與資料庫之間的直接對映關係。建構模式的物件，不會單獨對資料庫進行新增 / 刪除 / 查詢 / 修改，而是直接操作物件本身所提供的方法。

 某些開發團隊在專案中，可能對於不同的設計模式產生歧見。儘管 Laravel 框架很受歡迎，但仍被許多人認為以活動記錄作為資料建模的方法是一種反面模式，也就是需要避免的方法。請確保開發過程中，專案所使用的抽象建構模式在團隊中能達成基本共識，否則會因為多種資料存取模式而造成混亂，並導致嚴重的維護問題。

Eloquent 公開的模型類別非常簡單，如解決方案範例中所示。然而，它們是相當動態的模型，並且相關的實際屬性不需要在模型類別中直接定義。相反地，Eloquent 會自動讀取並解析表格中的任何欄位與資料型別，在類別實體化時，將它們作為相關屬性，添加到模型類別之中。

在範例 16-8 中，定義出表格的三個欄位：

- 整數 ID

- 字串標題

- 字串作者姓名

當 Eloquent 直接讀取這些資料時，會在 PHP 中有效地建立如以下所示的物件：

```
class Book
{
    public int    $id;
    public string $title;
    public string $author;
}
```

實際的類別還將提供各種額外方法，例如 save()。除此之外還包含 SQL 資料表中，呈現資料的直接表示形式。要在資料庫中建立一筆新的紀錄，我們只需建立新物件並儲存它，而無須直接編輯 SQL，如範例 16-10 所示。

範例 16-10　使用 Eloquent 建立資料庫物件

```
$book = new Book;
$book->title = 'PHP Cookbook';
$book->author = 'Eric Mann';

$book->save();
```

更新資料也同樣簡單：使用 Eloquent 找出我們想要修改的物件，在 PHP 中進行修改，然後呼叫物件的 save() 方法直接儲存我們的更新。範例 16-11 更新資料庫中的物件，以替換特定欄位中的數值。

範例 16-11　使用 Eloquent 更新元素

```
Book::where('author', 'Eric Mann')
    ->update(['author', 'Eric A Mann']);
```

使用 Eloquent 的主要優點是，我們可以像使用本機 PHP 物件一樣操作資料物件，而無須手動撰寫、管理或維護 SQL 語句。ORM 更強大的功能是它可以替我們處理使用者輸入的轉換，這表示著不再需要加入在第 16.7 節中的額外步驟。

儘管直接利用 SQL 連線（無論是否使用 PDO）是直接操作資料庫的一種快速有效的方法，但功能齊全的 ORM 強大功能，無論是在初期開發還是軟體重構時，將使我們的應用程式更易於維護。

參閱

關於 Eloquent ORM 的文件（*https://oreil.ly/4J-Jz*）。

第十七章

非同步 PHP

許多基本 PHP 指令稿是以同步方式進行處理，這表示指令稿從一開始到結束，都是以
單一行程來執行，並且一次只處理一個操作。然而，更複雜的應用程式在 PHP 世界中
已經是司空見慣的事情，因此也需要更高階的操作模式。因此，非同步程式設計也迅速
成為 PHP 開發人員的新興概念。學習如何在指令稿中同時執行兩件（或更多）事情，
對於建立現代的應用程式來說至關重要。

在討論非同步程式設計時，常常出現以下兩個關鍵字：並行（*concurrent*）和平行
（*parallel*）。當大多數人談論平行程式設計時，他們真正想說的是並行程式設計。使用
並行時，應用程式會執行兩項任務，但不一定同時執行。例如一位咖啡師同時為多位顧
客提供服務，咖啡師要同時處理多項任務，並製作幾種不同的飲料，但實際上一次只能
製作一種飲料。

透過平行操作，我們可以同時做兩件不同的事情。假設想像一下在咖啡館的櫃檯上安裝
了一台滴漏式咖啡機。這導致有些顧客仍會希望指定咖啡師提供服，但某些顧客會從咖
啡機取得咖啡。圖 17-1 透過咖啡師的比喻，來描述並行和平行之間的差異。

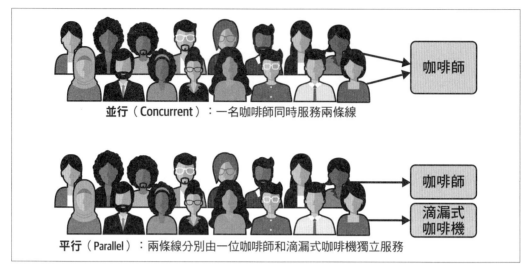

並行（Concurrent）：一名咖啡師同時服務兩條線

平行（Parallel）：兩條線分別由一位咖啡師和滴漏式咖啡機獨立服務

圖 17-1　並行與平行操作模式

還有第三種概念「平行並行操作」，即兩個工作串流同時（平行）執行，並且對各自的工作串流進行多任務（並行）處理。雖然這個複合概念相當有用，但本章只關注在各自獨立的概念。

我們發現大多數的 PHP，無論是現今還是過去的程式碼，都是以單一執行緒的角度來撰寫。這樣的程式碼既不是並行也不是平行的。事實上，當許多開發人員想要利用並行或平行概念來撰寫程式碼時，會避免使用 PHP 改以轉向 JavaScript 或 Go 等程式語言來開發應用程式。現在 PHP 完全支援這兩種執行模式——而無須額外的函式庫。

函式庫和執行時期

對於 PHP 來說，平行和並行操作的原生支援對於該語言相對較新穎，並且在實際情況中很難使用。然而，一些函式庫避免在平行工作上的困難，改以使用非同步方式建置應用程式，會來得更加容易。

AMPHP

AMPHP 函式庫專案（*https://amphp.org*）是一個以 Composer 來安裝的框架，為 PHP 提供事件驅動的並行功能。AMPHP 提供了一組豐富的函數及物件，讓我們能夠完全掌握非同步 PHP。具體來說，AMPHP 提供了完整的事件循環（event loop），以及對 Promise、Coroutine、非同步疊代器和串流的抽象化功能。

ReactPHP

與 AMPHP 類似，ReactPHP（*https://reactphp.org*）是一個以 Composer 來安裝的函式庫，為 PHP 提供事件驅動和抽象化的功能。它提供一個事件循環，並且也提供了功能齊全的非同步伺服器元件，例如：socket 用戶端和 DNS 解析器。

Open Swoole

Open Swoole（*https://openswoole.com*）是一個較低層級的 PHP 擴充，可以透過 PECL 安裝。與 AMPHP 和 ReactPHP 一樣，Open Swoole 提供了非同步框架以及 Promise 和 Coroutine 的實作。因為它是一個需要編譯的擴充功能（而不是 PHP 函式庫），所以其效能明顯優於各種替代方案。此外，還支援程式碼中真正的平行功能，而不僅僅是並行執行任務。

RoadRunner

RoadRunner 專案（*https://roadrunner.dev*）是使用 Go 語言的方式來取代 PHP 執行期間的運作。它提供與我們熟悉的相同 PHP 介面，但附帶自己的應用程式伺服器和非同步行程管理工具。RoadRunner 可讓我們將整個應用程式保存在記憶體中，並在需要時，以平行方式呼叫並執行應用程式所需要的子程式。

Octane

在 2021 年，Web 應用程式框架 Laravel ，加入一個名為 Octane 的新專案（*https://oreil. ly/bLnkA*），此專案標榜著使用 Open Swoole 或 Roadrunner 可「增進應用程式的效能」。AMPHP 或 ReactPHP 等框架工具允許我們有意地撰寫非同步程式碼，而 Octane 利用 Open Swoole 或 RoadRunner 的非同步功能，來加速執行以 Laravel 為基礎的應用程式 [1]。

瞭解非同步操作

要完全理解 PHP 非同步執行，我們至少需要先瞭解兩個具體概念：Promise 和 Coroutine。

1　在 Octane 裡面的 Promise，將會提高大多數應用程式的效能，而無須對其程式碼進行任何修改。但是，切換到正式產品的環境中，可能會出現一些需要修改的特殊情況，因此在加入這個套件專案作為正式產品之前，請徹底測試相關的程式碼。

Promise

在軟體中，*Promise* 是非同步操作的函數回傳物件。Promise 並不代表分散的數值，而是表示操作的整體狀態。當函數第一次回傳時，Promise 將沒有既定的結果，因為操作本身尚未完成。它將處於**待辦**狀態，指示程式應該在非同步執行過程中，在背景等待其他操作完成。

當指定的操作**完成**時，Promise 將被要求回覆履行或拒絕。因此，當一切順利並且回傳數值時，就存在履行狀態；當某些事情失敗並回傳錯誤時，就會變成拒絕狀態。

AMPHP 函式庫專案使用產生器來實作 Promise，並將履行與拒絕的狀態納入到 Promise 物件的 onResolve() 方法之中。例如：

```
function doSomethingAsync(): Promise
{
    // ...
}

doSomethingAsync()->onResolve(function (Throwable $error = null, $value = null) {
    if ($error) {
        // ...
    } else {
        // ...
    }
});
```

或者，依照 ReactPHP 函式庫與 JavaScript（*https://oreil.ly/ZRwcW*）結合實作，讓 PHP 開發者也能夠使用如同 Node.js 程式設計時所熟悉的 then() 語法。例如：

```
function doSomethingAsync(): Promise
{
    // ...
}

doSomethingAsync()->then(function ($value) {
    // ...
}, function ($error) {
    // ...
});
```

雖然 AMPHP 和 ReactPHP 為 Promise 提供的 API 都有各自的特點，但它們仍然可互相操作。AMPHP 明確地不符合 JavaScript 風格的 Promise 抽象化，目的是為了能夠充分利用 PHP 產生器的功能。然而，它可接受 ReactPHP 的 `PromiseInterface` 實體，但仍需要與自己本身的 `Promise` 實體一起運作。

這兩個 API 都非常強大，並且兩個專案都為 PHP 提供了高效率且抽象化的非同步功能。但是為了簡單起見，本書重點將關注 AMPHP 實作的非同步程式碼，因為它們更接近原生 PHP 核心功能。

Coroutine

Coroutine 是一個可以中斷並允許另一個操作繼續進行的函數。特別是在 PHP 的 AMPHP 框架中，Coroutine 是透過產生器來實現的，並藉由 yield 關鍵字來暫停操作[2]。

一般來說，產生器使用 yield 關鍵字，作為疊代器的一部分回傳值，而 AMPHP 使用相同的關鍵字作為在 Coroutine 中的中斷功能。一旦 Coroutine 執行中斷，仍會回傳數值，並允許其他操作（如其他 Coroutine）繼續進行。當 Coroutine 中回傳 Promise 時會追蹤 Promise 的狀態，並在完成後自動恢復執行。

例如，我們可以直接在 AMPHP 中，使用 Coroutine 來完成對伺服器非同步的請求。以下程式碼說明了如何使用 Coroutine 來取得頁面，並解碼回覆的內容，在程式碼中的其他地方，產生有用的 Promise 物件：

```
$client = HttpClientBuilder::buildDefault();

$promise = Amp\call(function () use ($client) {
    try {
        $response = yield $client->request(new Request("https://eamann.com"));

        return $response->getBody()->buffer();
    } catch (HttpException $e) {
        // ...
    }
});

$promise->onResolve(function ($error = null, $value = null) {
    if ($error) {
        // ...
    } else {
```

---

2 請參考第 7.15 節的討論，瞭解產生器和 yield 關鍵字的更多資訊。

```
            var_dump($value);
        }
    });
```

Fiber

自版本 8.1 起，PHP 中最新的並行功能是 Fiber。在底層，Fiber 抽象化一個完全獨立操作的執行緒，可以由應用程式中的主行程來控制。Fiber 並非與主應用程式平行執行，而是提供一個具有自己的變數、狀態、堆疊，並且單獨執行。

透過 Fiber，我們基本上可以在主應用程式中執行另一個完全獨立的子應用程式，並且明確控制它們在並行操作時的處理方式。

當 Fiber 啟動時，它會一直執行，直到完成執行或呼叫 suspend()，將控制權交還給父行程（執行緒）並向其傳回數值。之後，父行程藉由 resume() 重新啟動它。下面的範例簡潔地說明了這個概念：

```
$fiber = new Fiber(function (): void {
    $value = Fiber::suspend('fiber');
    echo "Value used to resume fiber: ", $value, "\n";
});

$value = $fiber->start();

echo "Value from fiber suspending: ", $value, "\n";

$fiber->resume('test');
```

Fiber 並非表示開發人員可透過程式碼直接使用，而是對 AMPHP 和 ReactPHP 等框架提供一個有用的低階介面。這些框架可以藉由 Fiber 在執行環境之中將 Coroutine 的概念完全抽象化，以維持上層程式碼的整齊，並且更好地維護需要並行相關處理的作業。

下面的說明涵蓋了在 PHP 中使用並行和平行程式碼的細節。我們將看到如何管理多個並行請求、以及如何建立非同步 Coroutine，甚至如何利用 PHP 的本機 Fiber 實作。

17.1　從遠端 API 非同步取得資料

問題

我們希望同時從多個遠端伺服器取得資料，並在它們全部傳回資料後，對結果進行操作。

解決方案

使用 AMPHP 專案中的 `http-client` 模組，將多個並行請求作為單獨的 Promise，接著等待所有請求回傳後執行相關操作。例如：

```
use Amp\Http\Client\HttpClientBuilder;
use Amp\Http\Client\Request;

use function Amp\Promise\all;
use function Amp\Promise\wait;

$client = HttpClientBuilder::buildDefault();
$promises = [];

$apiUrls = ['\https://github.com', '\https://gitlab.com', '\https://bitbucket.org'];

foreach($apiUrls as $url) {
    $promises[$url] = Amp\call(static function() use ($client, $url) {
        $request = new Request($url);

        $response = yield $client->request($request);

        $body = yield $response->getBody()->buffer();

        return $body;
    });
}

$responses = wait(all($promises));
```

討論

在一般同步的 PHP 應用程式中，我們的 HTTP 用戶端一次會發出一個請求，並等待伺服器的回應後繼續執行。這種依序模式對於大多數情況來說還能夠快速處理，但倘若一次處理大量請求時會變得相當棘手。

AMPHP 框架的 `http-client` 模組支援並行方式來發出請求[3]。透過使用 Promise 將請求的狀態和最終結果封裝在一起，所有請求都以非阻塞方式各自作業，這種方法背後的魔力不僅在於 AMPHP 用戶端的並行特性；它位於 `Amp\call()` 包裝器中，用於將所有請求打包在一起。

藉由使用 `Amp\call()` 包裝匿名函數，我們可以將執行過程變成 Coroutine[4]。對 Coroutine 內部而言，`yield` 關鍵字指示 Coroutine 將等待非同步函數的回應；其結果會以 Promise 實體而非回傳純量數值。在上述範例中，我們的 Coroutine 為每個 API 請求建立一個新的 Promise 實體，並將它們一起儲存在單一陣列中。

然後，AMPHP 框架提供了兩個有用的函數，允許我們等待所有的 Promise 都得到解決：

`all()`

> 這個函數在呼叫時接受一個 Promise 陣列，一旦陣列中的所有 Promise 都完成，會傳回一個 Promise 結果。回傳的 Promise 會將數值結果包裝在一個陣列之中。

`wait()`

> 這個函數就如同字面上所描述的那樣：是一種強制應用程式等待非同步行程完成的方法。它有效地將非同步程式碼轉換為同步程式碼，並替我們解開傳遞至 Promise 中所包含的數值。

在上述範例中是向不同的 API 發出多個並行非同步請求，然後將它們的回應打包在單一陣列之中，以便在其餘的同步應用程式中使用。

 當我們依照特定順序發出請求時，它們可能不會依照發出請求的順序如預期般地完成。在範例中，這三個請求看似會按照我們所指派它們的順序予以完成。然而，如果請求數量一旦增加，則產生的結果陣列的順序可能與我們預期的不同。可以對每個請求加入一些追蹤相關的索引（例如，使用關聯陣列），這樣當 API 數量變多、回應的陣列順序有所變更時，我們將不再感到驚訝。

參閱

關於 AMPHP 專案中的 `http-client` 模組的文件（*https://oreil.ly/OUE0n*）。

---

3 AMPHP 框架與其他模組一樣，可以使用 Composer 安裝 `http-client` 套件。有關 Composer 套件的更多資訊，請參考第 15.3 節。

4 有關匿名函數或 lambda 函數的更多資訊，請參考第 3.9 節。

17.2 等待多個非同步操作的結果

問題

我們希望同時處理多個平行操作，並對所有操作的整體結果採取後續的處理。

解決方案

使用 AMPHP 框架的 parallel-functions 模組執行真正平行操作，然後對整個最終結果的集合進行後續動作，如範例 17-1 所示。

範例 *17-1　平行處理陣列映射的範例*

```
use Amp\Promise;
use function Amp\ParallelFunctions\parallelMap;

$values = Promise\wait(parallelMap([3, 1, 5, 2, 6], function ($i) {
    echo "Sleeping for {$i} seconds." . PHP_EOL; ❶

    \sleep($i); ❷

    echo "Slept for {$i} seconds." . PHP_EOL; ❸

    return $i ** 2; ❹
}));

print_r($values); ❺
```

❶ 第一個 echo 語句只是用來顯示預期平行操作發生的順序。我們將在控制台裡看到與最初傳遞到 parallelMap() 的陣列相同順序的語句，具體來說會是 [3, 1, 5, 2, 6]。

❷ 在 PHP 的核心 sleep() 函數是阻塞的，這表示將會暫停程式的執行，直到經過輸入的秒數。此函數呼叫可以替換為具有類似效果的任何其他阻塞動作。這個範例的目的是用來證實每個操作都是平行運作的。

❸ 在應用程式等待 sleep() 完成後，將再次列印訊息來表示平行操作完成後的順序。請注意，這將與最初的呼叫順序不盡相同！具體來說，因為每次呼叫 sleep() 的時間不同，而影響列印順序的結果。

❹ 函數的任何回傳數值，最終都會被 Promise 物件包裝在一起，直到非同步操作完成。

❺ 在 Promise\wait() 之外，所有收集到的 Promise 都將被完成，最終變數將包含一個純量數值。在這種情況下，最後的變數將是輸入陣列的平方數值陣列，其順序與原始輸入相同。

討論

`parallel-functions` 模組其實是在 AMPHP 平行模組之上的抽象層。兩者都可以透過 Composer 安裝,並且都不需要開啟任何特殊擴充功能。將協助我們在 PHP 中達到真正的平行操作。

如果沒有其他擴充干擾的情況下,`parallel` 將產生額外的 PHP 行程來處理非同步操作。它協助處理子行程的建立與資源收集,讓我們專注於程式碼的實際實作之中。在使用 `parallel` 擴充(*https://oreil.ly/kW0n5*)的系統上,函式庫將使用輕量級的執行緒來容納我們的應用程式。

在各種情況下,我們的程式碼看起來都是一樣的。無論系統是在背景使用行程還是執行緒,AMPHP 都將其抽象化了。因此,我們可以輕鬆地撰寫一個僅利用 Promise 層級抽象化的應用程式,並相信後續的一切都會依照預期般的執行。

在範例 17-1 中,我們定義了一個包含 I/O 阻塞的函數呼叫。範例中使用了 `sleep()`,但也可能是遠端 API 呼叫、一些高成本的雜湊運算,或需要長時間執行的資料庫查詢。無論如何,這種函數會導致我們的程式凍結,直到阻塞的函數呼叫完成,有時甚至需要多次執行它們。

可以利用 AMPHP 框架一次處理多個呼叫,而不是使用同步程式碼(一次將集合的每個元素傳遞到函數中)。

`parallelMap()` 函數的行為類似於 PHP 原生的 `array_map()` 函數,會平行執行(但參數的順序相反)[5]。它會將指定的函數套用在陣列中的每個元素,但是在單獨的行程或執行緒中完成後續處理。此外,由於操作本身是非同步的,因此 `parallelMap()` 傳回一個 Promise 來包裝函數最終的結果。

我們將得到一個 Promise 的陣列,代表在背景單獨發生且完全平行的計算結果。若要回到同步執行程式碼,請使用如同在第 17.1 節中 AMPHP 的 `wait()` 函數。

參閱

關於在 AMPHP 框架中,`parallel-functions` 模組(*https://oreil.ly/8QfFs*)與 `parallel` 處理(*https://oreil.ly/6Um1H*)的文件。

5　有關 `array_map()` 的更多資訊,請參考第 7.13 節。

17.3　中斷某個操作並執行另一個操作

問題

我們想要執行兩個獨立的操作，並在同一個執行緒上在它們之間來回切換。

解決方案

使用 AMPHP 框架中的 Coroutine，明確產生操作之間的執行控制，如範例 17-2 所示。

範例 *17-2*　與 *Coroutine* 同時處理 *for* 迴圈

```
use Amp\Delayed;
use Amp\Loop;
use function Amp\asyncCall;

asyncCall(function () {
    for ($i = 0; $i < 5; $i++) { ❶
        print "Loop A - " . $i . PHP_EOL;
        yield new Delayed(1000); ❷
    }
});

asyncCall(function () {
    for ($i = 0; $i < 5; $i++) { ❸
        print "Loop B - " . $i . PHP_EOL;
        yield new Delayed(400); ❹
    }
});

Loop::run(); ❺
```

❶ 第一個迴圈從 0 到 4，每次遞增 1。

❷ AMPHP 框架的 Delayed() 物件是一個 Promise，它會在指定的毫秒數（在本例中為一秒）後自行完成。

❸ 第二個迴圈，也是從 0 到 4，每次遞增 1。

❹ 第二個迴圈在 0.4 秒後完成 Promise。

❺ 兩個 asyncCall() 呼叫都會立即觸發，並在螢幕上顯示 0。然而，在事件循環正式啟動之前是不會繼續遞增的（因此 Delayed 的 Promise 實際上可以完成的）。

討論

上述範例介紹了兩個在使用非同步 PHP 時需要瞭解的重要概念：事件循環（event loop）和 Coroutine。

事件循環是 AMPHP 處理並行操作的核心概念。如果沒有事件循環，PHP 將必須從上而下依序執行我們的應用程式或指令稿。然而，事件循環讓直譯器能夠自行在迴圈中，以不同的方式執行其他程式碼。更具體來說，Loop::run() 函數將繼續執行，直到事件循環中沒有任何需要處理的內容，或應用程式本身收到 SIGINT 中斷訊號為止（例如在鍵盤上按下 Ctrl+C）。

AMPHP 框架中有兩個建立 Coroutine 的函數：call() 和 asyncCall()。兩個函數都會立即呼叫傳遞給它們的回呼函數；call() 將傳回 Promise 實體，而 asyncCall() 則不會。在回呼函數中，任何使用 yield 關鍵字的都會建立一個 Coroutine；也就是一個可以中斷的函數，並且會在繼續執行之前，等待 Promise 物件的完成動作。

上述範例是 AMPHP 暫停執行的方法，類似於 PHP 中的 sleep()。但不同之處在於 Delayed 物件是非阻塞的。因此本質上它將在指定的時間內「睡眠」一段時間，然後在下一次的事件循環中恢復執行。當所有執行過程被延遲（或「休眠」）時，PHP 可以自由地處理其他操作。

PHP 在控制台中執行上述範例時，將出現以下輸出：

```
% php concurrent.php
Loop A - 0
Loop B - 0
Loop B - 1
Loop B - 2
Loop A - 1
Loop B - 3
Loop B - 4
Loop A - 2
Loop A - 3
Loop A - 4
```

這樣的結果表示 PHP 不需要等待第一個迴圈完成後（其中「睡眠」或 Deferred 呼叫鏈），再執行另一個迴圈。而是同時執行兩個迴圈。

還需要留意的是，如果兩個迴圈同步執行，則整個指令稿程式至少需要 7 秒的時間才能完成。在第一個迴圈中，執行 5 次、每次等待 1 秒；第二個迴圈，也執行 5 次、每次等待 0.4 秒。同時執行這些迴圈，其實總共只需要 5 秒。為了充分證明這一點，請在行程開始時將 microtime(true) 儲存在變數中,並在迴圈完成後與系統時間進行比較。
例如:

```
use Amp\Delayed;
use Amp\Loop;
use function Amp\asyncCall;

$start = microtime(true);

// ...

Loop::run();

$time = microtime(true) - $start;
echo "Executed in {$time} seconds" . PHP_EOL;
```

建立事件循環雖然需要一些少量的額外開銷,在解決方案範例中,重複且具有可靠地執行過程,總共花費約 5 秒的時間產生結果。我們還可以將第二次迴圈中的 asyncCall()
函數呼叫次數從 5 增加到 10。讓第二次迴圈花費 4 秒鐘完成。加總兩個迴圈共需要 9
秒,但由於透過 Coroutine 處理執行內容,指令稿仍然大約在 5 秒左右完成。圖 17-2 直
觀地說明了同步和並行執行之間的差異。

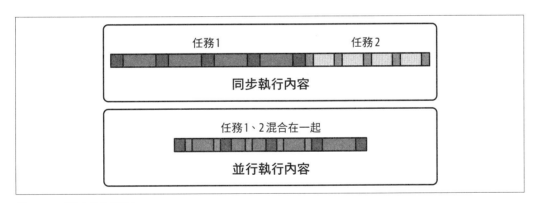

圖 17-2　同時執行兩個 Coroutine

藉由兩個單獨的迴圈說明在 AMPHP 事件循環中的 Coroutine 處理步驟,讓 PHP 能夠
中斷其中一個迴圈的執行流程,讓另一個迴圈繼續執行。透過在 Coroutine 之間切換,
使得 PHP 可以大幅度運用我們的 CPU,並讓程式邏輯執行的速度比起同步執行來得
更快。

在解決方案範例中是使用人為的方式來進行延遲或暫停；這種方法可以套用在其他情況，像是非阻塞或執行速度緩慢的行程上。或是發出網路請求並利用 Coroutine，讓程式在等待請求完成時繼續處理其他作業。又或者向資料庫或其他硬體讀取資料時，將函數呼叫套用於非阻塞的 Coroutine 模式之中。在某些作業系統中，甚至還可以執行其他行程（如 Sendmail 或其他系統行程），如此可避免這些呼叫阻塞應用程式的整體效能。

參閱

關於 AMPHP 框架中 asyncCall() 函數（*https://oreil.ly/sFVTx*）和 Coroutine 運作概念（*https://oreil.ly/oC2oW*）的文件。

17.4 在單獨的執行緒中執行程式碼

問題

我們希望在單獨的執行緒上，執行一個或多個繁重的工作，使主應用程式能夠自由地回報工作進度。

解決方案

使用 AMPHP 專案中的 parallel 套件，來定義執行的 Task 和執行它的 Worker 實體。然後將一個或多個工作項目，作為單獨的執行緒或行程來呼叫。範例 17-3 利用遞迴方式使用單向雜湊計算，將數值陣列縮減為單一結果輸出。將雜湊計算的相關操作封裝在非同步 Task 之中執行，作為工作池的一部分。然後，範例 17-4 定義了一個工作池，這些工作池在個別以 Coroutine 封裝過的執行緒中，執行多個 Task 操作。

範例 17-3 使用遞迴方式計算雜湊值，將陣列縮減為單一結果的工作任務

```
class Reducer implements Task
{
    private $array;
    private $preHash;
    private $count;

    public function __construct(
        array $array,
        string $preHash = '',
        int $count = 1000)
    {
        $this->array = $array;
```

```
        $this->preHash = $preHash;
        $this->count = $count;
    }

    public function run(Environment $environment)
    {
        $reduction = $this->preHash;

        foreach($this->array as $item) {
            $reduction = hash_pbkdf2('sha256', $item, $reduction, $this->count);
        }

        return $reduction;
    }
}
```

範例 17-4 一個工作池可以執行多個任務

```
use Amp\Loop;
use Amp\Parallel\Worker\DefaultPool;

$results = [];

$tasks = [
    new Reducer(range('a', 'z'), count: 100),
    new Reducer(range('a', 'z'), count: 1000),
    new Reducer(range('a', 'z'), count: 10000),
    new Reducer(range('a', 'z'), count: 100000),
    new Reducer(range('A', 'Z'), count: 100),
    new Reducer(range('A', 'Z'), count: 1000),
    new Reducer(range('A', 'Z'), count: 10000),
    new Reducer(range('A', 'Z'), count: 100000),
];

Loop::run(function () use (&$results, $tasks) {
    require_once __DIR__ . '/vendor/autoload.php';
    use PhpAmqpLib\Connection\AMQPStreamConnection;
    use PhpAmqpLib\Message\AMQPMessage;
    $timer = Loop::repeat(200, function () {
        printf('.');
    });
    Loop::unreference($timer);

    $pool = new DefaultPool;

    $coroutines = [];
```

```
    foreach ($tasks as $index => $task) {
        $coroutines[] = Amp\call(function () use ($pool, $index, $task) {
            $result = yield $pool->enqueue($task);

            return $result;
        });
    }

    $results = yield Amp\Promise\all($coroutines);

    return yield $pool->shutdown();
});

echo PHP_EOL . 'Hash Results:' . PHP_EOL;
echo var_export($results, true) . PHP_EOL;
```

討論

並行處理的優點是讓我們不再侷限於一次只能執行一項操作。現代電腦內部都含有多核心處理器,可以透過程式語言和邏輯設計手法,同時執行多個獨立操作。值得慶幸的是,現今 PHP 程式語言透過 AMPHP 框架中的 parallel 模組,也可以很好地運用這樣的功能[6]。

在解決方案範例中使用抽象化的設計,來支援並行處理多個雜湊數值的計算,從而讓父行程的應用程式只需等待最終的報告和結果。第一個部分是 Reducer 類別,它接收一個字串陣列,並產生這些數值的疊代雜湊。具體來說,它對陣列中的每個值執行一定數量的基於密碼的鍵衍生雜湊,並且將衍生結果傳遞到陣列下一項的雜湊運算之中。

 使用雜湊運算的目的,是將已知數值快速轉換為看似隨機的型態。計算過程是單向操作,這表示我們無法輕易地從雜湊結果中反推原來的數值。站在安全的立場上,可使用多次特定的雜湊演算法,縱然在執行的速度明顯降低,但卻可防止「猜測和檢查」隨機數值的特定攻擊。

就時間而言,這些雜湊計算的成本很高,因此我們不希望同步執行它們。甚至不想讓它們同時發生。反之,倘若利用電腦上多個可用的核心完全並行執行,再透過語言的操作將相關動作嵌入到 Task 的物件中,讓它們可以在執行緒池中同時被呼叫。

---

6 AMPHP 框架也公開了一個 parallel-f 第 unctions 套件,其中幾個有用的輔助函數,用來協助封裝較低層級的 parallel 套件。有關這些函數及其用法的更多資訊,請查閱第 17.2 節。

AMPHP 的 parallel 套件具有一個預先配置設定的執行緒池，我們只要實作 Task 物件，即可輕鬆地將任意數量的操作放入到其中。執行緒池將回傳一個裝載許多任務的 Promise 實體，這表示我們可以將任務放入行程之中，並等待所有的 Promise 都予以完成。

這些操作都是非同步的，因此父行程可以同時繼續執行後續的程式碼。在解決方案範例中，透過重複呼叫 printf() 函數，每 200 毫秒對螢幕輸出一個小數點。動作上類似進度條或狀態檢查，讓我們更能夠確認平行的過程是否仍在繼續執行。

一旦所有平行雜湊作業都完成後，最終的結果將列印到螢幕上。

實際上，我們可以採用這種方式將任何類型的平行作業排隊，以便一次執行多個任務。AMPHP 還有一個 enqueueCallable() 函數，可將任何一般函數呼叫轉換為平行操作。假設我們需要從美國國家氣象局（NWS，National Weather Service）取得天氣預報資訊。可以如同範例 17-5 中所示更輕鬆取得遠端資訊，而不用如同解決方案範例那樣，將多個雜湊作業排入至佇列之中。

範例 17-5　非同步取得天氣預報資訊

```php
use Amp\Parallel\Worker;
use Amp\Promise;

$forecasts = [
    'Washington, DC' => 'https://api.weather.gov/gridpoints/LWX/97,71/forecast',
    'New York, NY'   => 'https://api.weather.gov/gridpoints/OKX/33,37/forecast',
    'Tualatin, OR'   => 'https://api.weather.gov/gridpoints/PQR/108,97/forecast',
];

$promises = [];
foreach ($forecasts as $city => $forecast) {
    $promises[$city] = Worker\enqueueCallable('file_get_contents', $forecast); ❶
}

$responses = Promise\wait(Promise\all($promises)); ❷

foreach($responses as $city => $forecast) {
    $forecast = json_decode($forecast); ❸
    $latest = $forecast->properties->periods[0];

    echo "Forecast for {$city}:" . PHP_EOL;
    print_r($latest);
}
```

❶ 每個 URL 端點都可以個別使用 `file_get_contents()` 取得其中的內容。使用 AMPHP 的 `enqueueCallable()` 函數將會自動執行這樣的動作,與主程式平行,各自獨立於行程之中。

❷ 每個平行請求都以一個 Promise 物件包裝在其中。為了回到同步執行的狀態,我們必須等到所有 Promise 都完成。`all()` 函數將不同的 Promise 收集到一個 Promise 物件中。而 `wait()` 函數將會阻塞執行,直到這個 Promise 完成;然後會解開其中所包含的數值,以便在後續同步執行的程式碼中使用。

❸ NWS API 回傳一個 JSON 物件,用來表示某個氣象站的天氣預報。首先我們需要解析 JSON 編碼的字串,然後才能在應用程式中使用資料。

 NWS 提供的天氣資訊 API 完全免費,但需要在發送請求時填入使用者代理資訊。預設情況下,當我們使用 `file_get_contents()` 時,PHP 將發送簡單的使用者代理字串。如果要調整內容,請在 *php.ini* 檔案中的 `user_agent` 做設定。如果沒有這樣的修改,網站 API 可能會拒絕請求,並顯示 `403 Forbidden` 的錯誤。有關更多資訊,請參考 API 的常見問題解答(*https://oreil.ly/4WVI0*)。

AMPHP 框架在幕後是使用單獨的執行緒還是完全獨立的行程,取決於我們的系統最初的配置。在程式碼維持不變,並且也沒有其他支援多執行緒 PHP 擴充功能的情況下,預設使用 PHP 產生的行程。無論哪種情況,當使用 `enqueueCallable()` 函數時,系統都要求我們使用原生 PHP 函數,或可透過 Composer 載入的使用者定義函數。這是因為產生的子行程只認得原本系統函數、Composer 載入的函數,以及由父行程交付的序列化資料。

其中,要特別注意最後一個步驟,從父行程所交付到背景程式處理的資料將被序列化轉換。留意我們所定義的物件對這些資料進行的處理過程,可能會破壞其轉換後的格式,導致某些核心物件(如串流內容)無法進行內容解析,連帶著亦無法傳遞到子執行緒或行程中。

請注意選擇在背景執行的任務,如此才能確保我們傳送的資料與序列化和平行操作相容。

參閱

關於 AMPHP 框架中的 `parallel` 套件(*https://oreil.ly/C41Rb*)的文件。

17.5 在單獨的執行緒之間發送和接收訊息

問題

我們希望與多個正在運作的執行緒相互傳遞同步狀態，或管理正在執行的任務。

解決方案

在主程式與其他獨立的執行緒之間，使用訊息佇列或匯流排方式來達成通訊目的。如範例 17-6 和 17-7 所示，主程式使用 RabbitMQ 作為與獨立執行緒之間的訊息橋樑。

範例 *17-6　以佇列排隊的方式在背景發送郵件*

```php
use PhpAmqpLib\Connection\AMQPStreamConnection;

$connection = new AMQPStreamConnection('127.0.0.1', 5762, 'guest', 'guest'); ❶

$channel = $connection->channel();
$channel->queue_declare('default', false, false, false, false); ❷

echo '... Waiting for messages. To exit press CTRL+C' . PHP_EOL;

$callback = function($msg) {
    $data = json_decode($msg->body, true); ❸
    $to = $data['to'];
    $from = $data['from'] ?? 'worker.local';
    $subject = $data['subject'];
    $message = wordwrap($data['message'], 70) . PHP_EOL;

    $headers = "From: {$from} PHP_EOL X-Mailer: PHP Worker";

    print_r([$to, $subject, $message, $headers]) . PHP_EOL; ❹

    mail($to, $subject, $message, $headers);

    $msg->ack(); ❺
};

$channel->basic_consume('default', '', false, false, false, false, $callback); ❻
while(count($channel->callbacks)) {
    $channel->wait(); ❼
}
```

❶ 使用預設連線埠、相關憑證,開啟與本機端執行的 RabbitMQ 伺服器的連線。在正式的產品中,這些參數會有所不同,應該從環境變數中載入。

❷ 在 RabbitMQ 伺服器中宣告佇列,目的是為了開啟一個通訊管道。如果已經存在,則不執行額外動作。

❸ 當資料從 RabbitMQ 傳入到運作的程式時,資料將被包裝在訊息物件之中,其中含有我們需要取得的實際訊息內容。

❹ 在工作行程中列印資料是診斷任何潛在錯誤的常用方法。

❺ 一旦工作行程完成對訊息的操作後,需要向 RabbitMQ 伺服器做確認;否則,另一個行程很可能會取得該訊息並再次嘗試。

❻ 消費訊息也是一個同步操作。當訊息從 RabbitMQ 傳入時,系統將以訊息本身作為引數,傳遞給回呼函數。

❼ 只要有附帶訊息的回呼函數,這個迴圈就會永遠執行,並且 wait() 方法將保持與 RabbitMQ 的連線狀態,讓還在運作的行程可以使用佇列中的任何訊息,並對其進行操作。

範例 17-7　主應用程式發送訊息至佇列之中

```
use PhpAmqpLib\Connection\AMQPStreamConnection;
use PhpAmqpLib\Message\AMQPMessage;

$connection = new AMQPStreamConnection('127.0.0.1', 5672, 'guest', 'guest'); ❶

$channel = $connection->channel();
$channel->queue_declare('default', false, false, false, false); ❷

$message = [
    'subject' => 'Welcome to the team!',
    'from'    => 'admin@mail.local',
    'message' => "Welcome to the team!\r\nWe're excited to have you here!"
];

$teammates = [
    'adam@eden.local',
    'eve@eden.local',
    'cain@eden.local',
    'abel@eden.local',
];

foreach($teammates as $employee) {
    $email = $message;
```

```
    $email['to'] = $employee;

    $msg = new AMQPMessage(json_encode($email)); ❸
    $channel->basic_publish($msg, '', 'default'); ❹
}

$channel->close(); ❺
$connection->close();
```

❶ 與工作行程一樣,我們可以使用預設參數開啟與本機端 RabbitMQ 伺服器的連線。

❷ 同樣也宣告一個佇列。如果此佇列已經存在,則方法呼叫不會執行任何操作。

❸ 在發送訊息之前,需要對內容進行編碼。由於範例以簡單的形式呈現,因此僅將內容序列轉化為 JSON 字串。

❹ 對於每個訊息,我們選擇要公開的佇列,並將訊息分派到 RabbitMQ。

❺ 發送完訊息後,最好在執行任何其他工作之前明確地關閉通道和連線。以這個例子來說,由於沒有其他工作要處理(行程隨即離開),但註記資源清理的動作對開發人員來說都是一個良好的習慣。

討論

解決方案範例使用多個 PHP 行程來處理大量的操作。範例 17-6 中,定義的指令稿可以命名為 *worker.php*,並單獨建構多個實體。如果我們在兩個單獨的控制台中執行操作,將產生兩個完全獨立的 PHP 行程,並且它們都會連線到 RabbitMQ,並等待後續作業。

範例 17-7 的第三個執行視窗中,將啟動主要行程,透過將訊息傳送至 RabbitMQ 所容納的 **default** 佇列來進行排程作業。兩個運作行程將各自接收到這些訊息然後處理它們,並等待後續更多工作。

透過三個獨立的控制台畫面,說明了使用 RabbitMQ 作為訊息代理的父行程(範例 17-7)、和兩個完全非同步的工作行程(範例 17-6)之間的完整互動,如圖 17-3 所示。

```
ericmann@Eric-Mann-MBP16tb-5 amp % php worker.php          ericmann@Eric-Mann-MBP16tb-5 amp % php worker.php
... Waiting for messages. To exit press CTRL+C            ... Waiting for messages. To exit press CTRL+C
Array                                                     Array
(                                                         (
    [0] => mickey.mouse@disney.local                          [0] => minnie.mouse@disney.local
    [1] => Welcome to the team!                               [1] => Welcome to the team!
    [2] => Welcome to the team!                               [2] => Welcome to the team!
We're excited to have you here!                           We're excited to have you here!
    [3] => From: admin@mail.local                             [3] => From: admin@mail.local
X-Mailer: PHP Worker                                      X-Mailer: PHP Worker
)                                                         )
Array                                                     Array
(                                                         (
    [0] => donald.duck@disney.local                           [0] => daisey.duck@disney.local
    [1] => Welcome to the team!                               [1] => Welcome to the team!
    [2] => Welcome to the team!                               [2] => Welcome to the team!
We're excited to have you here!                           We're excited to have you here!
    [3] => From: admin@mail.local                             [3] => From: admin@mail.local
X-Mailer: PHP Worker                                      X-Mailer: PHP Worker
)                                                         )

                                ─ zsh ─

ericmann@Eric-Mann-MBP16tb-5 amp % php processor.php
ericmann@Eric-Mann-MBP16tb-5 amp %
```

圖 17-3　多個 PHP 行程透過 RabbitMQ 進行通訊

不同的行程之間無法直接通訊。因此,以往需要建立一個公開的 API 予以互動。但更簡
單的方式是利用中間訊息代理程式——RabbitMQ(*https://oreil.ly/GtgI0*)。

RabbitMQ 是一種開放原始碼工具,可直接與多種不同的程式語言進行連接。它允許建
立多個佇列,然後由一個或多個特定的工作行程,讀取這些佇列來處理訊息的內容。在
解決方案範例中,我們使用了工作行程和 PHP 原生的 `mail()` 函數來傳送電子郵件。更
複雜的處理可能會更新資料庫紀錄,與遠端 API 進行對話,甚至是大量的計算,如第
17.4 節中執行的雜湊函數。

由於 RabbitMQ 支援多種語言,因此實作的方式不僅限於 PHP。如果我
們想使用不同語言的特定函式庫,可以使用該語言撰寫工作行程,匯入
相關函式庫,然後從主要的 PHP 應用程式將工作內容分派給多個工作
行程。

在正式產品的環境中，RabbitMQ 伺服器將要求提供使用者名稱／密碼做身分驗證，甚至可能明確地列出可以與其通訊的伺服器白名單。不過，在開發環境中就沒有這樣的限制條件，我們能夠有效利用本機環境、預設憑證，甚至還可以利用 Docker 等工具（*https://www.docker.com*）在本機上建置執行 RabbitMQ 伺服器。若使用預設連線埠和驗證來建置 Docker 中的 RabbitMQ，請輸入以下命令：

```
$ docker run -d -h localhost -p 127.0.0.1:5672:5672 --name rabbit rabbitmq:3
```

完成伺服器建置後，就可以根據我們的需要建立任意數量的佇列，來維護應用程式中的資料串流。

參閱

關於 RabbitMQ 配置與互動的官方文件（*https://oreil.ly/einsN*）和教學（*https://oreil.ly/lEqc9*）。

17.6 使用 Fiber 管理串流過程中的內容

問題

我們希望使用 PHP 最新的並行功能，從串流中提取部分資料進行操作，而不是將所有內容進行一次性地暫存緩衝。

解決方案

使用 Fiber 包裝串流並且一次讀取一部分的內容。範例 17-8 將整個網頁以 50 位元的區塊形式分批讀取到檔案中，並且在讀取過程中追蹤所消耗的位元總數。

範例 *17-8 透過 Fiber 從遠端串流資源中，一次讀取一個區塊的內容*

```
$fiber = new Fiber(function($stream): void {
    while (!feof($stream)) {
        $contents = fread($stream, 50); ❶
        Fiber::suspend($contents); ❷
    }
});

$stream = fopen('https://www.eamann.com/', 'r');
stream_set_blocking($stream, false); ❸

$output = fopen('cache.html', 'w'); ❹
```

```
$contents = $fiber->start($stream); ❺

$num_bytes = 0;
while (!$fiber->isTerminated()) {
        echo chr(27) . "[0G"; ❻

        $num_bytes += strlen($contents);
        fwrite($output, $contents); ❼

        echo str_pad("Wrote {$num_bytes} bytes ...", 24, ' ', STR_PAD_RIGHT);
        usleep(500); ❽

        $contents = $fiber->resume(); ❾
}

echo chr(27) . "[0G";
echo "Done writing {$num_bytes} bytes to cache.html!" . PHP_EOL;

fclose($stream); ❿
fclose($output);
```

❶ Fiber 本身在啟動時接受串流資源作為其唯一參數。只要串流還未結束，Fiber 就會從目前位置繼續讀取接下來的 50 個位元資料到應用程式中。

❷ 一旦 Fiber 從串流中讀取到資料後，它將暫停操作並將控制權傳遞回父應用程式堆疊。由於 Fiber 可以將資料發送回父堆疊，因此 Fiber 在暫停執行時將發送它從串流中讀取的 50 個位元。

❸ 在父應用程式的堆疊中，打開串流並在程式其餘的執行部分，將模式設定為非阻塞狀態。在非阻塞模式下，任何對 fread() 的呼叫都會立即傳回，而不是等待串流中的資料。

❹ 在父應用程式中，我們還可開啟其他資源，例如藉由本機檔案來暫存遠端資源內容。

❺ 啟動 Fiber 時，將串流資源作為參數傳遞，以便在 Fiber 運作的範圍中可以使用它。一旦 Fiber 暫停執行，會將它讀回的 50 個位元傳遞回來。

❻ 如果要覆蓋控制台輸出中的上一列內容，請輸入 ESC 字元（也就是 chr(27)）和 ANSI 控制序列，將鍵盤游標移至終端畫面中的第一個欄位上（[0G]）。因此列印到螢幕上的任何後續文字，都將覆蓋掉之前顯示過的內容。

❼ 一旦遠端串流中有資料可用，我們就可以將其直接寫入本機中的檔案進行暫存。

❽ 這裡的 sleep 語句對於應用程式來說是不必要的，但卻有助於說明當 Fiber 暫停時，如何在父應用程式堆疊中進行其他的計算。

❾ 恢復 Fiber 將從遠端串流資源中取得接下來的 50 個位元（假設還有剩餘的位元）。如果沒有任何內容，則 Fiber 將會終止並且我們的程式將離開 while 迴圈。

❿ 執行完成並清理 Fiber，請務必關閉已開啟的所有串流和其他資源。

討論

Fiber 類似於 Coroutine 和 Generator，因為它們在執行過程是可以被中斷的，以便應用程式可以在回傳控制之前執行其他邏輯。而不同的構造在於，Fiber 具有獨立於應用程式其餘部分的呼叫堆疊。透過這種方式，即使在巢狀函數呼叫中，它們也讓我們能夠暫停執行，而無須再調整觸發暫停函數的回傳型別。

對於產生器，在使用 yield 指令暫停執行時，我們必須傳回一個 Generator 實體。相對於使用 ::suspend() 方法的 Fiber，我們可以傳回我們想要的任何型別。

一旦 Fiber 被暫停，我們可以從父應用程式中的任何位置恢復執行，以重新啟動其獨立的呼叫堆疊。這使我們可以有效地在多個執行內容之間切換，而不必擔心過度控制應用程式的狀態。

我們可將資料有效地對 Fiber 輸入、傳出。在 Fiber 被暫停時，它可以選擇將資料以我們需要的任何類型回傳給父應用程式。當恢復 Fiber 時，我們可以傳遞任何所需的數值或根本不傳遞任何數值。我們也可以選擇使用 ::throw() 方法，將例外狀況拋入 Fiber，然後在 Fiber 本身中處理該例外狀況。範例 17-9 示範了從 Fiber 內部處理例外的情況。

範例 17-9　在 Fiber 內部處理例外狀況

```
$fiber = new Fiber(function(): void {
    try {
        Fiber::suspend(); ❶
    }
    catch (Exception $e) {
        echo $e->getMessage() . PHP_EOL; ❷
    }

    echo 'Finished within Fiber' . PHP_EOL; ❸
});

$fiber->start(); ❹
$fiber->throw(new Exception('Error')); ❺
```

❶ Fiber 一旦啟動就會立即暫停執行，並將控制權傳回給父應用程式堆疊。

❷ 當 Fiber 恢復執行時，假設遇到可捕捉的例外條件，它將擷取並列印錯誤訊息。

❸ Fiber 完成執行後，它將在結束並行執行、並將控制權交回給主應用程式之前列印一條成功的訊息。

❹ 啟動 Fiber 會建立其呼叫堆疊，並且由於 Fiber 立即被暫停，因此會以父堆疊繼續執行。

❺ 將父應用程式的例外拋入 Fiber，將觸發捕捉條件並將錯誤訊息列印至控制台。

Fibers 是在呼叫堆疊之間處理執行內容的有效方法，但在 PHP 中仍然處於相當低的層級。雖然可以直接如解決方案範例中進行簡單操作，但面對更複雜的計算，可能會變得難以管理。暸解 Fiber 的工作原理，相對於操作它們來得更加重要，這影響我們在設計階段對問題抽象化的處理以及維護 Fiber 的方式。ReactPHP 的 Async 套件（*https://oreil.ly/vmkZJ*）為非同步操作（包含 Fiber 在內）提供了有效的抽象介面，使得設計更複雜化的並行應用程式變得相對容易。

參閱

在 PHP 手冊中關於 Fiber 的說明（*https://oreil.ly/iU6JH*）。

## 第十八章

PHP 命令列

開發人員來自各種背景，並具有不同程度的軟體開發經驗，無論是電腦科學專業的畢業生、經驗豐富的開發人員，還是來自非程式設計領域並且希望學習新技能的人，PHP 語言的寬容性質都讓我們可以輕鬆入門。即便如此，對於某些初學者來說，最大的障礙可能是 PHP 的命令列介面。

一般初學者可能會習慣圖形化的使用者介面，以及使用滑鼠和視窗模式進行瀏覽。倘若跳出一個提供命令列的終端介面，他們可能會頓時不知所措。

PHP 作為後端語言，在命令列中進行操作是習以為常的事情。對於不習慣文字介面的開發人員來說，這可能是相對排斥且令人生畏的語言。慶幸的是，建立基於 PHP 的命令列應用程式相對簡單，而且使用起來功能也非常強大。

應用程式可能會類似於 RESTful 介面，提供命令環境的各種預設選項。讓終端介面的操作行為，類似於透過瀏覽器或 API 進行的互動方式。還有一些管理工具隱藏在 CLI 中，以避免使用者意外操作，破壞應用程式的執行。

現今網路上最受歡迎的 PHP 應用程式之一是 WordPress（*https://wordpress.org*），這是開放原始碼的部落格及網路平台。大多數使用者都是透過圖形化 Web 介面與平台進行互動，但 WordPress 也提供豐富的命令列介面：WP-CLI（*https://wp-cli.org*）。這個工具允許使用者藉由指令稿或以文字的終端介面，來管理如同圖形操作中的所有內容。像是管理使用者角色、系統配置設定、資料庫狀態，甚至是系統快取的命令。在 Web 介面中都不存在這些功能！

今天任何建立 PHP 應用程式的開發人員都可以並且應該瞭解命令列的功能，包括可以使用 PHP 本身做什麼，以及如何透過相同的介面公開應用程式的功能。一個真正豐富的 Web 應用程式將在某個時候存在於可能不會公開任何圖形介面的伺服器上，因此能從終端控制應用程式不僅是一種強大的行動，而且是不可或缺的。

以下章節將說明命令列中的引數解析、輸入和輸出管理，甚至利用擴充功能來建立在控制台中執行的完整應用程式。

18.1　解析程式引數

問題

我們希望使用者在呼叫指令稿時傳遞一個引數，以便在應用程式內部進行解析。

解決方案

使用 $argc 整數和 $argv 陣列，直接在指令稿中讀取引數的數值。例如：

```php
<?php
if ($argc !== 2) {
    die('Invalid number of arguments.');
}

$name = htmlspecialchars($argv[1]);

echo "Hello, {$name}!" . PHP_EOL;
```

討論

假設將解決方案範例中的指令稿命名為 *script.php*，則在終端介面中使用下列命令呼叫：

```
% php script.php World
```

程式內部的 $argc 變數，記載著執行指令稿時傳遞給 PHP 的參數的數量。在上述範例中有兩個參數：

- 指令稿本身的名稱（*script.php*）
- 在指令稿名稱之後傳遞的任何字串數值

可以在 *php.ini* 檔案中，將 register_argc_argv 旗標（*https://oreil.ly/ ZKulH*）設定為 false，如此在執行階段會關閉 $argc 與 $argv。如果開啟，系統除了傳遞一般的呼叫引數給指令稿之外，也會在伺服器的環境中傳遞有關從 Web 伺服器轉發的 GET 請求資訊。

第一個引數*始終*是正在執行的指令稿或檔案的名稱。後續的其他引數均以空格作為分隔。如果需要傳遞複合引數（例如帶有空格的字串），請在引數前後加入雙引號。例如：

```
% php script.php "dear reader"
```

更複雜的操作可能會利用 PHP 的 getopt() 函數，而無須直接處理引數變數。這個函數將會區分短選項和長選項，對參數陣列進行解析，並將它們所對應的內容傳遞到應用程式中。

短選項是在命令列中，用破折號加上單一字母來表示，例如 -v。每個短選項只能對應某個功能的開啟與關閉（如旗標項目），或在之後緊接著變數資料（如在選項之中）。

長選項以兩個破折號為首，但在其他方面與短選項相同。我們可以決定選項要以何種形式呈現（無論長或短），並在應用程式中根據需要切換使用它們。

一般來說，命令列程式會替相同功能，同時提供對應的長選項和短選項。例如，-v、--verbose 通常用於控制指令稿訊息的輸出等級。使用 getopt()，我們可以同時擁有這兩種方式，但 PHP 不會將它們連結在一起。如果支援兩種不同的方法，但提供相同的選項數值或旗標，則需要在指令稿中手動調整它們。

getopt() 函數使用三個參數，並傳回一個 PHP 直譯器解析過的選項陣列：

- 第一個引數是字串，其中每個字元代表短選項或功能旗標。
- 第二個引數是字串陣列，每個字串都是長選項名稱。
- 最後一個引數*透過參考傳遞*，它是一個整數，表示 $argv 中的索引，當 PHP 遇到非選項時，解析的動作將停止。

無論是短選項還是長選項都可以接受修飾符號。如果我們只有傳遞選項，PHP 將不會接受選項的數值，而是將其視為開關功能的旗標。如果在選項後面加上冒號，將表示該選項*需要*一個數值。如果加上兩個冒號，該數值將視為可選擇的。

在表 18-1 中說明了長、短選項的各種表示方式，以及能夠附加元素的列表。

表 18-1　PHP 的 getopt() 引數

引數	型別	描述
a	短選項	沒有數值的單一旗標：`-a`
b:	短選項	需要接收數值的單一旗標：`-b value`
c::	短選項	具有可選擇數值的單一旗標：`-c value` 或只是 `-c`
ab:c	短選項	組合三種旗標，其中 a 和 c 不需要數值，但 b 需要一個數值：`-a -b value -c`
verbose	長選項	沒有數值的選項字串：`--verbose`
name:	長選項	需要接收數值的選項字串：`--name Alice`
output::	長選項	具有可選擇數值的選項字串：`--output file.txt` 或只是 `--output`

為了說明選項解析的實用性，請定義一個如範例 18-1 中所示的程式，並在程式安排長、短選項，但也利用旗標後的自由格式（非選項）輸入。指令稿希望具有以下功能：

- 控制輸出是否應該轉換成大寫的旗標（`-c`）
- 使用者名稱（`--name`）
- 選項附加的一些額外的任意文字

範例 18-1　直接說明具有多個選項的 getopt()

```php
<?php
$optionIndex = 0;

$options = getopt('c', ['name:'], $optionIndex); ❶

$firstLine = "Hello, {$options['name']}!" . PHP_EOL; ❷

$rest = implode(' ', array_slice($argv, $optionIndex)); ❸

if (array_key_exists('c', $options)) { ❹
    $firstLine = strtoupper($firstLine);
    $rest = strtoupper($rest);
}

echo $firstLine;
echo $rest . PHP_EOL;
```

❶ 使用 getopt() 定義指令稿所需的短選項及長選項。第三個可選參數透過參考傳遞，將被直譯器選項解析完畢的索引覆蓋。

❷ 帶有數值的選項，很容易從結果的關聯陣列中提取出來。

❸ getopt() 的結果索引，可以用於透過從 $argv 陣列中提取未解析的數值，來快速從命令中提取任何附加的資料。

❹ 沒有數值的選項仍會在關聯陣列中設定一個鍵值，但其內容將為 Boolean 的 false。檢查鍵是否存在，但不要依賴其數值，因為結果具有違反直覺的本質。

假設將範例 18-1 中定義的指令稿命名為 *getopt.php*，我們將可以預期看到以下結果：

```
% php getopt.php -c --name Reader This is fun
HELLO, READER!
THIS IS FUN
%
```

參閱

關於 $argc 變數（*https://oreil.ly/BXdSI*）、$argv 變數（*https://oreil.ly/ODRwK*）和 getopt() 函數（*https://oreil.ly/ZfqTP*）的文件。

18.2 讀取互動式的使用者輸入

問題

我們想要在提示符號中讀取使用者的輸入、儲存到變數中，再予以回應。

解決方案

使用 STDIN 檔案控制代碼常數，從標準輸入串流中讀取資料。例如：

```
echo 'Enter your name: ';

$name = trim(fgets(STDIN, 1024));

echo "Welcome, {$name}!" . PHP_EOL;
```

討論

藉由標準輸入串流，可讓我們輕鬆讀取請求的任何資料。使用 `fgets()` 直接從程式中的串流讀取資料將暫停程式的執行，直到使用者向我們提供相關的輸入。

上述範例可透過簡寫為常數 `STDIN` 來參考輸入串流，達成同樣的目的（在 `fopen()` 中使用），如範例 18-2 所示。

範例 18-2　從 stdin 讀取使用者輸入

```
echo 'Enter your name: ';

$name = trim(fgets(fopen('php://stdin', 'r'), 1024));

echo "Welcome, {$name}!" . PHP_EOL;
```

 這種對應 `STDIN` 和 `STDOUT` 的特殊名稱寫法，只能在應用程式中存取。如果像在第 18.5 節中使用互動式終端 REPL 介面時，這些常數將不會被定義，也無法存取。

另一種方法是使用 GNU Readline 擴充功能（*https://oreil.ly/eRhJw*）與 PHP 結合，這或許不會預設安裝在我們的系統中。此擴充包含了提示符號、檢索和剪裁使用者輸入內容的大部分手動工作。再次將解決方案範例重新改寫，如範例 18-3 所示。

範例 18-3　從 GNU Readline 擴充功能讀取輸入

```
$name = readline('Enter your name: ');

echo "Welcome, {$name}!" . PHP_EOL;
```

Readline 擴充功能提供的許多額外的操作，例如 `readline_add_history()`（*https://oreil.ly/J5do3*），允許讀取作業系統中的命令列歷史記錄。加裝這樣的擴充功能，那麼它將會是處理使用者輸入的一項強大功能。

 某些 PHP 發行版（例如 Windows 平台）將預設開啟對 Readline 的支援。在其他情況下，我們可能需要重新編譯 PHP 以包含這樣的功能。有關 PHP 擴充功能的更多討論，請查閱第 15.4 節。

參閱

對標準輸入更進一步的討論，請參考第 11.2 節。

18.3　替控制台的輸出文字添加顏色

問題

我們希望在控制台的介面中，以不同的顏色顯示文字。

解決方案

使用正確轉義符號來指定控制台顏色的輸出。例如，在紅色背景上以藍色文字列印字串
Happy Independence Day，如下所示：

```
echo "\e[0;34;41mHappy Independence Day!\e[0m" . PHP_EOL;
```

討論

在類似 Unix 終端介面支援 ANSI 轉義符號，讓程式能夠對鍵盤游標位置、字體樣式等進行更細微的控制。更特別的是，我們可以使用轉義符號來定義終端介面中所有文字使用的顏色，如以下所示：

```
\e[{foreground};{background}m
```

前景顏色有兩種變化：一般顏色和粗體顏色（由額外 Boolean 旗標來定義顏色）。背景顏色沒有這樣的區別。所有顏色均由表 18-2 中的這些代碼做標示。

表 18-2　ANSI 顏色代碼

顏色	一般前景	明亮前景	背景
黑色	0;30	1;30	40
紅色	0;31	1;31	41
綠色	0;32	1;32	42
黃色	0;33	1;33	43
藍色	0;34	1;34	44
紅紫色	0;35	1;35	45
藍綠色	0;36	1;36	46
白色	0;37（真正的淺灰色）	1;37	47

若要將終端顏色重設回復到正常狀態，請使用 0 取代顏色定義。也就是代碼 \e[0m 將重新設定所有屬性。

參閱

維基百科中對 ANSI 轉義符號的詳細說明（*https://oreil.ly/y02cf*）。

18.4　使用 Symfony 來建立命令列應用程式

問題

我們希望建立一個完整的命令列應用程式，而無須自己手動撰寫所有的引數解析和處理的程式碼。

解決方案

使用 Symfony 中的 Console 元件來定義我們的應用程式及其命令。例如，範例 18-4 定義了一個 Symfony 命令，用於在控制台上透過 Hello world 名稱向使用者打招呼。緊接著，範例 18-5 使用相同的指令物件，建立一個在終端機中迎接使用者的應用程式。

範例 18-4　基本的 hello world 指令

```
namespace App\Command;

use Symfony\Component\Console\Attribute\AsCommand;
use Symfony\Component\Console\Command\Command;
use Symfony\Component\Console\Input\InputArgument;
use Symfony\Component\Console\Input\InputInterface;
use Symfony\Component\Console\Output\OutputInterface;

#[AsCommand(name: 'app:hello-world')]
class HelloWorldCommand extends Command
{
    protected static $defaultDescription = 'Greets the user.';

    // ...
    protected function configure(): void
    {
        $this
            ->setHelp('This command greets a user...')
            ->addArgument('name', InputArgument::REQUIRED, 'User name');
    }
```

```
    protected function execute(InputInterface $input, OutputInterface $output): int
    {
        $output->writeln("Hello, {$input->getArgument('name')}");
        return Command::SUCCESS;
    }
}
```

範例 18-5　建立實際的控制台應用程式

```
#!/usr/bin/env php
<?php
// application.php

require __DIR__.'/vendor/autoload.php';

use Symfony\Component\Console\Application;

$application = new Application();

$application->add(new App\Command\HelloWorldCommand());

$application->run();
```

然後執行以下命令：

```
% ./application.php app:hello-world User
```

討論

Symfony 專案（*https://symfony.com*）為 PHP 提供了一組強大且可重複使用的元件。以這樣的基礎作為一個框架，大幅度簡化並提升 Web 應用程式的開發速度。檔案內容非常齊全、功能強大，最重要的是，它是免費且完全開放原始碼的。

開放原始碼的 Laravel 框架（*https://laravel.com*），其資料模組已經在第 16.9 節中介紹過了，本身就是一個 Symfony 元件中的中繼套件。它擁有自己的 Artisan Console 工具（*https://oreil.ly/uY4QL*）建構在 Symfony Console 元件之上。它為 Laravel 專案、其配置設定甚至執行時期環境，提供了豐富的命令列控制。

與任何其他 PHP 擴充功能一樣，Symfony 元件也是透過 Composer 來安裝[1]。Console 元件本身使用以下命令安裝：

```
% composer require symfony/console
```

前面的 `require` 指令，將更新專案的 *composer.json* 檔案來匯入 Console 元件，並且還會將此元件（及其相依元件）安裝在專案的 *vendor/* 目錄中。

 如果我們的專案尚未使用 Composer，在安裝任何套件時，都會自動產生新的 *composer.json* 檔案。我們應該花一點時間更新維護，以自動載入專案所需的任何類別及檔案，以便一切能夠易地轉移、協同工作。有關 Composer、擴充功能和自動載入的更多資訊，請參考第 15 章。

安裝函式庫後，我們就可以立即操作相關功能。各種命令的業務邏輯可以位於應用程式中的其他位置（例如在 RESTful API 後面），也可以藉由命令列的介面匯入和匯出。

預設情況下，從 `Command` 衍生出來的每個類別，都使我們能夠處理使用者提供的相關引數，並將內容顯示在終端介面之中。選項和引數是使用類別上的 `addArgument()` 和 `addOption()` 方法來建立的，並且可以直接在其 `configure()` 方法中進行操作。

輸出內容相當彈性且靈活。我們可以使用表 18-3 中列出的 `ConsoleOutputInterface` 類別所提供的方法，將內容直接列印到螢幕上。

表 18-3　Symfony 對控制台輸出的方法列表

方法	描述
`writeln()`	將一行內容寫入控制台。相當於在某些文字上使用 echo，後面緊跟著 PHP_EOL 換行符號。
`write()`	將文字寫入控制台，而不附加換行符號。
`section()`	建立一個最小控制的部分輸出，就如同是一個獨立的輸出緩衝區。
`overwrite()`	僅用於對部分輸出──將指定內容覆蓋在部分輸出中。
`clear()`	僅用於對部分輸出──清除部分輸出中的內容。

1　有關 Composer 的更多資訊，請查閱第 15.3 節。

除了表 18-3 中介紹的方法之外，Symfony 的 Console 還允許我們在終端機中建立動態表格。每個 Table 實體都繫結到一個輸出介面，並且可以根據需要具有任意數量的列、欄位及分隔符號。範例 18-6 示範了如何建立一個簡單的資料表，並在呈現於控制台之前，使用陣列中的內容填入對應的表格之中。

範例 18-6　使用 Symfony 在控制台介面中產生表格

```
// ...

#[AsCommand(name: 'app:book')]
class BookCommand extends Command
{
    public function execute(InputInterface $input, OutputInterface $output): int
    {
        $table = new Table($output);
        $table
            ->setHeaders(['ISBN', 'Title', 'Author'])
            ->setRows([
                [
                    '978-1-940111-61-2',
                    'Security Principles for PHP Applications',
                    'Eric Mann'
                ],
                ['978-1-098-12132-7', 'PHP Cookbook', 'Eric Mann'],
            ])
        ;
        $table->render();

        return Command::SUCCESS;
    }
}
```

Symfony Console 會自動解析傳遞到 Table 物件的內容，並輸出帶有網格線條的表格。在控制台的介面中，上述命令會產生以下內容：

```
+-------------------+------------------------------------------+-----------+
| ISBN              | Title                                    | Author    |
+-------------------+------------------------------------------+-----------+
| 978-1-940111-61-2 | Security Principles for PHP Applications | Eric Mann |
| 978-1-098-12132-7 | PHP Cookbook                             | Eric Mann |
+-------------------+------------------------------------------+-----------+
```

套件中還有其他模組元件，有助於我們控制和動態產生相關畫面，如：進度條（*https://oreil.ly/TszPm*）和互動式提示問答（*https://oreil.ly/8i5Hx*）。

相關的控制台元件，還可以直接對終端機輸出顏色（*https://oreil.ly/arrtr*）。與我們在第 18.3 節中討論的複雜的 ANSI 轉義符號不同之處在於，控制台允許我們直接使用命名的標籤和樣式來控制其中的內容。

 在撰寫本書時，控制台元件預設會關閉 Windows 系統上的顏色輸出。還有其他免費的終端應用程式，如：Cmder（*https://oreil.ly/gs5e6*）可作為 Windows 環境下，支援輸出顏色的標準終端介面的替代工具。

終端介面對於使用者來說是一個非常強大的工具。Symfony 的 Console 可以輕鬆地在應用程式中劃分介面與功能，而無須手動解析引數或製作相關的輸出。

參閱

關於 Symfony 控制台元件的完整教學（*https://oreil.ly/vm8Qx*）。

18.5　啟動 PHP 原生的 REPL 操作模式

問題

我們想要測試一些 PHP 邏輯，但無須建立完整的應用程式來容納它。

解決方案

執行 PHP 的互動 shell 模式，如下所示：

```
% php -a
```

討論

PHP 的互動 shell 模式，提供了一個讀取、計算、列印的循環操作環境（REPL，Read-Eval-Print Loop），可以有效地測試 PHP 中的單一語句，並在可能的情況下直接列印到終端介面中。在 shell 中，我們可以定義函數、類別，甚至可以直接執行命令程式碼，而無須在磁碟上建立指令稿檔案。

這個 shell 是測試特定程式碼或邏輯片段的有效方法，完全獨立於應用程式之外。

互動模式 shell 會替 PHP 函數或變數，以及我們在 shell 對話執行期間所定義的任何函數、變數，開啟 Tab 自動補齊的格式功能。只需要輸入一個變數或函數名稱的前幾個字元，然後按下 Tab 鍵，shell 就會自動代替我們自動補齊完整的名稱。如果有多個可能的名稱，請按下兩次 Tab 鍵來檢視所有可能的清單。

我們可以在 *php.ini* 設定檔中，控制 shell 的兩個設定：

- `cli.pager` 允許外部程式處理輸出，而不是直接顯示到控制台。

- `cli.prompt` 允許我們控制預設的 php > 提示符號。

例如，我們可以藉由在 shell 互動過程中，將任意字串傳遞到 #cli.prompt 來替換提示符號本身，如下所示：

```
% php -a ❶

php > #cli.prompt=repl ~> ❷
repl ~> ❸
```

❶ PHP 的初始呼叫將啟動 shell 互動模式。

❷ 直接設定 `cli.prompt` 配置將覆蓋預設數值，直到此互動過程結束為止。

❸ 覆蓋預設的提示符號後，我們將看到新的版本，直到我們離開。

> 反引號允許提示符號在顯示過程中執行其他 PHP 程式碼。PHP 文件（*https://oreil.ly/o6NU6*）提供了一些範例操作方法，將目前時間新增至提示符號之前。然而，這可能無法與系統之間保持一致性，並且在執行 PHP 程式碼時帶入了一些不確定性，使用時須多加留意。

我們甚至可以使用表 18-2 中定義的 ANSI 轉義符號對輸出進行著色。這可以產生許多令人愉悅的漂亮畫面，也能夠根據我們的需要提供其他資訊。CLI 提示符號本身還有額外的四個轉義符號，如表 18-4 所定義。

表 18-4　CLI 提示符號的轉義符號列表

符號	描述
\e	使用第 18.3 節中介紹的 ANSI 代碼，為提示符號增加顏色。
\v	列印 PHP 版本。
\b	用來指引哪個邏輯區塊所包含某個直譯器。預設情況下，會是 php 但也可以是 /* 來表示多行註解。
\>	代表提示符號的字元，預設為 >。當直譯器位於另一個還未終止的區塊或字串時，這將指引 shell 發生變化所在的位置。字元可以是 ' " { (> 。

透過使用 ANSI 轉義符號來定義顏色，以及為提示符號本身定義特殊呈現的資訊。我們定義一個顯示 PHP 版本、直譯器位置，並使用前景顏色的提示符號，如下所示：

```
php > #cli.prompt=\e[032m\v \e[031m\b \e[34m\> \e[0m
```

前面的設定產生如圖 18-1 中的終端介面。

```
ericmann@Eric-Mann-MBP16tb-5 tester % php -a
Interactive shell

php > #cli.prompt=\e[032m\v \e[031m\b \e[34m\> \e[0m
8.2.0 php > echo 'Hello world!';
Hello world!
8.2.0 php > █
```

圖 18-1　更新 PHP 控制台的顏色

並非每個控制台都支援透過 ANSI 控制代碼進行著色。如果我們打算使用這種模式，請在使用其他系統之前，先測試這些的命令。雖然彩繪的控制台很有吸引力且讓人感覺更加友善，但如果轉義符號未產生對應的效果，可能會使控制台幾乎無法使用。

參閱

關於 PHP 互動模式 shell 指令的文件（*https://oreil.ly/HrCV-*）。

※ 提醒您：由於翻譯書排版的關係，部分索引名詞的對應頁碼會和實際頁碼有一頁之差。

string variables，字串變數，74-75
invocations，呼叫，40
is_numeric () function，is_numeric () 函數，82,
    85
iterable objects，可疊代物件，133
iteration（疊代）
    array items，陣列項目，133-135
    for loops，for 迴圈，134
    very large arrays，非常大的陣列，162-164

J

JIT（just-in-time）compilation，JIT（即時）編
    譯，317
    OPcache，暫存功能，318
join () function，join () 函數，77
JWTs（JSON Web Tokens），43

K

key exchange，金鑰交換，232
key-value stores，鍵值資料庫，349-350
keywords（關鍵字）
    class, 167, 174
    clone, 198-202
    extends, 185-187
    final, 194-198
    implements, 188
    new, 167
    readonly, 178
    SetEnv, 224
    static, 48, 202-205

L

Lambdas, 49
language constructs，語言結構，134
Laraval, Eloquent ORM, 366-369
leap year, validating，年，驗證，119
legacy encryption，傳統加密，214
libraries, asynchronous programming，函式庫，
    非同步程式設計，372
Libsodium, 214
    stdn
        decrypting，解密，263

encrypting，加密，262
libsqlite3-dev, 326.
libxml2-dev package，libxml2-dev 套件，336
Linux, pkg-config package，Linux，pkg-config 軟
    體套件，335
list () construct，list () 結構，42
local functions, scoping，局部函數，作用域，31
local variables, static keyword，局部變數，靜態
    關鍵字，48
locking files，鎖定檔案，252-253
    advisory locking，詢問鎖定，252
    mandatory locking，強制鎖定，252
log () function，log () 函數，96
logarithms, calculating，對數，計算，96
logger () function，logger () 函數，48
logical operators，邏輯運算符號，11-12
loops（迴圈）
    array data，陣列資料，130
    concurrent execution，並行執行，382-383
    for, 134
loose typing，隨意輸入，317

M

Magical class，神奇類別方法，182-185
mandatory locking，強制鎖定，252
mcrypt，函式庫，206.
Mersenne Twister，梅森旋轉演算法，92
message queues，訊息佇列，388-392
messages, cryptographic signatures，訊息，加密
    簽章，237-240
methods，方法，167
    private，私有，205-207
    signatures，簽章，188
    static，靜態，202-205
modules, extensions，模組，擴充，336
modulo arithmetic，模數算術，56
Monolog, debugging and，Monolog 除錯工具，
    302-306
mt_rand () function，mt_rand () 函數，91, 92
multiparadigm languages，多重範式語言，171-
    172
multiplier () function，multiplier () 函數，53

關於作者

Eric Mann 擔任軟體工程師已經近二十年。早期曾為財星商業雜誌 500 大公司和新創公司建立可擴充專案。Eric 經常在軟體架構、安全工程和開發最佳實踐方面進行演講。五年多以來,他一直是《*php[architect]*》雜誌的撰稿人之一,最喜歡幫助新手人員,避免他在自己的程式生涯中再次犯下相同的錯誤。

出版記事

本書封面上的動物是白鷳(*Lophura nycthemera*)。白鷳原產於東南亞各山區的松樹和竹林之中。雄性雉雞有黑白相間的羽毛,有一小片捲曲的黑色羽毛冠,而雌性雉雞主要是棕色,尾巴較短。無論雌雄,都有赤裸的紅臉。白鷳有時會與黑鷳雜交,牠們的活動範圍重疊。

白鷳被認為是最不受關注的物種。O'Reilly 封面上的許多動物都瀕臨滅絕。牠們對整個世界來說都相當重要。

封面插圖以《*Riverside Natural History*》中的古董線刻為基礎,由 Karen Montgomery 繪製而成。

PHP 錦囊妙計

作　　　者：Eric Mann
譯　　　者：楊俊哲
企劃編輯：詹祐甯
文字編輯：江雅鈴
特約編輯：江瑩華
設計裝幀：陶相騰
發 行 人：廖文良

發 行 所：碁峰資訊股份有限公司
地　　　址：台北市南港區三重路 66 號 7 樓之 6
電　　　話：(02)2788-2408
傳　　　真：(02)8192-4433
網　　　站：www.gotop.com.tw
書　　　號：A757
版　　　次：2024 年 11 月初版
建議售價：NT$880

國家圖書館出版品預行編目資料

PHP 錦囊妙計 / Eric Mann 原著；楊俊哲譯. -- 初版. -- 臺北
　市：碁峰資訊, 2024.11
　　　面；　　公分
　譯自：PHP cookbook.
　ISBN 978-626-324-879-3(平裝)
　1.CST：PHP(電腦程式語言)　2.CST：網頁設計
　3.CST：資料庫管理系統
312.754　　　　　　　　　　　　　　　113011345